やわらかアカデミズム・〈わかる〉シリーズ

よくわかる
環境教育

水山光春 編著

ミネルヴァ書房

はじめに

■よくわかる環境教育

　本書は環境教育の入門書です。環境教育ってどんなことをするのか，どんな広がりや背景があるのか，その対象，関連領域や実践を簡潔かつ体系的にまとめることにより，専門学校や大学での導入教育・教養教育として，これから環境教育を学ぼうとする人々にとって道標になることを目指しています。加えて，環境教育に関心をお持ちの市民の方々や高校生にも，ぜひ読んでもらえればと願っています。

　本書の特色は，執筆陣を構成するにあたり環境教育の実践現場を重視していること，および本書の内容において，環境教育の理論から実践にかけて，わかりやすい構成を心がけていることの2つです。

　本書を今，手にして下さっている方の中には，「やわらかアカデミズム」というシリーズの名前に，「それでもやっぱり難しそう」と尻込みされている方がおられるかもしれません。けれども本書で私たちは，アカデミズムを強調するつもりは毛頭ありません。むしろ，現場主義に徹したいと思いました。そのために本書では，大学の教員や研究者のみで執筆陣を構成するのではなく，NGO/NPOや企業，行政，小・中学校，高等学校の先生など，それぞれの分野で今まさに奮闘中の「旬」の人々に，できるだけ多く参加していただくことにしました。おかげで連絡や調整に手間取り，予定より発刊が遅れてしまい，執筆者には何度も原稿を書き直してもらう羽目になりました。また，節（項目）の担当者によって書きっぷりが微妙に異なるため，文体に全体的な統一感が欠けることにもなっているかと思います。しかし，これらはまったく編者の微力のなせるがゆえであり，各節各項目の内容の充実ぶりと引き換えに，何卒ご海容いただきたく存じます。

　後者の内容構成については，本書は環境教育の理論，対象，周辺領域，実践事例と4部構成にしています。一応，第1部から第4部へという流れを想定してはいますが，どこからお読みいただいても結構です。内容も現代的かつバラエティに富んだものになっていますので，テキストとしてのみでなく読みものとして楽しんでもらえればと思います。もちろん，これで十分というわけではありません。ふり返れば，1992年の地球サミット（環境と開発に関する国連会議）から20年が過ぎ，21世紀も最初の十年を終えましたが，地球環境や環境教育を取り巻く状況は日々，大きく変化しています。本書の企画が持ち上がってからの足かけ3年の間にも，生物多様性の保護・保全はますます重要性を増してい

ますし，地球温暖化防止の取り組みも先行き不透明です。2011年3月11日以降，東日本大震災，および福島第一原子力発電所事故への対応をめぐる長い長い格闘が始まりましたが，これらの動きについても十分にフォローしきれていません。これらについては，もしも改訂の機会が与えられるならば，ぜひ書き加えたいと思います。

　わが国で環境教育の重要性が指摘されるようになって，かれこれ半世紀になろうとしています。この間，何度も学習指導要領の改訂がありましたが，環境教育が学校教育における「教科」になったり，教員養成大学・学部における必修科目になったりすることはありませんでした。その理由の1つに，環境教育の広領域性や体系化の難しさがあるように思われます。本書がもしもそのような環境教育の制度化の議論に少しでも資することができるならば，本書の編者にとってそれは望外の喜びです。

　最後になりましたが，本書の趣旨に賛同し，原稿執筆をご快諾下さった方々と，完成に至るまでの編集の過程で大変お世話になったミネルヴァ書房編集部の東寿浩さんに，あらためて厚く感謝申し上げます。

2013年4月

水山光春

もくじ

■よくわかる環境教育

はじめに

(第1部) 環境教育の理論

I　環境教育の歴史

1　世界が求めた環境教育 …………… 2
2　日本が求めた環境教育 …………… 4
3　今，求められる環境教育 ………… 6
4　持続可能な開発のための教育
　　（ESD）……………………………… 8

II　環境教育の目的

1　自然認識としての環境教育 ……… 10
2　社会認識としての環境教育 ……… 12
3　生活認識としての環境教育 ……… 14
4　環境と文明 ………………………… 16
5　環境への関心・意欲の育成 ……… 18
6　環境に関する知識・理解 ………… 20
7　環境についての技能・思考力・判
　　断力 ………………………………… 22
8　環境に対する態度・参加・行動 … 24

III　環境教育の要素

1　自　然 ……………………………… 26
2　廃棄物 ……………………………… 28

IV　環境教育の方法

1　環境教育プログラムの作り方 …… 30
2　意思決定・合意形成 ……………… 32
3　参加・体験・ふりかえり ………… 34
4　野外教育 …………………………… 36
5　自然観察 …………………………… 38
6　タウンウォッチング ……………… 40
7　学校教育でできるプログラム …… 42
8　地域でできるプログラム ………… 44
9　遠足・修学旅行でできるプログラ
　　ム …………………………………… 46
10　世界とつながることのできるプロ
　　グラム：フードマイレージ買物ゲ
　　ーム ………………………………… 48

もくじ

第2部 環境教育の対象

Ⅰ 家庭と環境

1 グリーンコンシューマー ………… *52*
2 環境家計簿 ……………………… *54*
3 環境ラベル ……………………… *56*

Ⅱ 生活と環境

1 エコハウス ……………………… *58*
2 省エネ・省資源 ………………… *60*
3 ごみ減量 ………………………… *62*

Ⅲ 地域と環境

1 3R（2R・4R）………………… *64*
2 ヒートアイランド ……………… *66*
3 自然農法・有機農法 …………… *68*

Ⅳ 国土と環境

1 森林・里山 ……………………… *70*
2 水辺・湖沼・海岸 ……………… *72*
3 災害と防災 ……………………… *74*

Ⅴ 地球の環境

1 地球温暖化 ……………………… *76*
2 9つの地球環境問題 …………… *78*
3 人口爆発 ………………………… *80*

Ⅵ 自然と環境

1 生態系（エコシステム）……… *82*
2 種の保存と生物多様性 ………… *84*

Ⅶ 文化と環境

1 町家・町並み保存 ……………… *86*
2 環境教育関連施設・センター …… *88*
3 エコツーリズム ………………… *90*

Ⅷ 企業と環境

1 産業廃棄物とその処理 ………… *92*
2 CSR・企業倫理 ………………… *94*

第3部 環境教育の周辺領域

Ⅰ 学校教育とのかかわり

1 生活科とのかかわり …………… *98*
2 社会科とのかかわり …………… *100*

3　理科とのかかわり……………102

　4　家庭科とのかかわり……………104

　5　総合学習とのかかわり……………106

　6　道徳とのかかわり……………108

Ⅱ　ESDと関連する環境教育

　1　貧困・人口（開発教育から）……110

　2　平和・人権（平和・人権教育から）
　　　……………………………112

　3　食料・健康（食農教育から）……114

　4　民主主義（シティズンシップの教育から）……………………116

Ⅲ　外国の環境教育

　1　アメリカの環境教育……………118

　2　中国の環境教育……………………120

Ⅳ　関連する諸科学

　1　土木学・建築学……………………122

　2　地理学……………………………124

　3　経済・政策学……………………126

　4　社会学……………………………128

　5　倫理学……………………………130

　6　医　学……………………………132

　7　農　学……………………………134

Ⅴ　市民として行動する

　1　自然環境を守るまちづくり……136

　2　人に優しい交通システム………138

　3　市民が選ぶ自然エネルギー……140

　4　行政の取り組みと市民との協働
　　　……………………………142

　5　ものに頼りすぎない豊かな暮らし
　　　……………………………144

　6　環境NGO／NPO………………146

　7　公正貿易（フェアトレード）と環境問題……………………148

第4部　環境教育の実践事例

Ⅰ　学校での実践事例

　1　小学校における実践の成果と課題
　　　……………………………152

　2　中学校における実践の成果と課題
　　　……………………………154

　3　高校における実践の成果と課題①
　　　……………………………156

　4　高校における実践の成果と課題②
　　　……………………………158

　5　大学における実践の成果と課題
　　　……………………………160

もくじ

Ⅱ　社会での実践事例

1　NPOにおける実践の成果と課題
　……………………………… 162

2　行政における実践の成果と課題：京都市の「こどもエコライフチャレンジ事業」……………… 164

3　企業における実践の成果と課題：サントリーの次世代環境教育「水育（みずいく）」……………… 166

さくいん……………………… 168

第 1 部

環境教育の理論

第1部　環境教育の理論

I　環境教育の歴史

1 世界が求めた環境教育

1　環境教育のはじまり

1970年，アメリカで**環境教育法**という法律が制定された。これは，環境教育の推進のためのプログラムづくりなどを目指したものである。この年のニクソン大統領の年頭教書も，環境を重視したものであった。当時，アメリカでは森林破壊のほか，ロスアンゼルスを中心とする大気汚染，エリー湖などで見られた水質汚濁など人間環境の悪化が問題となっていた。

また，海洋生物学者で自然文学者のレイチェル・カーソンが農薬の危険性を訴えた『沈黙の春』(1962)の出版も時の大統領・ケネディによって取り上げられ，環境問題が注目されるようになっていた（⇨ 1-Ⅳ-5 ）。

アメリカばかりでなく，ヨーロッパのいくつかの国でも森林などの自然破壊，大気や水などの悪化が問題となっており，それぞれにその対策の1つとして人々の環境に対する関心を高めるための学習が試みられ始めていた。

2　国連人間環境会議：ベオグラード憲章とトビリシ勧告

こうした状況を受けて国連では1972年にスウェーデンの首都ストックホルムで人間環境会議（通称「ストックホルム会議」）を開催し，環境問題解決の方策を検討した。開発途上国から先進国の責任を追及する声もあがったが，会議のまとめとして「**人間環境宣言**」が出され，その中で環境教育の必要性が指摘された。その後，それまでそれぞれの国が独自に行っていた環境教育を国際的な基準を設けて行うことになり，1975年に旧ユーゴの首都ベオグラードで開かれた環境教育の専門家会議で環境教育の目的や目標などが検討され，それらをまとめた「ベオグラード憲章」が制定された（⇨ 1-Ⅱ-1 ， 1-Ⅱ-8 ）。

さらに2年後（1977）にはグルジア共和国の首都トビリシで環境教育政府間会議が開かれ，「ベオグラード憲章」の再検討が行なわれ，環境教育の目的や目標がいくらか修正された形の「トビリシ宣言」および「**トビリシ勧告**」が出された。

「ベオグラード憲章」や「トビリシ勧告」で世界の人々に求められたことは，自分たちの「環境」に関心を持ち，それについて知り，環境を大切にする態度や実行力などを身に付けるということであった。しかし，現実には経済活動が優先され，環境教育の先進国での環境教育プログラムづくりの成果などは別に

▷**環境教育法（アメリカ）**
この法律は世界初の環境教育に関する法律で1970年から1982年まで続いた。連邦政府は環境教育のプログラム作り，野外環境教育センターの設置などに財政面での支援を行った。その後，環境教育への関心が高まり，1990年には新法として「全米環境教育法」が制定されている（⇨ 3-Ⅲ-1 ）。

▷**人間環境宣言**
世界114カ国，1300人以上の代表によって開かれた人間環境会議で採択された環境宣言。国連人権宣言と共に人類史的価値を持つと指摘されている。前文7項目と原則26項目からなり，その第19原則において環境教育の必要性が論じられている。

▷**トビリシ勧告に見られる環境教育の目標カテゴリー**
1．気付き（関心）　2．知識　3．態度　4．技能　5．参加（関与）
〈ベオグラード憲章での6目標のうち「評価能力」が削除〉⇨ 1-Ⅱ-7

して，世界全体としては環境教育の進展は思わしいものではなかった。

③ 地球規模の環境問題の顕現化と環境教育

1980年代になると酸性雨などの国境や地域を越えた環境問題やオゾン層の破壊，地球温暖化など地球規模での環境問題が顕現化し，一時下火になっていた環境教育への関心が再び高まることになった。地球規模の環境問題は「開発」（経済）を優先するか，「環境」を大切にするかという南北対立の構図を乗り越えることの必要性を人々に認識させることになり，その解決を目指して1984年に組織された「環境と開発に関する世界委員会（WCED）」（通称，**ブルントラント委員会**）によって「環境」と「開発」を調和させた「持続可能な開発（発展）」という新たな概念が提案された。それを受けて1992年ブラジルのリオデジャネイロで開かれた「環境と開発に関する国際連合会議」（いわゆる「地球サミット」）ではそのための具体的行動計画「アジェンダ21」が策定され，その中で環境教育のさらなる推進が謳われた（⇨ 1-Ⅰ-4 ）。

当然，「持続可能な開発」という考えは環境教育のあり方にも影響を与えることになり，1997年12月，ギリシャのテサロニキで開催され，84カ国が参加した「環境と社会に関する国際会議——持続可能性のための教育とパブリック・アウェアネス」という会議で出された「テサロニキ宣言」で「環境教育は環境と持続可能性のための教育である」という指摘がされた。言い換えれば，環境教育は持続可能な社会，循環型社会を実現することを目指す人々を育てる教育であるということである。

④ 「持続可能な開発のための教育の10年」（DESD）

リオでの「地球サミット」から10年後の2002年南アフリカの首都ヨハネスブルグで「持続可能な開発に関する世界首脳会議」が開かれた。日本政府はNGOの協力の下，「持続可能な開発のための教育」（Education for Sustainable Development：ESD）を2005年から10年間，それぞれの国が積極的に行うことを提案した。この提案は「持続可能な開発のための教育の10年」（DESD）と呼ばれており，同年（2002）の国連総会で採択され，2005年から各国で現在実施されつつある（⇨ 1-Ⅰ-4 ）。

ところで，このESDが取り扱う内容には国際理解教育，開発教育，人権教育などが取り上げている平和，貧困，人権，異文化理解など様々な事柄が含まれる。しかし，それらはすべて「環境」という視点で考えられるものであり，その意味で環境教育はESDの中心的役割を果たすものであると言える。

（鈴木善次）

▶ブルントラント委員会
ノルウェーの首相を務めたブルントラント女史が委員長を務めたところから付けられた名称。この委員会の報告書『地球の未来をまもるために』（1987）で提示された「持続可能な開発」という概念は1980年UNEP（国連環境計画），IUCN（国際自然保護連合），WWF（世界自然保護基金）の三者によって組織された世界環境保全戦略で作られたものである。

▶環境と開発に関する国際連合会議
リオデジャネイロで1992年に開催された国際連合主催の大規模な会議で，環境と開発をテーマに持続的なあり方や目標を提起した。会議の英語標記はUnited Nations Conference on Environment and Development で，「地球サミット」とも呼ばれている。様々な文書が採択された（リオ宣言，アジェンダ21，森林原則声明）。この会議を前後にして，各国とも環境に関する法制度の整備が進められ，環境教育の取り組みも活発化した。

（参考文献）
阿部治（1996）「環境教育法」「人間環境宣言」佐島群巳ほか編『環境教育指導事典』国土社
川嶋宗継ほか編著（2002）『環境教育への招待』ミネルヴァ書房

第1部　環境教育の理論

I　環境教育の歴史

2　日本が求めた環境教育

1　前史：2つの源流

日本における環境教育には2つの源流があると言われる。

1つは1950年代から進んだ全国各地での開発に伴う自然破壊への危機感から出された自然保護思想を育てようという教育，すなわち自然保護教育である（⇨1-I-3）。1951年発足した日本自然保護協会は1957年に自然保護教育の必要性を訴え，「自然保護教育に関する陳述」を行った。また，1971年には日本生物教育学会も「自然保護教育に関する要望書」を提出している。しかし，学校教育の中にそれが明確に位置付けられることはなかった。

もう1つは1960年代から特に問題となった**公害**への対処として登場する公害教育である（⇨1-I-3）。石油コンビナート計画が進む中で，四日市などでは地元の熱心な教員たちによって子どもたちを公害から守り，公害問題についての認識を高めようという活動が開始された。1967年には東京，川崎，横浜，四日市，大阪，北九州など公害の深刻な地区の校長たちが委員になった全国小・中学校公害対策研究会が発足した。1970年には国会で公害について集中的に審議され，その過程で公害教育の必要性が指摘され，1971年より小中学校の社会科の学習要領が改訂され，正式に公害が学校教育の中に取り入れられるようになった。また，**地方自治体でも公害関連の教育に取り組む**ようになった。

2　国連による環境教育推進の影響

上記のような2つの先駆的活動があったものの，日本の環境教育は必ずしも順調に展開されたのではなかった。国連が主導して開催された1975年のベオグラードや1977年のトビリシでの環境教育に関する国際会議には日本から専門家らが参加し，環境教育の目的・目標などの作成などにかかわってきたが，国内での広がりは見られなかった。「環境教育」という言葉は一部大学の研究者グループで1973年ごろから使われ出している。例えば，1974年大学や研究所の研究者たちによって東京で開かれた環境教育に関する国際会議や1976年に発足した環境教育研究会（事務局：東京学芸大学。機関誌『環境教育研究』）などがあげられる。また，前項で紹介した全国小・中学校公害対策研究会は1975年に全国小中学校環境教育研究会に改称している。

このように少しずつ環境教育という言葉が人々に知られるようになるが，実

▷公害
企業などの活動を原因とする広範囲にわたる大気汚染，水質汚濁などの環境悪化によって地域住民が受ける健康や生活などの被害のこと。この言葉は1960年代に頻発した水俣病などの被害を指してマス・メディアが名づけたもの。「公」という言葉への批判もあったが定着。「公害」の法的定義は「環境基本法」にある。

▷地方自治体による公害教育
例えば，東京都では『公害のはなし』という副読本（1971年公害局と教育委員会が別個に作製。翌年から1本化）を，神奈川県では『自然保護（環境保全）と理科教育』（1971）という自然保護と公害をあわせた教師用指導冊子（県立教育センター編集）を刊行した。

践活動としての動きは鈍く，全体としては低調であった。これに関連しては公害教育に熱心に取り組んでいた人たちからは「公害隠し」ではないかという声も聞かれた。

③ 地球規模の環境問題登場の影響

1980年代になると酸性雨，オゾン層の破壊，地球温暖化など国境を越えた，あるいは地球規模の環境問題が顕現化し，一時下火となっていた環境教育への関心も再び高くなり，ヨーロッパの各国でも新たな動きが見られるようになる。その影響もあって日本ではまず環境庁が動き出し，環境教育を進めるために設けた懇談会によって『環境教育懇談会報告』(1988) が出され，全国各自治体の環境行政部署のレベルでの環境教育実践の指針が示された。次いで文部省も『環境教育指導資料』(中・高校用，1991)，(小学校用，1992) を刊行し，学校レベルでの環境教育への取り組みに期待した。

これらを通して人々に求められたことは，ほぼベオグラード憲章に示された目的・目標に準じるもので，自分たちの「環境」や「環境問題」への「関心（気付き）」「理解」を深め，「環境保全」のための「技能」「態度」「実行力」などを身に付け，最終的には自分たちの生活スタイルを見直す力量を持つことであった。

④ 「持続可能な社会」構築への参加

ブラジルのリオデジャネイロでの「地球サミット」(1992) で提示された「持続可能な開発」という考えは環境教育にも反映され，ギリシャのテサロニキで開かれた国際会議で環境教育を「環境と持続可能性のための教育」と表現することが認められた。そのことはわが国の環境教育にも影響を与え，その目標として「持続可能な社会」や「循環型社会」の「構築」に寄与しうる人材育成が位置付けられるようになった。その上で，国際的な働きかけも行われ，2002年のヨハネスブルグでの「世界首脳会議」で「持続可能な開発のための教育（ESD）の10年」(2005年から10年間，各国が積極的に ESD を展開する) を提案し，その年の国連総会で採択され，2005年から実施されている。

一方，国内的には環境教育の推進を目指した「環境教育推進法」(略称) が2003年に成立した。正式には「環境の保全のための意欲の増進及び環境教育の推進に関する法律」といい，NPO などの働きかけで議員立法として生み出されたものである。しかし，この法律は名称からもわかるように２つの目標が並列した形であり，かならずしも順調にそれらが機能しにくい状況であった。そこで2011年に両者を一体化する方向で改正が行われ，名称も「環境教育等による環境保全の取り組みの促進に関する法律」と改められ，この「改正環境教育推進法」(別称「環境教育等促進法」) に今後の成果が期待されている。 （鈴木善次）

▷環境教育指導資料
環境教育をめぐる国際的，国内的状況が変化したのに伴い，環境教育指導資料の大幅改訂が必要となり，文部科学省では国立教育政策研究所を中心に新たな版の作成に取り組んだ。現在「環境教育指導資料（小学校編）」(2007) が発行されている（⇨ 4-Ⅰ-1，1-Ⅱ-7）。

▷環境教育推進法
本法律では持続可能な社会構築にとって重要な，人々の環境保全活動およびその意欲を高めるための国，地方自治体，国民などの責務と努力目標などが示されている。環境教育に関しては環境保全の理解を深めるためのものという位置づけがされている。

▷改正環境教育推進法
主な改正点は最終目標として「持続可能な社会の構築」を位置付け，環境，社会，経済，文化を一体的にとらえる。そのため学校，NPO，行政，企業など関係する「主体」の「協働的取り組み」や「体験活動」などが重視さるようになったこと。

参考文献
川嶋宗継ほか編著(2002)『環境教育への招待』ミネルヴァ書房
小川潔ほか編著(2008)『自然保護教育論』筑波書房
福島達夫(1993)『環境教育の成立と発展』国土社

第1部 環境教育の理論

Ⅰ 環境教育の歴史

3 今，求められる環境教育

1 「すべての人」のための環境教育

　日本の環境教育には2つの「源流」と呼ばれるものがある。**公害教育**と**自然保護教育**である。ともに，私たち日本人が「豊かさ」を求めて開発と経済成長を優先させた結果として，公害や自然の破壊が引き起こされたことにかかわる環境教育である（⇨ 1-Ⅰ-2 ）。

　とは言え，21世紀に入って「国連・**持続可能な開発のための教育（ESD）**の10年」（DESD／2005～2014年）が提起される中で，開発問題を中心的な課題として位置づける日本の環境教育の重要性が再評価されつつある。例えば，水俣病をはじめとした公害問題には被害者である患者を地域から孤立化させ，住民が共同・協力する関係を分断する傾向があった。その後，被害者の救済から地域の再生と地域社会の再建という「地域づくり教育」へと発展した。これこそ持続可能な開発のための教育（ESD）が目指す「ビジョンをもった対話と参画を重んじる」教育を先取りするものであったと言える。

　また，地球温暖化問題や生物多様性の問題が国際的に緊急な課題として位置付けられる中で，子どもや学校を中心とした環境教育だけでは不十分であることが明らかになってきた。地域社会，企業，政府が積極的に連携した環境教育が模索されており，生涯学習としての環境教育，「すべての人」のための環境教育が求められている。

2 自然や生活の体験を基礎とした教育

　国立青少年教育振興機構の実態調査（図1-1）では，「キャンプをしたこと」や「海や川で泳いだこと」などの自然体験をほとんどしたことがない子ども・若者が以前と比べて増加していることが問題にされている。

　もともと日本の環境教育政策には，子どもの体験活動を重視する傾向があった。学習指導要領の見直しによって体験学習の受け皿となっていた総合的な学習の時間は減らされたが，「生きる力」に結びつく学力には子どもたちの「豊かな」体験が欠かせない。ここで注目しなければならないのは，体験の範囲が狭い意味での自然と人とのかかわり（自然体験）を越えて，人と人，人と社会とのかかわり（生活体験）にも広がる可能性を持つものであるということである。

▷**公害教育**
大気汚染や水質汚濁等によって住民の健康被害が引き起こされ，国や企業に対する公害訴訟を契機に教師による公害教育が実践された。文部省・教育委員会と教職員組合との対立を経ながらも，公害教育は学習指導要領に明示される（1968年）。1980年代以降，教師による公害教育は減少するが，公害訴訟団が和解金をもとに地域再生に取り組むなどの新たな展開が見られる。

▷**自然保護教育**
自然保護に対する市民の関心を高め，自然の仕組みに関する知識と技術を普及し，市民の意識の変革によって自然保護問題を解決することを目的とした教育である。尾瀬沼の保全運動を契機として発足した後の日本自然保護協会が，国に「自然保護教育に関する陳情書」を提出した（1957年）。1970年代には，自然保護運動を経験した人々が環境保全やまちづくり，社会や行政の仕組みを変えることが必要だと提起し始めた。

▷**持続可能な開発のための教育（Education for Sustainable Development：ESD）**
ブルントラント委員会報告（1987年）によって定義された「持続可能な開発」概

(次の自然体験について「ほとんどしたことがない」割合)

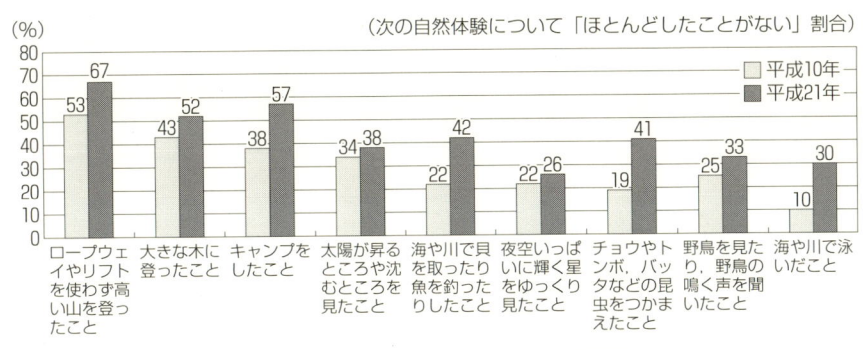

体験項目	平成10年	平成21年
ロープウェイやリフトを使わず高い山を登ったこと	53	67
大きな木に登ったこと	43	52
キャンプをしたこと	38	57
太陽が昇るところや沈むところを見たこと	34	38
海や川で貝を取ったり魚を釣ったりしたこと	22	42
夜空いっぱいに輝く星をゆっくり見たこと	22	26
チョウやトンボ、バッタなどの昆虫をつかまえたこと	19	41
野鳥を見た、野鳥の鳴く声を聞いたこと	25	33
海や川で泳いだこと	10	30

図1-1 青少年の自然体験への取り組み状況

出所：独立行政法人国立青少年教育振興機構（2010年）『青少年の体験活動等と自立に関する実態調査』報告書 平成21年度調査』より作成

③ 「つながり」を取り戻す教育へ

かつて日本人は、「キツネに騙される」と思い込んでいた。内山節は、1965年を境に日本人がキツネに騙されなくなったと述べている。私たちは高度経済成長を経て経済的な「豊かさ」を手に入れたことで、自然とともにあるという「豊かな感性」を失ってしまったと見ることができる。これを「キツネに騙される力」と呼びたい。

内田樹は人生最初の社会的体験が「消費主体」としての役割であることによって、子どもたちは教育の場においても等価交換を求め、学ぶことによって得られる利益を明示するように教師たちに要求する、と指摘している（2007年）。何らかの形で〈教える〉―〈教わる〉という関係がなければ教育過程は成り立たず、これを〈売り手〉と〈買い手〉の関係（市場的関係）に置き換えることは難しい。〈教える〉―〈教わる〉という関係を、近代化された〈教師〉と〈生徒〉の関係ではなく、〈師匠〉と〈弟子〉の関係に置き換えると、人と人との「つながり」が見えてくる。

こうして「つながり」を意識できる感性は、〈教える〉―〈教わる〉という関係を通して、人と人とのつながり、人と自然とのつながりを意識できるようになる。「キツネに騙される力」とは、自然の向こう側にいる過去や未来の人、遠く離れた人や社会に想いを馳せる力である。その意味では、自然を通して多様な人や社会から〈教わる〉自覚が必要であり、環境問題を1つの切り口とした「持続可能な開発のための教育（ESD）」の主体となることがすべての人に求められているのである。

また、東日本大震災によって多くの人びとがふるさとを破壊され、つながりを失っている。大きな自然災害（地震・津波・火山の噴火など）や原発事故を契機に、私たちは「つながり」という視点から自然や環境問題との向き合い方を見直すことが求められている。

（朝岡幸彦）

念の影響を受けて、2002年に開催された持続可能な開発のための世界首脳会議（ヨハネスブルク・サミット）で採択されたヨハネスブルク宣言で提起された概念である。その後、日本政府などの提案で国連総会において2005年〜2014年を「国連・持続可能な開発のための教育の10年（DESD）」とすることが採択された（⇨ 1-I-4 ）。

参考文献

内田樹（2007）『武道的思考』筑摩書房

内山節（2007）『日本人はなぜキツネにだまされなくなったのか』講談社

小川潔・伊東静一・又井裕子編著（2008）『自然保護教育論』筑波書房

小玉敏也・福井智紀編著（2010）『学校環境教育論』筑波書房

佐藤真久・阿部治編著（2012）『持続可能な開発のための教育 ESD 入門』筑波書房

降旗信一・高橋正弘編著（2009）『現代環境教育入門』筑波書房

さらなる情報源について

日本における環境教育及び持続可能な開発のための教育（ESD）に関する研究をまとめたものとして、朝岡幸彦（2005）「グローバリゼーションのもとでの環境教育・持続可能な開発のための教育（ESD）」『教育学研究』72(4)、pp. 530-543、がある。また、公害教育については、朝岡幸彦（2008）「公害教育と地域づくり・まちづくり学習」『環境教育』19(1)、pp. 81-90、に詳しい。

第1部　環境教育の理論

I　環境教育の歴史

4 持続可能な開発のための教育（ESD）

▷**環境と開発に関するリオデジャネイロ宣言**
1992年にブラジルのリオデジャネイロで開催された「環境と開発に関する国際連合会議」（UNCED）において合意された27の原則からなる宣言のこと。UNCEDではこれを実行するための行動計画である「アジェンダ21」の他に、2つの国際条約「気候変動枠組条約」「生物多様性条約」や「森林原則声明」など、重要な合意がなされた。

▷**アジェンダ21**
1992年の UNCED で採択された各国および関係国際機関が実行すべき行動計画であり、リオ宣言を実行するための行動綱領でもある。全文は4つのセクション（「社会的・経済的側面」、「開発資源の保護と管理」「主たるグループの役割の強化」「実施手段」）から構成されているが、条約のような拘束力はない。これを承けて各国内では、地域版「ローカルアジェンダ21」が策定、推進されている。

▷**"Our Common Future"（邦題『地球の未来を守るために』）**
1984年国連に設置された「環境と開発に関する世界委員会」が、足かけ4年、8回の会合の後にまとめた報告書（1987年4月公表）。この中で、環境と開発は相反するものでなく不可分の

1　「持続可能な開発（SD）」

「持続可能な開発のための教育」（以下、ESD）の中核となる概念に「持続可能な開発」（SD）がある。持続可能な開発（Sustainable Development）が今日世界に広く知られるようになったきっかけは、1992年6月にブラジルのリオデジャネイロで開かれた「環境と開発に関する国際連合会議（UNCED）、地球サミット」にある。同会議では、**環境と開発に関するリオデジャネイロ宣言**および、21世紀に向けて持続可能な開発を実現するために各国が実行すべき行動計画としての「**アジェンダ21**」が採択された。ちなみに、アジェンダ21の第36章「教育、意識啓発、訓練の推進」は、持続可能な開発を推進し、環境と開発の問題に対処する市民能力を高める上での教育の重要性を指摘した。

「持続可能な開発」という概念が生まれるそもそものきっかけは、1987年の国連「環境と開発に関する世界委員会（WCED）」にある。後にノルウェーの首相となったブルントラント女史が委員長を務めた同委員会（通称：ブルントラント委員会）は、その最終報告書「**"Our Common Future"（邦題『地球の未来を守るために』）**」において、「持続可能な開発」を、「将来世代のニーズを損なうことなく現世代のニーズを満たす開発」と定義した。この定義は、その後の地球環境保全のための世界の様々な取り組みの羅針盤となっている。

2　環境教育と持続可能性

1992年のリオデジャネイロでの地球サミット以後、ESD のあり方の検討が、国際人口開発会議（1994年、カイロ）、世界社会開発サミット（1995年、コペンハーゲン）等、世界の各地で行われるようになった。それらのうち、環境教育にとっての大きな国際会議として特筆されるべきものに、1997年の「**環境と社会に関する国際会議（テサロニキ会議）**」がある。同会議には世界の84カ国から約1200人の専門家が集まった。会議の最終宣言である「テサロニキ宣言」は、「持続可能性」という概念について、「持続可能性の概念は、環境だけではなく、貧困、人口、健康、食の安全、民主主義、人権、平和をも含む。つまるところ、持続可能性は道徳的・倫理的規範であり、そこには尊重すべき文化的多様性や伝統的知識が内在している」（第10章）と述べている。

また、環境教育と持続可能性とのかかわりを、「環境教育は、今日までトビ

8

リシ勧告の枠内で発展・進化し，アジェンダ21や他の主要な国連会議で議論されるようなグローバルな問題を幅広く取り上げ，持続可能性のための教育としても扱われてきた。このことから，環境教育を『環境と持続可能性のための教育』と表現してもかまわないと言える」（第11章）と説明した。すなわち，テサロニキ宣言は，「持続可能性」概念を取り込むことによって，従来の狭義の環境教育を，より広い「環境と持続可能性のための教育」へと転換させようとしたと言ってよい。

3 ESDと環境教育

　地球サミットから10年後の2002年，南アフリカのヨハネスブルグで「持続可能な開発に関する世界首脳会議（WSSD），**ヨハネスブルグサミット**」が開催された。この会議で日本は，「持続可能な開発のための教育の10年（DESD）」をNGO/NPO・日本政府共同の形で提案し，この提案は同年の第57回国連総会本会議で採択され，ユネスコ（UNESCO）がその主導機関となることに決まった。この決定を承けて，ユネスコは2005年から2014年までの行動計画を策定した。行動計画にいわく，ESDの主な特徴には，①学際性，総合性，②価値による牽引，③批判的な思考と問題解決，④多様な方法（言葉，美術，演劇，議論，経験等），⑤参加型の意思決定，⑥地方との関連（地球規模の問題と地方の問題を扱うこと），の6つがある。これらのなかでユネスコは，とりわけ①で，従来はともすれば個別に実施されてきた環境教育，開発教育，人権教育，平和教育等の教育の結びつきを強め，総合化するべきことを，②で，ESDを「持続可能な開発そのものの価値観をモデル」として牽引すべきことを強調した。

　このような持続可能な開発そのものを価値とし，地域と世界をつなげ，次元の異なった教育の結びつきを強める試みの具体例としては，愛媛発「銃を鋤へ」のプロジェクトがわかりやすい。この取り組みにおいては，愛媛県松山市のNGOとアフリカ，モザンビークのNGOが連携し，松山市の放置自転車を集めて修理してアフリカに送り，内戦以来，国内に散乱・放置された銃と交換するという取り組みを行ってきたが，これなどは，松山市とアフリカという遠く離れた世界をつなぐとともに，放置自転車問題という地域の環境問題と，アフリカの内戦という平和に関する課題を結びつけたESDの好例と言える。

　国際的な議論の流れをうけて日本では，「国連持続可能な開発のための教育の10年（DESD）実施計画」（2006年），「**21世紀環境立国戦略**」（2007年）などが政府レベルで決定された。同戦略は，持続可能な未来の社会を，低炭素社会・循環型社会・自然共生社会の相互の強固な結びつきによって成り立つとした。DESDは2014年に一応の区切りとなるが，このような新しい概念を加えながら，ESDをさらに発展・深化させていくことが，これから私たちの課題である。

（水山光春）

関係にあり，持続的な発展のためには環境の保全が必要不可欠であるとする「持続可能な開発」の概念が提唱された。

▷**ヨハネスブルグサミット**
2002年8月26日から9月4日にかけて，南アフリカのヨハネスブルグにおいて開催された国連主催の首脳会議。この会議は，1992年の国連環境開発会議（リオ・デ・ジャネイロで開催）から10年が経過したのを機に，その後の諸課題を包括的に議論することを目的に企画されたもので，「リオ＋10」とも呼ばれている。世界104カ国の首脳，190を超える国の代表，また国際機関の関係者のほか，NGOやプレスなど合計2万人以上が参加した（⇨ 1-I-1 ）。

▷**21世紀環境立国戦略**
2007年6月，第1次安倍内閣において閣議決定された文書。同戦略は，低炭素社会，循環型社会，自然共生社会作りの取り組みを統合的に進めていくことにより地球環境の危機を克服する持続可能な社会を目指すとともに，自然共生の智慧や伝統，環境・エネルギー技術，公害克服の経験といったわが国の強みを活かすことによって，持続可能な社会の「日本モデル」を構築し，世界の発展と繁栄に貢献するために発信するとしている。

参考文献
　NPO法人「持続可能な開発のための教育の10年」推進会議（2005）『国連持続可能な開発のための教育の10年」キックオフ！』
　開発教育協会（2003）『持続可能な開発のための学び』（別冊「開発教育」）

Ⅱ 環境教育の目的

1 自然認識としての環境教育

1 環境教育における自然認識

　環境教育の目的は，「環境とそれにかかわる問題に気づき，関心を持つとともに，当面する問題の解決や新しい問題の発生を未然に防止するために，個人及び集団として必要な知識，技能，態度，意欲，実行力などを身につけた世界の人を育てること」である（**ベオグラード憲章**）。

　環境教育の目的を達成するために，自然認識は欠かせない。地球的規模で起きている人類がかかえる問題を解決するためには，自然科学（理科）で学ぶ知識や技能が必要になる。理科において学習する生態学的知識としては，特に「循環」「多様性」「閉鎖系システム」などが重要なコンセプトになる。

　例えば，自然生態系においては，生産者・消費者・分解者で物質が循環し，ごみ問題が生じることはない。循環が切れたところに環境問題は発生する。また，地球上には「多様な」生物種が存在し，それら生物種は，相互に「つながり」を持ちながら生態系を作っている。人間だけで地球上に生きることはできない。地球レベルの生態系は**閉鎖系**であり，地球資源は有限であることの認識が大切である。自然の恵みを超えた利用を人類が続けていると，やがては元金である地球資源を食いつぶすことになってしまう。

　科学や技術がいくら進歩しても，人間が幸せになるとは限らない。科学技術を使うのは人間であるので，科学技術の進歩には，常に光と陰の両面が存在する。「人間とは何か」ということを歴史や文学を通して考察することも重要であろう（例えば，梅津，1987）。このような視点で見ると，科学技術と社会のあり方を考え，科学文明について考えさせる**STS教育**も持続可能な社会を築くうえで，環境教育として必要な教育と言えるだろう。

　中学校や高校になれば，理科と国語の学習を連携しながら，現代的テーマを元にディベートする学習も展開できる。問題提起されたテーマに模範解答はない。問題提起されたことを「自分の問題として」意識させることが環境教育として重要である。どのような環境が望ましいか，人によって評価や価値が異なる。自ら考

▶**ベオグラード憲章**
1975年にユーゴスラビアの首都ベオグラードで行われた「国際環境教育ワークショップ」で採択された憲章。ベオグラード憲章は，1977年のユネスコとUNEP（国連環境計画）の主催による「環境教育政府間会議」（トビリシ会議）の準備のために開かれた。ベオグラード憲章の精神は，トビリシ会議に受けつがれている（⇒1-Ⅰ-1，1-Ⅱ-8）。

▶**閉鎖系**
外界とエネルギーや物質のやりとりがない系。

▶**STS教育**
「科学」（Science），技術（Technology），社会（Society）の頭文字をとった言葉で，科学や技術を社会的文脈においてとらえる立場を指したものである。それを教育に反映させたのが，STS教育である。このような教育が始まった背景には，「科学が善である」「科学は絶対である」「科学は客観的である」などという考えに，公害問題，環境問題とのかかわりで，疑問の声があげられるようになったからである。アメリカでは，1960年代から70年代に

図1-2　環境教育とSTS教育の関係
出所：鈴木（1994）

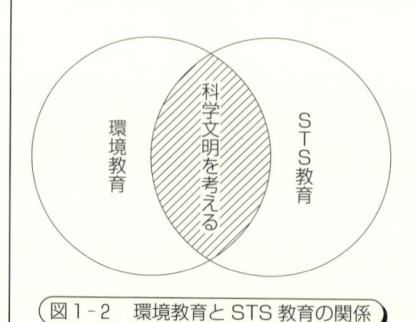

え，自らの意志で行動できる力，合意形成する力は環境教育にとっても大切な力である。

② 自然認識を育てる環境学習のポイント

○直接体験を重視する

体を通して，五感を通してわかることを大切にする。実感がわかないものには感動も意欲もわかず，行動にもつながらない。幼児や低学年だけでなく，生涯にわたって，自然の弟子となり，自然体験を継続していくことが大切である。

○事実を通して，学習の視点を明確にする

具体的な事実を通して，科学的な見方（生き物の学習であれば，「個体維持」「種族維持」など）を育てられるように，視点が明確な授業計画を立てる。

○地域にある教材を使う

子どもたちに身近な地域の教材を使って学習を展開することが大切である。地域の教材を使えば，自分たちのくらしとつながる思考ができるし，理科ぎらいの児童・生徒も興味を持って，学習に参加ができるだろう。例えば，指標生物を使った参加型の調査活動等を行えば，間接経験では得られない感動を与え，具体的思考も容易になる。地域素材の教材化にあたっては，学習目標とのつながり・発展を十分に考え，計画を立てることが大切である。

○学校での学習と日常生活の連続をはかる

「自然のたより」などを発行し，地域の自然に対して広いアンテナを張ることのできる子どもを育てたい。学校での学習と日常生活の連続をはかることによって，確かで豊かな自然認識が育ち，「行動化」にもつながるだろう。

○自然認識と社会認識をつなぎ，自主的活動を促す

環境学習としては，自然観察体験活動だけで終わるのはもったいない。自然認識は，社会認識の基礎として位置付け，さらに自主的に地域の活動に参画していける力を育てたい。これが，「持続可能な開発のための教育（ESD）」にもつながっていく。例えば，川の学習の場面で，生き物を通した水質調査体験だけで終わってしまう場合があるが，これでは環境教育で最も重要な課題になっている「行動化」につながらない。なぜ，川が汚れてきたのか，その原因を探る中で，地域の中にある工場が原因となる場合も出てこよう。「昔の川の聞き取り活動」「ダムに沈んだ村の人への聞き取り」など，「人との出会い」を入れてみよう。子どもたちは，川の激変に驚くだろうし，水をめぐる先人の苦労・工夫に気付くであろう。

自然体験や聞き取りなどの活動を通して得た発見・感動・意欲を元に，まちづくりに参画できる力を育てたい。例えば，ポスター作り，「子ども会議」，地元への呼びかけなど，自主的で，よりダイナミックな環境学習に発展させたい。

（本庄　眞）

かけて科学批判や科学技術の再評価を求める動きが展開された。「原子爆弾」「臓器移植」など多様な切り口で学生に考えさせる試みが見られた。授業展開としては，ディベートなどがよく用いられる。一方，1980年代から，「科学教育の危機」という立場から身近な題材から入り，子どもたちに，科学への興味関心をもたせようとするSTS教育がある。鈴木（1994）は，STS教育と環境教育の関係を図1-2のように表し，この2つの教育は，科学文明を問い直す人々を育てることという視点から共通であると主張している。

参考文献

内山裕之・坂本武良（2003）『生物による環境調査事典』東京書籍

梅津濟美（1987）『文明を問い直す』八潮出版

鈴木善次（1978）『人間環境論』明治図書

鈴木善次（1994）『人間環境論』創元社

野上智行・栗岡誠司編著（1997）『「STS教育」理論と方法』明治図書

古谷庫造編著（1978）『理科における環境教育』明治図書

本庄眞（1994）「川を通しての環境学習」『環境教育』フォーラムA社

山本政男編（1992）『地域素材の教材化読本』教育開発研究所

さらなる学習のために

井村健（1998）「学ぶ力を育てる理科教育――理科教育と環境教育」『奈良教育大学教育学部附属中学校研究集録』第28集

第1部　環境教育の理論

Ⅱ　環境教育の目的

2 社会認識としての環境教育

① 環境学習のプロセスと本質的因果関係

認識を中心とした環境学習は一般に次のプロセスに従って行われる。

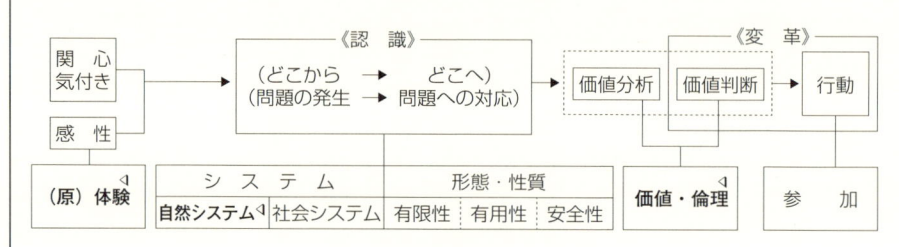

図1-3　環境学習のプロセス

出所：筆者作成

表1-1　自然・社会認識のフレームワーク

認識の視点		構成要素
システム	自然システム	生態系，閉鎖系，相互依存，循環，平行
	社会システム	経済システム，政治システム，社会システム
形態・性質	有限性	環境容量，環境復元力
	有用性	資源，食料，エネルギー，アメニティ
	安全性	生命，生存，健康

出所：筆者作成

　図1-3において「社会認識」とは，「システム」の中の「社会システム」や「形態・性質」としての「有限性・有用性・安全性」について，応用力のある概念を身につけることを意味する。なお，ここで言う概念とは，「なぜ（WHY）」という問いに答える社会科学の成果に基づく因果関係的な知識を指す。

　例えば，「水俣病はなぜ発生したか」という問いに対する「化学工場の排水に含まれた有機（メチル）水銀に体が侵されることによって発生した」という説明では，自然科学的・現象的な因果関係の説明にはなっても，社会科学的な本質的因果関係を説明したことにはならない。社会科学的因果関係は，すでに1959年の段階で，**ネコ400号実験**等によりメチル水銀が原因物質であることが十分な根拠をもって疑われているのに，「なぜ10年あまりも政府による認定（1968年）が遅れたのか」を政治的・経済的・社会的に明らかにすることによって獲得される。

▷**環境の原体験**
原体験には，美しさ，心地よさ，恐ろしさ，畏敬，不思議などの感情が含まれる。

▷**環境の自然システム**
自然システムには，生態系，相互依存，閉鎖系，循環，平衡などの概念が含まれる。

▷**環境の価値・倫理**
価値・倫理には，持続可能性，公平，公正，多様性，共存・共生などの概念が含まれる。なお，現在注目されている持続可能性概念は「民主主義，人権，平和」さらに「道徳的・倫理的規範」までも含んでいる。

▷**ネコ400号実験**
当時の新日窒附属病院の細川一院長が行った実験。アセトアルデヒド酢酸製造工場排水をネコに投与した結果，猫が水俣病を発症することを確認し，工場責任者に報告した。しかし，工場の責任者は実験結果を公表することをしなかった。

2 社会認識の基礎としての環境経済学

　身近なものから地球規模のものまで，環境問題が深刻なのは，心がけや協力だけでは問題が解決しないからである。なぜ古紙回収業者が激減したのか，熱帯林は減少するのか，世界の温暖化防止交渉が難航するのはなぜか。これらは，環境経済学の視点から社会や人間行動を分析することがなければ何も見えてこない。

　環境問題に対応するためには，子どもから大人までの環境保護や保全の活動を促進するとともに，環境を経済的にとらえることの重要性に気付くことが重要である。環境問題を経済学的にとらえる基本的な知識の発展（カリキュラム）は，次のように整理することができる。

表1-2　環境問題をとらえる経済学的な知識の発展段階

小学校段階	・環境問題は，人間活動の結果によって様々な環境の質を引き下げ，人間及びその周囲の環境に被害が引き起こされることによって発生する。 ・環境には価値があり，環境問題をとらえるためには，被害と価値の両方に着目する必要がある。
中学校段階	・環境問題はほとんどの場合，何らかの外部不経済と関係しており，そこでは社会的費用と私的費用が乖離している。 ・環境被害は，統制による直接規制や経済的誘因に依拠する経済的手段によって，その解決をはかる取り組みがある。
高校段階	・環境問題は限界被害費用と限界被害削減費用の関数としてとらえることができる。 ・汚染物質等の排出源が複数あるとき，限界被害（削減）費用を均等化することで総費用を最小化（効率化）することができる。

出所：筆者作成

　2011年3月11日の福島第一原子力発電所の事故の後，エネルギー・環境政策の見直しが求められている日本にとって，社会システムの根本的な改革が急務となっている。学校教育における環境学習での環境問題認識も，このような社会の状況に対応したものにしていく必要があろう。そこでは，ますます環境経済学的社会認識が不可欠となってくる。

3 気付く・わかる・行動する

　環境学習のプロセスにおいては，気付けばわかる（認識できる）わけではなく，また，わかれば即行動できる（変革できる）というわけでもない。図1-3に示すように，気付くこととわかること，わかることと行動することの間には大きな溝がある。学習をすすめるにあたっては，このギャップに十分に配慮した工夫が必要である。そのためには，学習を静的・個人的なものに限定せず，ギャップを今まさに越えようとしている学習者どうしが協働し，振り返り，分かち合えるように作業的・体験的な要素を十分加えるなどの，学習者の心理をふまえた工夫が重要である。

（水山光春）

▷環境問題への対応

環境問題をとらえる環境経済学の長所は，環境問題をその発生のみならず，対応においてもとらえることができる点である。環境問題への対応においては，総量規制や濃度規制といった直接規制や，課徴金や補助金，排出量取引といった制度的アプローチ（これらはまとめて「強制的アプローチ」と総称される）の他に，自主的な宣言や協定などの「自主的アプローチ」が，社会的公正や企業の社会的責任の観点から，現在注目されている。

参考文献

B. C. フィールド（2002）『環境経済学入門』日本評論社

細田衛士・横山彰（2007）『環境経済学』有斐閣アルマ

II 環境教育の目的

3 生活認識としての環境教育

▷20世紀文明
20世紀文明は人類の未来を左右しかねないところまで環境問題が顕在化した文明であったと言える。レイチェル・カーソンは『沈黙の春』で「地球が誕生してから過ぎ去った時の流れを見渡しても、生物が環境を変えるという逆の力は、ごく小さなものでしかない。だが、20世紀というわずかのあいだに、人間という一族が、おそるべき力を手に入れて、自然を変えようとしている」と指摘している。

▷マイバッグ持参
レジ袋有料化は家庭ごみの削減効果があるだけでなく、マイバッグ持参者の広がりを作りだした。生協やイオングループなどではマイバッグ持参者が80%以上の水準に引き上げられたという。京都市ではじまった行政、事業者、市民団体の「協定」方式がこれを支えてきたと言われている（⇒ 2-I-1）。

▷ごみ処理施設
家庭ごみの処理責任を持つ市町村は「ごみ焼却施設」「ごみ埋立て施設」「資源ごみ中間処理施設」などを持っている。最近は「生ごみ処理施設」や「バイオガスプラント」「焼却灰溶融炉」などごみ処理施設も様々になっている。

① 20世紀型の文明

20世紀文明は化石燃料を多用した大量生産・大量消費文明であったと言える。それは「快適で便利なくらし」を実現してくれたが、他方では環境問題を引き起こした。21世紀に生きる私たちは、「快適で便利なくらし」を手放すことなく、環境問題の解決を図ることができるのだろうか。あるいは、環境問題解決のために、「快適で便利なくらし」を多少は犠牲にしなければならないのだろうか。くらしの現場での環境教育に求められるのは、まさにこの問題に答えを見つけだすことであろう。しかしながら、この問題に対して明快な答えを見つけることは容易ではない。「環境問題は知っているが、自分から行動をおこさない」という消費者・市民は少なくない。このような消費者・市民に対して、どのような環境教育を、どのように展開するべきなのか、環境教育が乗り越えなければならない、1つの壁がここにあるように思う。

② 「気付き・学ぶ」ことの重要性

環境教育では「気付き・学ぶ」ことが重視されてきた。すなわち、私たちの「快適で便利なくらし」が環境にどのような負荷をかけているのかを具体的に自覚できる機会を与えることが、くらしの中ですすめる環境教育としてとても重要なことなのである。

消費者・市民に対して、自分のくらしを見つめ、考えてもらうために、この間、様々な取り組みがすすめられてきた。例えば、環境家計簿は、電気・ガス・水道・ガソリン等の消費量やごみの排出量を数カ月間記録することで自分のくらしをリアルに把握し、その中からくらしの転換を図るために何ができるかを考えてもらうためのツールとして広く活用されてきた。

生協や大手スーパーなどでレジ袋有料化が行われたことで**マイバッグ持参者**が一気に広がったが、これも消費者・市民の環境意識を高める機会になったと言える。

ごみ問題についても、最近は**ごみ処理施設**の見学ツアーがしばしば企画されるようになったが、家庭や事業所から排出されたごみの行方、その処理現場や最終処分場を見ることではじめて「気付く」ことも少なくない。

このように、くらしの現実を見つめ、何ができるかを「気付き・学ぶ」ため

の環境教育はとても重要であり，実際に数多くの素晴らしい取り組みがすすめられているのだと思う。

③ 「行動」を促す強いメッセージを

しかし，いま環境教育に求められるのは，このような「気付き・学ぶ」の段階を越えて，消費者・市民１人ひとりの価値観を変え，ライフスタイルを転換し，くらしを作り変えるための「行動」を促す強いメッセージを伝えることなのではないか。その場合，くどいようだが，多くの消費者・市民は，一度手にした「快適で便利なくらし」を簡単に手放すことはしないということをふまえておく必要がある。

したがって，重要なことは，環境教育の現場でも，これから目指すべき「持続可能な社会（低炭素社会）」のビジョンと「くらし」のイメージを明確に提示することである。特に，それが「ガマン，ガマン」というものではなく，合理的で，経済的にもちょっと得をするものだということをうまく伝えることが大事なのだと思う。

「快適で便利なくらし」の象徴であるマイカーにしても，少なくとも都市部では公共交通機関を利用した方がはるかに便利で，経済的だということが明確に示されるならば，はじめてこれを手放すことになるのではないか。家電製品にしても，省エネタイプのものに計画的に買い換えていく方がはるかに得になるということが具体的に示されるならば，消費者・市民の買い物行動は変わるに違いない。住宅の場合も，新築住宅では当然ながら住宅の品質性能としての環境基準が引き上げられるであろうし，既存住宅でも**エコリフォーム**が促進されるにちがいない。

今後，消費者・市民に対して，くらしの現場で省エネ診断を行いながら，適切な助言を行うための仕組みが求められるし，その仕組みを担う人材育成をいかにすすめるかが実践的な課題になってくるであろう。

このような取り組みを推進するためには，私たちが目指す「持続可能な社会（低炭素社会）」への道すじ，とりわけ**CO_2削減の中長期目標**を明確にし，その実現のためのロードマップとリーディングプログラムをしぼりあげ，それとリンクさせた形でこれからの「くらし」づくりのための「次の一手」を具体的な活動メニューとして提案していくことが必要とされる。もちろん，国や地方自治体の取り組みが低炭素社会の実現に向かって動き始めることが，このような取り組みを後押ししてくれるに違いない。

2011年３月11日に発生した「東日本大震災」を機に多くの消費者・市民の意識や行動が変わりつつある。この機会に「省エネ・節電」からエネルギー政策の転換まで，これまでとはちがう「べつの道」を見出すようにしたいものである。

（原　強）

▷持続可能な社会
もともとは1987年のブルントラント委員会報告に由来する概念であるが，最近では「持続可能な社会」という場合，「循環型社会」「自然共生社会」「低炭素社会」という意味を含んでいる。いずれも重要な概念であるが，緊急度の高さから見て「低炭素社会」の形成という課題がますます重要になっている。

▷エコリフォーム
エコリフォームという場合，地域産木材の利用，有害化学物質除去など，様々な内容が含まれるが，現在，断熱材の使用など省エネ効果を考えたリフォームが注目されている。

▷CO_2削減目標
CO_2削減目標については2050年には世界のCO_2排出量を半分に，そのために先進国は80％以上の削減が必要とされている。また，この目標達成を確実なものにするため，2020年には25％以上の削減目標をもって取り組みを前倒しですすめる必要があるとされている。

Ⅱ 環境教育の目的

4 環境と文明

1 環境問題は文明の問題

　地球温暖化など様々な環境問題が深刻化しているが，これらは利便性や快適性を求めてきた私たちのくらしや，環境よりも経済成長を優先してきた社会経済活動と密接にかかわるもので，価値観や制度など人間活動のすべてに通じる根源的で複層的な課題である。**環境文明21**はこれまで，今後目指すべき社会を持続可能な「環境文明社会」（Green Civilization Society）と名付け，NPO，学識者や企業人が連携して，あるべき姿，大切にされる価値，実現方策等を検討してきた。ここではその議論から環境教育で育てる「価値」について紹介する。

2 環境文明社会で大切にされる価値

　環境文明と過去の文明における中心的価値の違いを際立たせるため，便宜的に，農耕・牧畜文明，産業文明，環境文明という時代区分毎に考える。
　人と自然環境，自然観について，農耕・牧畜文明（産業革命以前のあらゆる文明）では，人間は環境を全面的に支配する力を持たず無意識のうちに環境容量の範囲内で生活しており，環境容量を超えた文明は滅びる運命にあった。日本の江戸時代のような持続した社会では，各地域内で自然との共生を実現し，環境制約に従属しつつ活用するという自然観があった。しかし，産業革命以降の産業文明では，化石燃料をエネルギー源として急速な経済成長を実現したことで，人間は環境を破壊する強大な力を持つようになり，あらゆるものがグローバル化し，世界各地で自然環境からの収奪が無制限に行われるようになった。その意味で，人と自然環境との関係はグローバルな収奪という概念に集約でき，有限性への認識が乏しく常にフロンティアを求める拡大志向の自然観であったと言える。こうした人間活動の結果，地球温暖化に見られるような危機的状況が顕著になったことから，目指すべき環境文明では，地球規模での「グローバルな共生」と「環境容量の有限性の認識」が極めて重要な価値となる。
　また，人と人との関係では，産業革命以前は社会の安定のために，特定階級による支配・管理が行われ，個人レベルでは精神的安定を維持するために，信仰，倫理，道徳が重視されていた。例えば，江戸時代は幕府中心の支配体制が確立され社会の安定が保たれていたが，個人レベルでは信仰や，朱子学に代表される倫理，道徳が重視され，そこで培われた「足るを知る」「調和を保つ」

▷**環境文明21**
「環境問題は文明の問題」との認識のもと，「環境の世紀」と言われる21世紀にふさわしい新たな文明のあり方を探求することを目的として1993年に設立されたNPOである。筆者が共同代表を務めている。(http://www.kanbun.org/)

▷例えば，江戸時代の人口の80％が農業に従事していたが，出羽国では水田農業に不可欠な水資源を確保するために樹木の伐採を厳しく戒めるルールを作ったり，暮らしの中でも一枚のゆかたを，おしめ→雑巾→たきつけ用の燃料→灰を畑の肥料にするなど，限りある資源を徹底して有効活用するなどして，自然と共生しながら，暮らしや社会を持続させるための工夫を凝らしていたと言われる。

などの知恵が，社会の安定に大きな役割を果たしていた。産業革命以降，ヨーロッパ社会で形成された自由・平等・博愛に代表される思想が中心的価値となり，その価値を担保するものとしての民主主義や契約などの社会統治のルールが敷かれた。しかし，自由や平等思想の無秩序な拡大は過度な軋轢や競争を生み，結果として経済格差の拡大，紛争やテロの多発など，人間・社会の持続性喪失の大きな要因となる一方，物質的豊かさや利便性の追求は，地球環境の限界を超え人類の生存の危機を脅かすほどになっている。こうしたことから，今後の環境文明では，自由・平等など過去の文明で重視された価値に，「互助＝利他」「多様性への寛容」などの新たな価値を付与したい。互助＝利他とは，人は自らの欲求を抑え，他者を思いやることである。自由の名のもとの欲望のあくなき探求は，有限な地球の中では立ちゆかないことは明らかであるが，今後，地域，国，地球，そして次世代まで視野に入れた互助・利他の価値を人々が持ち得るかどうかが環境文明の実現を左右すると思われる。またグローバル化により，文化や価値観の異なる人種・民族との交流が進むため，互いの違いを尊重し相互理解を深めること，そして人々の価値基準を多様にする意味でも，多様性への寛容が重要になる。環境容量の有限性の認識を共通価値としつつ，個々の文化や風土に基づく社会的価値と個人の価値の多様性に対する寛容さが，環境文明における人と人との関係において重要な価値になる。

3 環境文明社会を実現するための環境教育

　筆者は「環境教育とは，有限な地球環境の中で，人としての生き方や社会経済のあり方を学び，その実現に向けて考え行動する人間を育成する全ての学習・教育活動である」と考えている。すなわち，環境について・環境の中で・環境のために学ぶといった従来の環境教育を越えて，持続可能な環境文明社会を創造し持続させることのできる人間の育成こそが環境教育の目指すところである。例えば，「有限性」への理解を徹底するため，環境容量と人間の欲望や人類社会の発展とのバランスを図りながら生活することの大切さを教え，その考え方を具体的行動に結び付ける力を育む必要がある。また，「多様性への寛容」を育むために，国や地域，個々の人間にも多様な価値が存在することを認め合い，有限な地球環境の中で共に生きる知恵を出し合い合意形成する力を育むことも重要である。地球市民の一員として，公共財である環境を皆で保全し次世代に引き継ぐといった責務・公共意識を育てる必要もある。さらに経済原理が後押しする過度の競争のための教育から，人間性を重視した適切な競争と共生のための教育へと転換し，知識に加えて自ら考え判断する思考力と，それを実行する行動力を体験的に会得させる教育が求められる。

　文明をつくるのは人である。今後求められる環境教育は持続可能な環境文明社会の礎を築くものでなければならないと思う。

（藤村コノヱ）

参考文献

NPO法人環境文明21（2010）『NPOと企業・学識者の連携による「環境文明社会」のロードマップ作り　第一次報告書』

加藤三郎・藤村コノヱ（2010）『環境の思想』プレジデント社

木俣美樹男・藤村コノヱ共編著（2005）『持続可能な社会のための環境教育：知恵の環を探して』培風館

第1部　環境教育の理論

Ⅱ　環境教育の目的

5　環境への関心・意欲の育成

① 環境への関心・意欲とは

表1-3　関心・意欲

	関心	意欲
意味	物事に興味を持ったり，注意を払ったりすること。気にかけること。 （三省堂　大辞林より）	物事を積極的にしようとする意志・気持ち。 （三省堂　大辞林より）
要素	・もっと知りたいと思う興味 ・かかわり合いたいという好奇心 ・特に注意を払う ・自分にとって重要，影響がある	・大事にしている ・何かを推し進めたい ・前向きな気持ち ・望んでいる

出所：筆者作成

　上記の要素の前に「環境について」などを当てはめると，「環境への関心・意欲」を持った心の状態ということになる。逆に「環境への関心・意欲」を持っていない状態は，以下のようになる。

・環境について「もっと知りたいと思う興味」を持っていない。
・環境について「かかわり合いたいという好奇心」を持っていない。
・環境について「特に注意を払う」必要はないと思う。
・環境は「自分にとって重要，影響がある」とは思わない。
・環境を「大事にして」いない。
・環境について「何かを推し進めたい」と思わない。
・環境について「前向きな気持ち」が持てない。
・環境について何も「望んで」いない。

　そのような心の状態で，知識や技能を高め，参加や行動を促しても，効果があらわれることはあり得ない。さらに「環境への関心・意欲がない」ことが，今日的課題の解決を妨げている一因になっている。

　東日本大震災以降，相対的に関心・意欲が高まっているが，今後どのように育成すればよいのだろうか。

② 環境への関心・意欲を育成するために

　小学校における環境教育では以下の要素に留意することが大切とされている。[1]
①身近な問題を取り上げる
②環境教育の視点から教材としての価値を考える

▷1　国立教育政策研究所教育課程研究センター『環境教育指導資料小学校編』より。

③活動や体験を重視する
④野外学習を重視する
⑤映像や新聞等の様々な資料を活用する

京エコロジーセンターでは上記のことをふまえ，都市型環境学習施設として，以下のような環境学習プログラムを行っている。

○「電気・水・ごみ」を切り口として，普段の生活を見つめ直す

　自分がいつ，どこで，どのように使っているか，ふりかえる。

○体験を通して，無意識にかかわっている「電気・水・ごみ」を意識する

　・電気→自分たちで風力発電機を動かし，創った電気で車の模型を動かす。
　自分の手で電気を創る大変さを体感する。
　・水→実際に手洗いを行い，使った水を容器にためる。
　水を大切にした使い方と，そうでない使い方の使った水の量を比較する。
　・ごみ→子どもたちがごみ箱にいれているものを中心に教材とする。
　実際に手に取り，使い方を考えることで意識をむける。

○生活の中で実践しようと思うことを，自分で具体的に目標化する

「環境についての関心・意欲」を引き出すためには，以下のことを重視している。

・学習がなぜ必要なのかを明確にし，安心な学びの場を創ること。
・目に見えないものを「見える化」し，実感しやすくすること。
・自分たちの生活と，地球環境との関係を丁寧にとらえ直すこと。
・問いかけと対話を通して，主体性と気付きを促すこと。
・遊びの要素を盛り込み「その気にさせる」こと。
・ひとりの行動は小さくても，みんなで取り組めば大きな力になるということ。

　これらは，何も小学校に限ったものではない。「環境への関心・意欲」を育成するためには，子どもであれ大人であれ，その人の心の状態にあわせた工夫が必要である。いきなり自分とかけ離れた世界について話を始めても，ピンとこない。知識・方法をいくら詰め込んだところで，問題はいつまでも解決しないのである。

▷京エコロジーセンター（京都市環境保全活動センター）
1997年12月に京都市で開催された「地球温暖化防止京都会議（COP3）」を記念して2002年4月に京都市の環境学習・環境保全活動を支援する拠点施設として設立された（指定管理者：（財）京都市環境事業協会）。2002〜07年まで京都市小学校5年生の全児童を対象に，環境学習を行った。2008年以降は，学校ごとの選択制で行っている（⇨ 2-Ⅶ-2）。

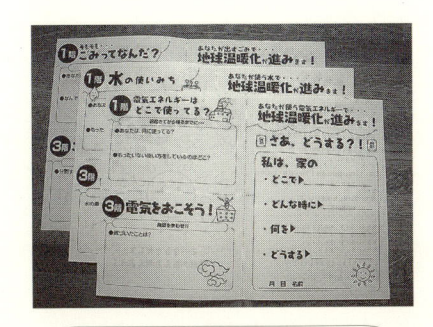

図1-4　プログラムで使う「電気・水・ごみ」のワークシート
出所：筆者撮影

図1-5　ごみの展示物をつかった学習の様子
出所：筆者撮影

（谷内口友寛）

第1部　環境教育の理論

Ⅱ　環境教育の目的

6　環境に関する知識・理解

1　環境教育における知識・理解の特性

　環境教育における知識・理解（以下，知識と略記）の位置付けは教科におけるそれとはやや異なる。教科，例えば理科においては，理科で扱われる知識の大部分は理科に固有のものであり，だからこそ理科という教科が成立していると言える。しかし，環境教育で扱われる知識は環境教育でなければ教えられないというものはあまりない。温暖化も公害も理科や社会科の中で扱うことができるし，現に扱われている。ではなぜ，理科でも社会科でもない，環境教育という教育領域が成立しているのだろうか。それは，環境に関連する問題を考える際には，理科，社会科といった既存の教科の側からのアプローチだけでは不十分で，知識を学際的に扱うこと，環境の文脈に統合して扱うことがどうしても必要となるからである。そこに環境教育の意義・固有性がある。別の言い方をすれば，環境教育における知識を考える際には，個々の知識よりも，それらの知識を統合する視点（基礎概念）の獲得が重要なのだと考えることができる。

2　環境教育の視点

　環境教育の知識を統合する視点が提示されているカリキュラム・ガイド，論文は多数存在するが，代表的なものにイギリスのナショナル・カリキュラム，北米環境教育学会のガイドライン（⇨ 3-Ⅱ-4 ， 3-Ⅲ-1 ），ハンガーフォードらの「環境教育におけるカリキュラム開発の目的」，日本では，国立教育政策研究所の環境教育指導資料などがあげられる。

　これらの文献には様々な視点があげられているが，多くの文献に共通しているのは，有限性，循環など，人間が自然（生態系）と持続可能な関係を取り結ぶために必要な視点，及び世代内の公平と世代間の公平という人と人との関係にかかわる視点である。また欧米では，ハンガーフォードが上記文献の中で示しているように，市民としての責任の認識と具体的な環境行動（環境にとって有用な行動）方略の獲得，すなわち実践にかかわる視点も重視されている。

　これらの視点間の相互関連を筆者なりに表現すると，図1-6のように表すことができる。

　「有限性」は，地球という閉鎖系の中で利用できる資源の量，生態系の許容できる環境負荷量が有限であること，「循環」は生態系の物質循環・エネルギ

▷**環境的正義**
アメリカで生まれた新しい正義の概念。マイノリティや貧困層に汚染による病気などの環境負荷が集中し，白人や富裕層が質の良い環境を享受しているのは差別であり，正義に反するので是正されるべきとする考え方。クリントン政権により連邦の環境政策の中に取り入れられ，環境保護庁に環境的正義を担当するセクションが設けられた。多文化主義とも密接なかかわりがある（⇨ 3-Ⅳ-5 ）。

▷**多文化主義**
社会において，支配的文化の優越性や支配的文化による同化を否定し，多様な文化の共存を目指す考え方。多民族社会であるアメリカ，オーストラリア，カナダ等で発展した。文化間に違いはあっても優劣はないとする文化相対主義の考え方が背景にある。環境教育の文脈では，自然に対して親和的なネイティブ・アメリカンなどマイノリティの自然親和的な文化の見直しという形で取り上げられることが多い。

▷**環境行動の体系的分類**
ハンガーフォードは環境行動を，説得，消費行動，政治行動，環境管理の4つに分けている（法的行動を加えることもある）。説得は

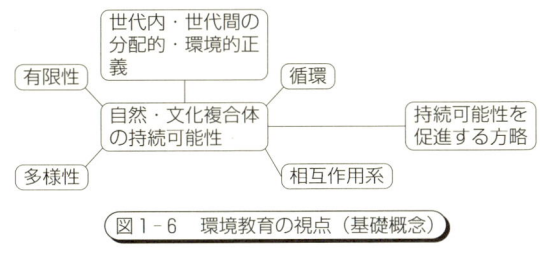

図1-6　環境教育の視点（基礎概念）
出所：筆者作成

―循環（エネルギーは厳密に言えば循環はしないが、ここではエネルギーの流れの意味で使っている）と人間社会の物質循環・エネルギー循環、およびこの二者の相互作用（例えば炭素循環への人為的干渉としての地球温暖化）、「多様性」は生物多様性及び人間と自然の関係のあり方（例えば里山）の多様性、「相互作用系」は生態系中での生物（人間を含む）相互及び生物と無機的自然（例えば地形）間の相互作用のシステムを指す。「世代内・世代間の分配的・環境的正義」は、世代内および世代間で資源の分配や環境の質における平等性を保つという視点だが、環境的正義には、宗教や芸術に代表される人間と自然の関係のあり方の文化による多様性はそれ自体価値あるものであり、特定の文化（例えば西欧文化）が優越するものではないという多文化主義の視点も含む。そしてこれらを統合するのが「自然・文化複合体の持続可能性」である。「自然・文化複合体」は、筆者の造語である。自然と文化は概念的には分離可能だが、現実には分かちがたく結びついており、一体的に扱う必要があるので、この言葉を使っている。上に上げた5つの視点を使って、自然システムと人間システム（文化）を一体的に考え、持続可能な社会を実現するビジョンを構築するのがこの「自然・文化複合体の持続可能性」である。

「持続可能性を推進する方略」は具体的な市民行動のスキルを指す。ハンガーフォードらが**環境行動の体系的分類**を試みているが、それがほぼこの「持続可能性を推進する方略」にあたる。

3　中心的視点としての「自然・文化複合体の持続可能性」

上述の視点のうち、「自然・文化複合体の持続可能性」が中心的・統合的な視点であり、他の視点はここに統合される必要がある。例えば「田んぼ」を学習する際、「田んぼ」の持つ豊かな生物多様性や水循環におけるバッファ（洪水などの変動を抑制）としての機能を学ぶことは重要なことであるが、それのみを取り上げるのでは十分とは言えない。そのような「田んぼ」のはたらきを100年先に生まれてくる人々やその時の田んぼをめぐる生き物たちが享受できるために、今、何ができるのかを考え、実行できるものは実行していくという持続可能性への志向に結合させることに環境教育の固有性があるのだと考えられる。

（荻原　彰）

他の人を環境行動へ向かうよう動機付ける論理的・情緒的訴え、消費行動は消費または消費の拒否を通じて企業に影響を与える行動、政治行動は投票等を通じて政府の政策に影響を与える行動、環境管理は生態系の復元のように環境へ直接働きかける行動をさす。

参考文献

Hungerford, R. H., R. B. Peyton and R. J. Wilke (1980) "Goals for Curriculum Development in Environmental Education", *Journal of Environmental Education*, 11(3), pp. 42-47

North American Association for Environmental Education (2004) "Excellence in Environmental Education: Guidelines for Learning (Pre K-12)", 121, North American Association for Environmental Education

Qualifications and Curriculum Authority (2009) "Sustainable development in action", *A curriculum planning guide for schools*, 47

国立教育政策研究所教育課程研究センター（2007）『環境教育指導資料（小学校編）』東洋館出版、p.180

さらなる学習のために

環境教育の概要を知るためには、阿部治・朝岡幸彦監修、降旗信一・高橋正弘編著（2009）『現代環境教育入門』筑波書房、がわかりやすい。やや専門的であるが今村光章（2009）『環境教育という〈壁〉』昭和堂、も好著である。

Ⅱ　環境教育の目的

7 環境についての技能・思考力・判断力

① 環境教育の目標と能力

　環境教育にとって重要文書である**トビリシ勧告**では，環境教育で個人が身につける目標に，「気付き」「知識」「態度」「参加」とともに「技能」が上げられ，環境に関する問題解決能力の育成がうたわれている。学校の環境教育実践に影響を及ぼす「**環境教育指導資料**」においても，「環境に積極的に働きかけ，環境保全やよりよい環境の創造に主体的に関与できる能力を育成することや，生活環境や地球環境を構成する一員として，環境に対する人間の責任や役割を理解し，積極的に働きかける態度を育成すること」の重要性が述べられ，環境教育を通じた技量や能力の重要さが指摘されている。

　環境の体験を通じて学習者に興味・関心を持たせた後の学習には，環境に関する知識の蓄積とともに**環境についての技能，思考力，判断力**が必要となる。その能力は1つで説明できるものではなく，多様な能力が含まれる。環境教育で培われる能力は，結果として将来の環境問題に対処する時に必要となる技量につながっていく。

② 問題発見の能力

　まず学習者自身が問題を発見する力が大切で，これはその後の探究学習における学習者の主体性に影響する。環境への感性の育成をねらった体験学習を次のステップである問題解決学習へと発展させるには，問題を自ら発見し学習に対する意欲を醸成することである。問題発見の能力とは，体験学習や知識習得作業の中で得た事柄をさらに発展させ，「なぜ，どうして」といった疑問や質問を持つことができる技量とも言える。こうした疑問や質問は問題解決学習のスタートでもある。この場合，学習者が自ら発見できるような事前学習が重要となる。

③ 推論・予測する能力，調査・観察の計画を立てる能力

　問題発見の次の学習では環境問題に関する情報を収集することになる。学習活動で得られた情報を整理しその中からつながりや関係を見出し，現象に対する原因や理由について「こうではないだろうか」といった分析をする能力や推論・予測をする能力は，問題解決学習の要とも言える。科学的にまた理論的に

▷**トビリシ勧告**
トビリシ勧告とは，1977年トビリシ市（現在グルジアの首都）で開催（UNESCO が UNEP の協力を得て開催）された環境教育政府間会議の採択文書。各国の教育部署に勧告することを目的とした内容で環境教育の役割，目的，目標，指導原理などが記述されている。この会議の2年前に，UNEP と UNESCO の共催で環境教育国際ワークショップがベオグラードで開かれた。ここで採択された文書をベオグラード憲章といい，そこに記された環境教育の目的，目標，指導原理の考えはトビリシ勧告に引きつがれた。日本語訳は堀尾輝久・河内徳子編『平和・人権・環境　教育国際資料集』青木書店，を参照のこと（⇒1-Ⅱ-8）。

▷**環境教育指導資料**
国立教育政策研究所教育課程研究センターが編集・執筆した『環境教育指導資料［小学校編］』は2007年に発行された（東洋館出版社）。日本の学校における環境教育のとらえ方，進め方が述べられている。この環境教育指導資料は，1991年に中学校・高等学校編が，1992年に小学校編が文部省より発行されていたが，環境に関する新たな対応，また新

考察する力は，冷静で公正な問題解決の学習活動につながる。

　合わせて，学習計画，もしくは問題を解決するための調査計画を立てる能力が必要になる。問題の解決のために予測を立てた後には，その予測をもとに調査，観察，実験などを計画することになる。学習者が立てた調査計画を実施すれば，新たな情報を学習者は得ることになり，再び情報を分析・解析する。そしてまた新たな推論や予測を考えだし，再び調査や観察を行うといった一連の学習過程が続くことになる。

④ コミュニケーションの能力

　環境教育は自然環境のみにならず社会システムの知識を蓄積すること，また市民的態度や技量を育成することも学習のねらいとしている。学校では問題解決学習はグループで行うことも多く，協同学習の意味を指導者は理解しておく必要がある。そうした学習では，多様な人の価値や考えに触れる機会が多くなる。また自分の意見を述べることが必要になることもある。

　つまり環境問題について，自分の意見をまとめて他者に伝えること，また自分の考えや意見を表現する能力が必要となる。もちろん，他者の意見や考えも聞く態度や技量が求められるわけで，コミュニケーションの能力も環境教育にとって大切となる。こうした学習過程では，他者との合意が必要な場合もあり，意見の違いを持ちながらも，グループの仲間と共に学習活動を継続できる技能も求められる。

⑤ 学校教育課程との関連

　これまで学んだ知識や問題解決学習で培われた能力がもとになり，環境や環境問題に対して総合的にとらえる力ができ，「よりよく問題を解決する」ための判断力が培われていく。学校では**総合的な学習の時間**が2002年から創設され，現在小学校の場合年70授業時数が充てられている。

　総合的な学習の時間は，「自ら課題を見付け，自ら学び，自ら考え，主体的に判断し，よりよく問題を解決する資質や能力を育成するとともに，学び方やものの考え方を身に付け，問題の解決や探究活動に主体的，創造的，協同的に取り組む態度を育て，自己の生き方を考えることができるようにする」（小学校学習指導要領）ことを目標としているので，「環境についての技能，思考力，判断力」を培うことに適している。もちろん教科や道徳，そして特別活動でも，環境についての知識，技能，そして思考力や判断力の育成の教育活動が行なわれている。したがって，教科，道徳，総合的な学習の時間，特別活動のそれぞれを関連づけながら，環境教育を進めることは，環境に関して「自ら課題を見付け，自ら学び，自ら考え，主体的に判断」できる力の形成につながる。

（樋口利彦）

しい教育課程への適応に向けて，2007年に改訂された。（⇨ 4-Ⅰ-1 ）

▶**環境についての技能，思考力，判断力**
この記述は日本の学校を想定しているが，北米環境教育学会が開発した環境教育のガイドラインもこうした技能，思考力，判断力を理解するに役立つ。特に「環境教育における卓越性──学習のためのガイドライン（K-12）」（⇨ 3-Ⅲ-1 ）は問題解決能力，判断力などについても重視しているので参照のこと。（http://www.naaee.org/）

▶**総合的な学習の時間**
1998年告示の学習指導要領で創設され，横断的・総合的な学習や探究的な学習を位置づけている。技能，思考力，判断力のみならず，自己の生き方を考えることができるようにすることも目標である。授業時数については小学校の場合，年70（第3～6学年），中学校では年50～70とされている，高等学校では標準単位数3～6とされている。
文部科学省（2008）『小学校学習指導要領』東京書籍
文部科学省（2008）『中学校学習指導要領』東山書房
文部科学省（2009）『高等学校学習指導要領』東山書房（⇨ 3-Ⅰ-5 ）

Ⅱ 環境教育の目的

8 環境に対する態度・参加・行動

1 環境に対する態度

　環境教育の目的は，地球環境問題を解決することである。したがって，直接的にも間接的にも，環境教育が環境に配慮した行動に効果的に結び付くことは重要である。

　だが，性急に行動のみを求めることは望ましくない。環境を守る行動に至るまでの段階で，まず環境に対して関心を持ち，環境や環境問題についての知識を獲得し，次に，環境を保護し環境問題を改善しようとする「態度」と意欲を身に付けなければならない。そのような段階を踏まえた上で，実際の参加や行動ができることが望ましい。このように，一連の教育のプロセスが重要であって，環境に対する「態度」の変化は環境教育の目標の1つの要素と考えるべきである。そのため，**ベオグラード憲章**と**トビリシ宣言**でも，環境教育の目標のカテゴリーが「気付き」「知識」「態度」「技能」「参加」とに分けられている。

　ここでいう「態度」とは，第1に，環境と環境問題に応ずる心構えや身がまえ，心身のそなえのことである。第2に，環境や環境問題に対して感じたり考えたりしたことが表情や動作，言葉に表れた結果でもある。

　前者は教育の目標として教育者の念頭に置かれるような望ましい学習者のイメージとして用いられる。つまり，関心や知識の上に成り立つ環境に関する一般的な心構えである。そのような環境に対する態度とは，環境を大切にし保護しようとするような心の構えであり，環境に対する価値観や思いやりと言える。

　後者は，一連の環境教育の結果として示される全体的な学習の効果でもある。環境を守る行動を起こしたり何らかの環境保全活動に参加したりした後では，環境に対する根本的な「態度」の変容が起こり得る。したがって，環境に対する総合的な価値観や一般的な考え方を「態度」ととらえることもできる。

2 環境に対する多様な態度や考え方

　環境倫理学において幅広い論争が継続されているように，「どのような環境を誰のために（何のために）守るのか」という問題は，複雑で深い問題である。例えば，環境に対する態度という場合の「環境」は受け取る人によっては，まったく人間の手の入らないような原生自然を想像する場合がある。人為的自然

▷ベオグラード憲章
1975年にユーゴスラビアのベオグラードで開催された初の国際環境教育専門家会議である「国際環境教育ワークショップ（The International Workshop on Environmental Education）」で採択された「ベオグラード憲章（The Beograd Charter: Global Framework for Environmental Education）」のこと（⇨ 1-Ⅰ-1, 1-Ⅱ-1）。

▷トビリシ宣言
1977年に，旧ソビエト連邦グルジア共和国のトビリシで開催された「環境教育政府間会議（Intergovernmental Conference on Environmental Education）」で出された「トビリシ宣言（Tbilisi Declaration）」のこと。目的・目標などを示した宣言と具体的な内容を示す41項目の勧告から構成されている（⇨ 1-Ⅱ-7）。

や人工的自然を想像する場合もある。時として，ある時代（例えば現在の）バランスのとれた生態系をさす場合もあれば，人間が有効に利用できる資源としての環境をさす場合もある。自然や環境といった場合，生命体をイメージすることもあるかもしれない。環境の受け取りかたは多様である。

また，「守る」といった場合でも，2つの立場がある。1つは，できるだけ今ある状態の自然に手を入れずに自然そのものを残すという「保存（preservation）」の立場である。もう1つは，人間にとって都合の良いように有効利用できる自然を「保全（conservation）」しようとする立場である。こうした「保存」か「保全」かといった問題は二者択一の問題ではないが，**ミューア**と**ピンショー**にまでさかのぼる古い問題である。

さらには，誰のために自然を守るのかという問題もある。もちろん，いま現時点で生存している人間のために環境を守るという人間中心主義的な考え方がある。だが，まだ生まれていない未来世代のために責任を持つという世代間倫理の考え方もある。人間だけではなく動植物や自然も生存の権利を持つので，そのような自然の生存を守る義務を人間が持っているという自然物の生存権という考えかたもある（⇨ 3-Ⅳ-5 ）。

以上のように，環境に対する態度といっても，人間中心主義と非人間中心主義，**ディープ・エコロジー**などの多くの立場から影響を受けた考え方がある。こうした多様性を踏まえつつ環境教育に取り組むべきである。

③ 環境を守る行動とはなにか？：参加と行動

環境を守るために私たちができる参加や行動は，まずは自然を体験し，動植物とのかかわりを持つことであろう。昨今では，自然体験の機会は必ずしも多いとは言えない。出発点は環境を身近に感じることからはじまる。次に考えられるのは，環境に対する負担を減らし，豊かで便利な消費生活を控えるということである。

昨今，私たちのくらしは，資源やエネルギーを大量に消費するくらしになっているので，自分のライフスタイルを見直すという行動ができる。例えば，買い物をするときに，できるだけ環境に配慮した製品を選んで購入するグリーンコンシューマーになることも1つの観点である。

だが，地球環境を守るために努力しようとしても，環境よりも利便性を優先してしまうことになったり，日常的に，小さな行動を積み重ねても，それが実際に環境を守ることにつながっているという確信を持てなくなったりして，なかなか継続できない。身近な生活を考え直すことも重要であるが，それ以外に，こうした環境を破壊するような仕組みを作ってきた社会全体のあり方を考え直すという哲学的な方向性と，実際にシステムを変化させるという意味で，政治的な過程（環境政策への意思決定）に参加することも重要である。　　（今村光章）

▷ミューア（John Muir：1838-1914）
ミューアは，シエラ・クラブという環境保護団体を創設し，国立公園の設立に尽力した。美しい原生自然をそのままの状態でできるだけ残すべきであるという「保存」の立場をとった。

▷ピンショー（Gifford Pinchot：1865-1946）
ピンショーは，森林管理という観点から，生態的な環境容量の範囲内における持続的利用を主張した。基本的に功利主義的な観点から「保全」の立場をとった。

▷ディープ・エコロジー
ノルウェーの哲学者アルネ・ネスが創始した生態系中心主義的な哲学思想。人間か自然か，人間中心主義か非人間中心主義かといった二元論を超えて，人間と自然とのかかわりを深く問い直す思想である。同時に，ライフスタイルだけではなく自己を含めた世界に対する心理的な態度変容を求める運動でもあると言えよう。さらには，「深い問いかけ」という意味で，現在の産業社会を表面的に微調整して環境問題を乗り越えようとする小手先の「浅い問いかけ（シャロウ・エコロジー）」との対比で，本質的かつ総合的な変容を必要とするラディカルなエコロジー思想という意味も持つ。

Ⅲ 環境教育の要素

1 自　然

1 自然とは

　「自然」という言葉は，山・川・海・森林などの自然の事物事象物や動物など全般を指している。さらに，人為が加わっていない，あるがままの状態そのものにも「自然」という言葉が用いられている。ヨーロッパでは「本性」と同じ意味の"nature"という言葉が，中国の老荘思想では，「自ずから然り」の意味で「自然（じねん）」という言葉がある。「じねん」は呉音読みで，万物があるがままに存在していることを指している。日本では，あるがままの自然に対して「天然自然」という言葉が使われていた。さらに，"nature"の訳語として明治以降「自然」という言葉が使われ，最近では原語のカタカナ読みで「ネーチャー」という言葉もよく使われている。「じねん」は万物があるがままに存在していることを指し，「しぜん」とは微妙に意味が違っている。このように，「自然」という言葉は山川草木のように事物として「見える自然」と飢え渇きのような「見えない自然」とが含まれている。さらに，人間の視点で見た場合の「意識上の自然」もある。自然には多様な意味のあることを認識する必要がある。

　人間が生まれた時，そこに存在しているものは意識上では自然である。「ふるさと」の作者高野辰之が「兎追いしかのやま，小鮒釣りしかの川…」と自分が育った頃の奥信濃の故郷の風景が変容しているのを見て，昔の自然の風景を懐かしんでいるが，その次の世代はこの変わった田園風景を美しく懐かしい自然と意識しているに違いない。現代は科学文明の時代なので，テレビや携帯電話などの存在は意識上の自然であり，電気のない暗黒の天然自然はむしろ意識の上では不自然と感じるに違いない。

2 日本の自然観

　西洋では「人間を除く自然物」というように限定し，自然と人間を分離して考えるが，日本人は「人間は自然の一部」ととらえていた。古来，日本人は万葉集の和歌や芭蕉や蕪村などの俳句に見られるように四季折々の変化のある豊かな自然の中にとけこんだ生活をしてきた。これに対して，ギリシャやローマなどヨーロッパの先進国の自然観は，砂漠的な自然観あるいはキリスト教的自然観とも言われ，自然を支配するといった視点である。自然は日本人にとって

は西洋のような客体としての自然ではなく本質的な違いがある。

こうした日本人が自然と向き合ったその感性は、詩歌やそこで使われている微妙な言葉にもあらわれており、古来、日本人が自然といかに深いかかわりを持って接していたかが窺われる。しかし、現代ではこの日本人の自然観は欧米化し変容しつつある。

③ 自然へのかかわり方

人間は動物と違って多様な文化を持っている。この文化は動物のように単に成長しただけでは身に付かず学習が必要である。環境教育の自然で学ぶのは身近な自然である。人為の加わらない天然自然は身近にはない。むしろ、多様な自然は里山など身近にある。

里山と呼ばれている自然は、もともと燃料にする薪炭など生活に必要な素材を入手した結果形成された、言わば人間により作られた自然である。人為が加わってもそれが人工物でない限りそれは自然ととらえたい。こうした多様な自然に触れ学ぶことが大切である。自然の多様性の認識にはいろいろな動植物など種（遺伝子）の生物多様性とこれらの生物がかかわっている海・山・川など生態系とを総合的に学ぶ必要がある。

④ これからの自然への対応

日本は、東西に長く沖縄のような温暖な地域から北海道のような冷涼な地帯にあり四季の変化がある、豊かな自然を有している。熱帯や寒帯と違いモンスーン地帯で年間を通して適度な雨量のため砂漠地帯と異なり自然の回復力も高い。そこで、まず、このような日本の風土の持つ本質的な特色を認識する必要がある。人為の加わらない天然自然は屋久島のような離島や白神山地および山岳地帯にしか残っていない。大部分は何らかの人手の加わった自然である。歴史的に見ても人々が生活するための快適な場は自然破壊というより造られてきた。

日本の大部分の原植生は照葉樹林帯に属しそのままでは必ずしも快適な生活の場ではなく住み良いように開発がなされてきた。現在里山と言われている人里の環境がこれである。里山は単に放置してもその状態が持続する自然ではない。

持続可能な自然にするためには単に保護するだけでなく、適度に手を加え保全し続ける必要がある。極度に都市化し、開発された部分を生活に快適な状態にするためには「創る自然」も必要である。このように、「守る」「造る」、そして「創る」ことが必要である。環境教育では特に自然と人間とのかかわりが重要であるので、こうした視点の教育が望まれる。自然そのものの本質の理解とともに、日本人の自然観や現代のめまぐるしく変化する科学文明での意識上の自然も加味して行う必要があると言えよう。

（山田卓三）

▶**生態系の理解**
生物が生きて行くためにはエネルギーが必要である。人間が食べている素材のエネルギーをたどると太陽のエネルギーに到達する。動物は緑色植物を食べている消費者であり、植物は太陽エネルギーを光合成によって作り出す生産者である。生産者は空気中の CO_2 と土中の水分を材料に太陽のエネルギーを固定している。これら動植物の排出物や死体など有機物は微生物によって分解され再び利用されている。この微生物は分解者と呼ばれている。これら生き物にかかわる循環系が生態系である。環境教育の対象としている生態系はこれら海・山・川・土などが網の目のように有機的にかかわっている自然の系に人間の経済的な生活が加わった系である。

第1部　環境教育の理論

III　環境教育の要素

2　廃棄物

▷廃棄物処理法
正式な法律名は「廃棄物の処理及び清掃に関する法律」であり，1970年に「清掃法」を全面的に改めて制定された。この法律は，廃棄物の排出抑制と適正な処理，生活環境の清潔保持により，生活環境の保全と公衆衛生の向上を図ることを目的とし，廃棄物の定義，廃棄物の処理責任の所在，処理方法，廃棄物処理業の基準等を定めている。

▷一般廃棄物と産業廃棄物
廃棄物は一般廃棄物と産業廃棄物に区分される。産業廃棄物は，工場や事業所での事業活動に伴って生じた廃棄物のうち，燃え殻，汚泥，廃油，廃アルカリ，廃プラスチック類等の廃棄物処理法で定められた20種類のものをいい，事業者に処理義務がある。一般廃棄物は，産業廃棄物以外の廃棄物をいい，家庭から出されるごみ，し尿，事業所から出される産業廃棄物以外の廃棄物が含まれ，市町村に処理義務がある。

▷逆有償
自治体や回収団体が回収した再生資源は，回収業者が自治体や回収団体から買い取るという形態が通常であるが，逆有償では自治体や回収団体が再生資源を処理費を上乗せして回収業者に引き取ってもらう形態にな

1　廃棄物とは何か

　私たちは毎日，多くのものやエネルギーを消費して生活している。特に日本のような先進国においては，快適な環境で物質的に豊かな生活が送られており，大量の商品を日々購入し消費するとともに，古くなるなどで不要になったものをごみとして排出することによって快適な環境を維持している。

　「廃棄物」は，日常生活の中では一般的に「ごみ」と言われているが，**廃棄物処理法**第2条第1項においては，「ごみ，粗大ごみ，燃え殻，汚泥，ふん尿，廃油，廃酸，廃アルカリ，動物の死体その他の汚物又は不要物であって，固形状又は液体のもの（放射性物質及びこれによって汚染された物を除く）」と定義されている。しかし，この定義からはどのような状態に至ったものがこの定義に該当する廃棄物なのかがよくわからない。そこで，最高裁は1999年3月10日の決定（廃棄物の処理及び清掃に関する法律違反被告事件）で，「廃棄物とは占有者が自ら利用し，又は他人に有償で売却することができないために不要になったもの」とし，「廃棄物に該当するか否かは，占有者の意思，その性状等を総合的に勘案すべき」であると判示した。

　その後，2005年に環境省の通知で，廃棄物に該当するか否かについては，そのものの性状，排出の状況，通常の取り扱い形態，取引価値の有無，占有者の意思等を総合的に勘案して判断すべきであるとされた。

　また，廃棄物は，処理責任の体系から**一般廃棄物と産業廃棄物**に分類される。前者は市町村によって処理されるが，後者は事業者の処理責任に基づき処理される（⇨ 2-VIII-1 ）。

2　廃棄物と資源

　上記の廃棄物の定義から考えると，仮にあるものが製品や資源としての価値を有していたとしても，所有者が不要と判断し占有の意思を放棄して廃棄すれば，それは廃棄物となる。しかし，所有者が不要と判断したものであっても，他の人にとっては価値があることもある。このような場合には，リユースあるいはリサイクルされる可能性があり，それが資源としてプラスの価値を持って，**逆有償**ではなく有償もしくは無償で取引されることになる。

　図1-7は商品が廃棄物となっていく過程を示したものである。田中（2005）

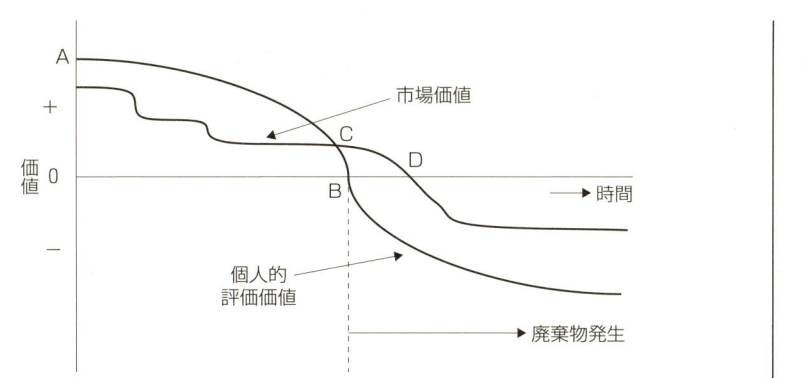

図1-7 ものの価値と廃棄物の発生

出所：田中（2005）より筆者作成

によると，市場で売られた商品は，時間の経過とともに性能が落ちたり，摩耗したり，新しいモデルが出現したりすることによって価値が低下していき，やがてゼロとなる（点D）。これが市場での需要と供給に基づく市場価値の変化である。

この商品を購入した者は，購入時点では市場価値と同等あるいはそれより高い価値を認めて購入したのであるが，購入後，商品を使用することによって，時間の経過とともに，商品に認める価値が低下していき，やがてゼロとなる（点B）。これより後に，この商品は廃棄され廃棄物が発生する。

しかし，所有者の商品に対する価値がゼロあるいはマイナスとなっても，市場における価値がプラスであれば（点Bと点Dの間），リユースあるいはリサイクルされる可能性があるということになり，資源として有償もしくは無償で取引される。

上記の廃棄物の定義には，ある個人にとって不要なものは全て廃棄物とするという考え方が背景にある。これに対して，ある個人にとって不要なものであっても，社会にとって有用なものであれば廃棄物とはしないという考え方もある。

前者は，不法投棄やごみの散乱といったごみに起因する環境汚染を防ぐ立場からの考え方であり，後者は，社会にとって有用なものであれば，ある程度自由に市場における取引に委ねる方が，リユースやリサイクルも含めて効率的に処理することができるという考え方である。

近年，国レベルにおいても循環型社会をめざす様々な取り組みが行われているという現状を考慮すれば，不法投棄等による環境汚染に関するリスクをうまくマネジメントすることが前提とはなるが，これまでのように広く不要物を廃棄物とみなすのではなく，社会にとって有用なもの，価値があるものであれば資源として取り扱うことを明確にすることが望ましいという指摘がされている。

る。逆有償では，自治体や回収団体が資源ごみを回収すればするほど費用が発生し赤字となるため，リサイクル活動の低迷を招き，リサイクルシステムが機能しなくなる原因にもなる。

（石川　誠）

参考文献

坂田裕輔（2005）『ごみの環境経済学』晃洋書房

田中勝（2005）『新・廃棄物学入門』中央法規出版

細田衛士（1999）『グッズとバッズの経済学』東洋経済新報社

Ⅳ 環境教育の方法

1 環境教育プログラムの作り方

① 思いを確認し，学習目標をたてる

プログラムづくりは，まずこのプログラムをつくるにあたっての「思い」を整理し，明確にすることから始まる。参加者に対して何を伝える必要があるか，そして学習の成果として何を獲得してほしいのかを明確にし，「学習目標」として文章に明記する必要がある。

環境教育においては体験を通して学ぶことの重要性が指摘されているが，この過程の中でよく整理しておかねばならないのが「体験」（手段）と「目標」（目的）の関係である。ともすれば「体験」をさせることが目的化してしまうこともあり，「～の体験を通して，～を理解する」や「～の体験を通して，～についての考え方を身に付ける」というような関係を整理しておきたい。もちろん環境教育においては，自ら問題の所在に気付いたり，その原因を究明したり，その解決にむけた判断や行動をしたりできるようになることが発達段階を追った目標として提示できるはずである。

② 学習者と学習資源を把握する

学習目標を立てる際に欠かせないプロセスが参加者と学習リソース（資源）の把握である。単なる思い付きやひとりよがりなプログラムをつくらないためには必ずこれらの把握が必要だ。

まず参加者とその背後にあるものを把握する。年齢層，属性，経験や参加動機などである。たとえば小学校低学年向けのプログラム開発をしようと思えば，この世代の特性や理解力を知り，日常生活からも様々な情報を得て，「どんなことがらに心が動くのか」というニーズを把握する必要がある訳だ。

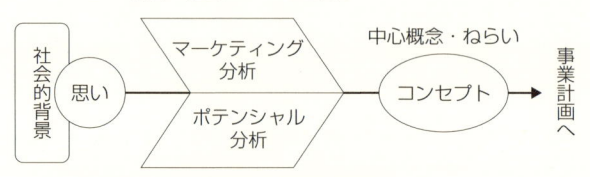

▷**プログラム**
学習目標に基づいて，活動内容を効果的に構成したものが「プログラム」である。またプログラムの中の個々の活動のことを「アクティビティ」と呼んだり，また複数のプログラムを体系化したものを「カリキュラム」と呼ぶことがある。

▷**体験学習法**
体験から何か物事に気付いたり学んだりする過程を，1つの教育方法として構造化したもの。体験そのものを学ぶのではなく，体験を通じて得られる気付きや学びを「体験学習の循環過程」を通じて，より効果的なものにしようとするものである。

▷**ロジスティックス**
内容に応じて，活動を効果的かつ円滑にすすめるための環境を整えることも重要だ。これはプログラムの企画運営者の「裏方—ロジスティックス」としてのもう1つの役割である。会場の広さや机，椅子の並べ方，筆記用具や紙類，白板や黒板，プロジェクターやスクリーンの準備等，細部にわたり行き届いた準備をすることが求められる。

▷**ファシリテーター**
体験学習やグループ・ディ

図1-8 自主提案型企画のフロー「ヒコーキ型」

出所：藁谷（2000），中野（2001）を元に筆者作成

次に必要なのが活用可能な学習リソース（資源）の把握である。身近に使用できる学習素材（文献，教材，映像，道具など）のほか，自然フィールド，施設，人材などを列挙してみる。自然フィールドや外部の施設を使う場合にはプログラムづくりのために必要な情報を収集するため，また安全を確保するための入念な下見を行っておくことも重要だ。

さらに「自分や仲間たちにできることの強みや弱み」についても吟味し，活用や補強の方法についても検討しておきたい。

③ プログラムをデザインする

以上のように考えた学習目標に沿って，効果的な活動内容を考えていく。プログラムデザインとは「学習目標にそって効果的な場面を特別な時間と空間，人間関係のもとに構成し，そこでの体験から，気付きや学びを仕掛けていくこと」である。

そこで大切にしたいポイントとして，①「導入（つかみ）〜本体（展開）〜まとめ（ふりかえり）」という流れを意識すること。②参加者の学習意欲や心の動きに配慮しつつ，**体験学習法**に基づいてデザインすること。③参加者相互の学習交換（＝学びあい）という，集団で活動することの意味や利点を活かすこと。④段階を意識する（易しいもの→難しいもの，近く→遠くへ，低いところ→高いところ，軽いもの→重いもの）ことである。

また，より良いプログラムを実現するための「**ロジスティックス**」も重要である。それらは①活動内容にふさわしい会場，フィールドを用意すること。②ふさわしい参加者配置（講義形式，小グループ，一重円…）を考えること。③教材，準備物，配布物，機器，備品，消耗品などの周到な準備。④参加者に活動内容にふさわしい服装や装備を案内するとともに，実際の様子を確認すること等である。

そしてプログラムの進行にあたっては**ファシリテーター**の役割が重要であり，企画段階から実施体制に必ず位置づけておきたい。「教える」のではなく「体験を促す」「問いかける」「参加者の反応や気持ちを受け止める」などの働きによって，参加者を主体的，能動的な学びへと導いていくのである。

④ 実施し，評価する

こうして作成したプログラムは実施結果を踏まえての**評価**を行う。つまり次の実施機会に向けて常に内容や進め方を改善していくための努力を心がけたい。そのためには実施中の参加者の反応や様子に注意すること。また実施後には感想を聞くなどしてプログラムの改善のための情報を集めることが大切である。

終了後，次回の実施までに改善点の整理，対策の立案を行って，プログラムをよりよく成長させていきたいものである。

（西村仁志）

スカッションにおける「進行役」であり，学びの「援助者」，「促進者」である。体験を通じた環境教育を進めていこうとするとき，この「ファシリテーター」としてのスキル（＝ファシリテーション）は欠かせないものである。

▷評価
「評価」は単なる「反省」ではなく，プログラムを鍛え，成長させていくために行うものである。参加者からのフィードバック，専門家など第三者によるフィードバックを踏まえて，企画運営者（実施者）自身による自己評価を行い，次回実施の際の改善点や力点を明確化しておきたい。

（参考文献）

中野民夫（2001）『ワークショップ：新しい学びと創造の場』岩波書店

藁谷豊・青木将幸（2000）『森林環境教育プランニング事例集：おもい・つどい・はじめる』全国森林組合連合会

（さらなる学習のために）

環境教育プログラムの企画やファシリテーターの研修等を行っている機関（URL）を紹介する。

インタープリテーション協会
　（http://interpreter.ne.jp/）
財団法人キープ協会環境教育事業部
　（http://www.keep.or.jp/ja/foresters_school/）
Be-Nature School
　（http://www.be-nature.jp/）
環境教育事務所 Leaf
　（http://4leaves.jp/）

Ⅳ　環境教育の方法

2　意思決定・合意形成

1　価値判断としての意思決定

　地域の開発を進めるのは良いか悪いか，あるいは自然や景観を守るべきか否か，環境に関する今日的課題においては，個人や集団の意思決定が求められる場面は多い。倫理的には，これらの判断のうち，「よい・悪い」は価値判断に，「べきである・べきでない」は規範的判断に分類される。道徳的課題においては価値判断が，政策的課題においては規範的判断が一般に行われるが，両方を区別せず，併せて価値判断と呼ぶことも多い。

　ここに滋賀県民と琵琶湖の関係を説明する2つの言明があるとする。これらの言明はどちらが（どちらも）正しいか。

ア　彼は滋賀県民である。滋賀県民は琵琶湖を<u>愛している</u>。ゆえに彼は琵琶湖を<u>愛するべきである</u>。

イ　彼は滋賀県民である。滋賀県民は琵琶湖を<u>愛するべきである</u>。ゆえに彼は琵琶湖を愛するべきである。

答えは「アは間違い」で「イは正しい」。なぜなら，一般に滋賀県民が琵琶湖を愛しているからといって，彼が琵琶湖を愛するべきであるとは限らない。

　このことから次の2つのことがわかる。

(ア)　価値判断は三段論法で行われる。（aならばb，bならばc，ゆえにaならばcというように）。

(イ)　最終的な判断が価値についての判断である場合，前提二条件のうち1つは価値判断でなければならない。即ち，事実判断のみから価値判断は生まれない。前例では，「ア」の言明は，「彼は滋賀県民である」「滋賀県民は琵琶湖を愛している」という2つの事実判断から「彼は琵琶湖を愛するべきである」という価値判断を導き出しているので間違っている。

　人はよく，「森がどんどんなくなっているので，むやみに木を切るべきでない」という価値判断をする。しかし，この判断は，上に照らせば，「森がどんどんなくなっている」という理由（事実判断）のみから「むやみに木を切るべきではない」という価値判断を導いてしまっている。言い換えると，なぜ「木を切ることがよくない」のかの前提となる価値判断が隠されている。もしも「地球温暖化を促進させるので」という理由が与えられたとしても，これもまた事実判断であって，なぜ「地球が温暖化することがよくないのか」と問わざ

▷（合意の）コスト
合意を支える重要な要素に合意のコストとしての「時間」と「手間」がある。一般に，問題が複雑であればあるほど合意には時間と手間がかかる。かと言って，時間と手間の過度の縮減は，転じて合意そのものを形骸化させ，単なるセレモニーにしてしまう。そして，「それでも（民主的なプロセスに従って）合意は形成されたのだ」という事実だけが一人歩きすることになり，いわゆる「アリバイ工作」として使われる。この場合，合意のメリットよりもデメリット（弊害）の方が大きくなってしまうことになりかねない。

るを得ない。つまり、一連の事実判断の後に、最終的にどこかで「人の健康を害することはよくないし、するべきではない」などの価値判断が必要になる。

このように、環境をめぐる価値判断に関しては、その理由づけにおいて一見、価値判断のように見えても実は事実判断に過ぎないということがよくある。大切なことは、結論に至る前提としての事実判断と価値判断を峻別し、どのような事実と価値から結論を導いているのかを見極めることである。

❷ 集団的な意思決定としての合意形成

環境にかかわっては、意思決定のみならず合意形成が求められる場面も多い。「意思決定」が個人的な意思決定行為であるのに対して、「合意形成」は集団的な意思決定行為であり、いずれも「意思決定」である点では同じである。したがって、意思決定として備えるべき条件〔上に述べた(ア)と(イ)〕も同じである。

また、AとBという2つの考え方が一見、対立しているように見えるとき、合意を形成するには5つの方法がある。合意は①から⑤にかけて技術的となる。

①AかBのいずれかを採る。
②AとBの両方を打ち消す、あるいはAでもBでもないCを採用する。
③AとBの両方を成り立たせるDを採る。
④Aの次はB、あるいはBの次はAというように順番をつける。
⑤A六、B四というようにAとBを重みづけする。

さらに、合意は図1-9のような構造を持っている。

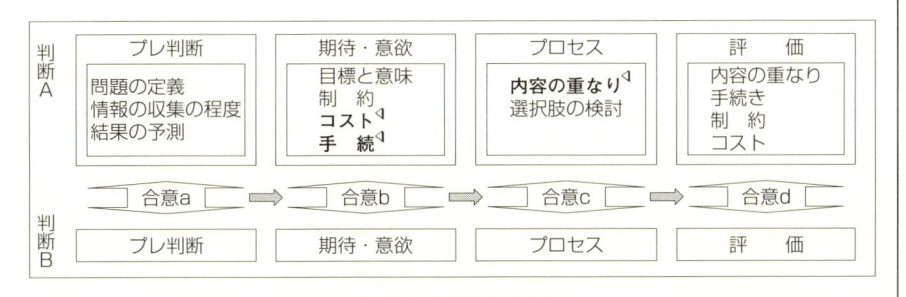

[図1-9 合意の構造]

出所：筆者作成

上の①〜⑤は、図に当てはめると、合意c（プロセス）における「内容の重なり」にあたる。しかし、合意の要素には、「内容の重なり」以外にも、合意に至る「コスト」、即ち「時間と手間」をどの程度に見積もるかや、合意の結果がその後の行動をどのように「制約」するかなど重要なものがある。このことは、気候変動枠組条約に基づく京都議定書に関する地球温暖化ガス削減交渉の歩みなどを見てもわかる。なお、極めつきの合意は「合意できないということに合意する」である。

（水山光春）

▷（合意の）手続き
合意は内容とともに手続きが重要となる。合意の手続きには「論点の設定」「情報の提供」「議論スタイル」「結果の処理」などの要素が含まれる。すなわち、どのような論題について議論するか、情報は誰からどのように提供されるか、議論はディベートなのかパネル討論なのか、結果は多数決なのか全員一致なのかなどである。合意を実質的に有効なものにするためには、まえもって手続きについても合意しておくことが必要である。

▷（合意の）内容の重なり
規範的判断（価値判断）が事実判断と価値判断から生まれるがゆえに、合意（内容）の重なりにも価値と事実の両面がある。すなわち価値的な深さ（深い－浅い）と事実の重なりの大きさ（大きい－小さい）の2つ軸から、合意は「価値的に深く、事実的な重なりの大きな合意」から「価値的に浅く、事実の重なりの小さい」ものまで4つに分類することができる。実際に、価値的には両者の判断は深く一致しているのに結論が異なる場合や、結論は同じなのに、その根拠となる価値判断が異なるという場合が往々にして存在する。このような場合には、事実と価値の両面からもう一度合意の内容を見直してみるとよい。

参考文献
印南一路（2000）『すぐれた意志決定』中央公論新社
合意形成研究会（1997）『カオス時代の合意学』創文社

Ⅳ　環境教育の方法

3　参加・体験・ふりかえり

1　参加・体験型の環境教育

近年，環境教育の方法論として「参加・体験型」の学習が強調され，その中で「ふりかえり」という言葉が用いられている。この「ふりかえり」は体験学習の構成要素として理論化されてきたものである。したがって，その意味を理解するためには，体験学習の理論を理解しておく必要がある。

体験学習について星野（1992）は，「学習者の体験をベースにした学習」，「学び方を学ぶ学習」，「日常生活の体験から，あまり意識せずに学んでいる学び方を，教育方法として構造化したもの」と述べている。またその良さについて，「一方的に，知識として詰め込まれるのではなく（知識を持つことは否定されるのではなく，むしろ，それは奨励されるのであるが），学習者の体験として体得されるものであるだけに，学んだことが，様々な場で，自然に実現されやすい良さ」を持っていると述べている。

環境教育においては，**環境保全活動**への参加や日常生活での**環境配慮行動**が求められている。参加・体験型の学習は行動の発現に結び付きやすいという意味で，環境教育の方法論として重視されてきていると言える。

▷環境保全活動
地域や学校などで集団で行う環境を守ったり，よりよくしたりするための活動。地域や河川・河原のクリーン・アップ，里山の枝打ち，間伐，下草刈りなど，多様な活動が行われている。

▷環境配慮行動
環境に対する責任ある行動とも言われる。一般にエコライフとして提案されている行動。買い物袋の持参，マイ箸などの省資源行動，不要な電気を消す，エアコンの温度を適切に調整するなどの省エネルギー行動，節水や生き物・生命を大切にする行動などである（⇒ 3-Ⅴ-2 ）。

2　体験学習の循環過程

体験学習の流れは，一般に図1-10を用いて説明される。
体験学習は，何か具体的な体験（する）から始まる。しかし，単に「体験する」ことが目的ではなく，「体験を通じて学ぶ」ことが目的である。この点において「体験活動」と「体験学習」は異なるとも言われる。もちろん「体験」そのものに意味があり，それが貴重であるといったケースを否定しないが，「○○をやって楽しかった」で終わってしまっては物足りない。

学びを創るプロセスは〈指摘（みる）〉，〈分析（考える）〉，〈仮説化（わかる）〉にあり，これらを「ふり

図1-10　体験学習の循環過程
出所：星野（1992）

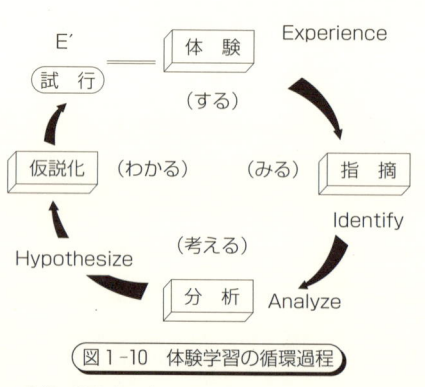

かえり」と呼んでいる。何かの体験を行った後,「何が起こったのか」「自分や他者はどう振る舞ったか」といった事実を思い起こす〈指摘（みる）〉。例えば,「○○さんがリードしていた」とか,「私は○○を行った」といった具合である。

　次に,「なぜそのことが起こったのか」,「自分や他者はどうしてそう振る舞ったのか」といった事実の背景や理由を考えてみる〈分析（考える）〉。例えば,「私が○○を行ったのは,このままでは話が進まないと思ったからだ」といった具合である。〈指摘（みる）〉,〈分析（考える）〉を土台として,「自分は何を学んだ（吸収した,成長した）のか」を考えてみる。その結果,何かの結論が得られたり,「もしかすると○○かもしれない」といったことにたどり着いたりする〈仮説化（わかる）〉。そして,次の〈体験（する）〉へと進んでいく。

　このように体験学習の循環過程は一巡して終わるのではなく,螺旋状に連なっていくものである。こうした学習の仕方は,人間が生涯にわたって持ち続けられるものなので,体験学習は「学び方を学ぶ」ものと言われるのである。

3　ふりかえり：体験を通じた学び

　〈指摘（みる）〉,〈分析（考える）〉,〈仮説化（わかる）〉のプロセスを「ふりかえり」と呼んでいる。集団で学習している場合には,最初は個人でふりかえりを行い,その後でお互いに共有するプロセス（わかちあい,学び合い）を経ることで,より学習を深めることができる。

　ふりかえりは「ふりかえりシート」を用いることが多いが,野外などでシート記入が難しい場合は,口頭で話し合う方法を用いてもかまわない。

　そのとき,「○○をふりかえって,自分が感じたこと,思ったこと,考えたことを自由に書きましょう」式のふりかえりシートを目にすることがある。確かにふりかえりを行っているとは言うものの,これでは少々大ざっぱと言わざるを得ない。体験をふりかえるためには,何が起こったか（何を体験したか）を思い出すことが必要である。今日の体験で「もっとも印象に残ったことはどんなことですか」とか,「あなたは何をしましたか」といったように,具体的に体験を思い起こさせるような問いかけが重要である。そして「どうして印象に残ったのですか」とか,「あなたがそうしたのはなぜですか」といったように分析（考える）へと誘う問いかけをし,最後に,感じたこと,思ったこと,考えたことを書くというように,ふりかえりシートでは3段階程度の問いかけをするのがよいだろう。

　最後になるが,ふりかえりは「反省」ではない。何かをやった（体験）だけで放置するのではなく,自分の中に取り込み,今後の生き方や振る舞いを形作ることにつなげるためのものなのである。

（市川智史）

参考文献

星野欣生（1992）「体験から学ぶということ」南山短期大学人間関係学科監修／津村俊充・山口真人編『人間関係トレーニング　私を育てる教育への人間学的アプローチ』ナカニシヤ出版, pp. 5-10.

第1部 環境教育の理論

Ⅳ 環境教育の方法

4 野外教育

1 自然体験活動と野外教育

子どもたちを取り巻く生活環境や教育環境の変化により，子どもの自然体験の不足を懸念する声が聞かれるようになってきた。そのような状況で，多くの自然体験活動をした子どもほど「体力に自信がある」「得意な教科の数が多い」「課題解決能力や豊かな人間性など**生きる力**がある」といったアンケート結果が報告されている。

また，「自然体験・生活体験が豊富な子どもほど，道徳観や正義感がある」という報告も出ている。これらの報告から子どもが成長する過程において，いかに自然が重要であるかが窺える。

自然体験，自然体験活動は，その目的から「教育」「レクリエーション・余暇活動」「競技スポーツ」の3つの志向性から説明できる（図1-11）。「教育」を目的とする自然体験活動とは，教育の手段として行われる活動で，そこに参加する仲間とのふれあいを深めたり，自然から多様な刺激を受けることができ，様々な特性が見られる。

▷**生きる力**
変化の激しいこれからの社会を生きるための力。「確かな学力」「豊かな人間性」「健康・体力」。詳しくは3-Ⅰ-5を参照。

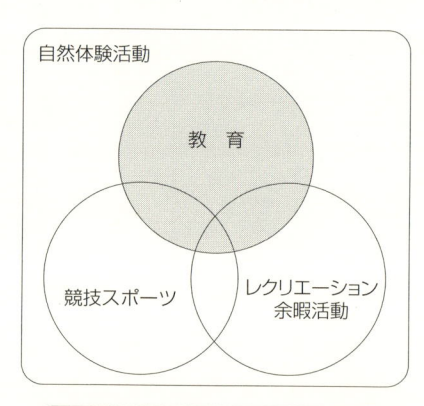

図1-11 野外活動の目的からの志向性
出所：筆者作成

2 野外教育（Outdoor Education）の考え方

教育を目的として行われる自然体験活動，すなわち野外教育は，アメリカの**シャープ**が「教室の中でもっともよく学習できるものは教室で，また，学校外の生の教材や生活場面で直接体験を通してより効果的に学習できるものはそこで行われるべきである」と述べたことに始まる。

日本では，文部省生涯学習局から1996年7月に出された**報告書「青少年の野外教育の充実について」**の中で，野外教育を「自然の中で組織的，計画的に，一定の教育目標を持って行われる自然体験活動の総称」としてとらえ，さらに「自然体験活動とは，自然の中で，自然を活用して行われる各種活動であり，具体的には，キャンプ，ハイキング，スキー，カヌーといった野外活動，動植

▷**シャープ**（Lloyd B. Sharp：1895-1963）
野外教育の父と呼ばれる。1940年代，アメリカ合衆国では，自然の中で行われるキャンプに多くの指導者が教育的意義を認め，学校の中にキャンプを定着させるようになり，キャンプ教育，学校キャンプと呼ばれていたものにシャープは「Outside the Classroom」という論文（1943年）の中で初めて野外教育（Outdoor

物や星の観察といった自然・環境学習活動，自然物を使った工作や自然の中での音楽会といった文化・芸術活動などを含んだ総合的な活動である」と定義した。そして，期待される効果として，①感性や知的好奇心を育む，②自然の理解を深める，③創造性や向上力，物を大切にする心を育てる，④生きぬくための力を育てる，⑤自主性や協調性，社会性を育てる，⑥直接体験から学ぶ，⑦自己を発見し，余暇活動の楽しみ方を学ぶ，⑧心身をリフレッシュし，健康・体力を維持増進する，の8つを挙げている。

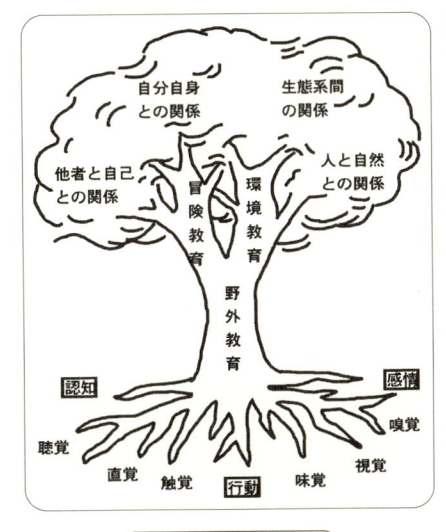

図1-12 野外教育の木
出所：Priest（1986）

また，プリースト（Priest, 1986）は，野外教育を冒険教育と環境教育という2つのアプローチからとらえ，「野外教育の木」としてモデルを示した（図1-12）。野外教育の木には，冒険教育と環境教育という2つの枝があり，木は土壌である六感（視覚，聴覚，味覚，嗅覚，触覚，直感）や，「認知」，「行動」，「感情」の3つの学習領域から養分を吸収する。これらは体験学習過程を通過して4つの関係性（人と自然との関係，生態系間の関係，他者と自己との関係，自分自身との関係）の理解を得ることを意味している。

枝の1つである冒険教育とは，自然環境の中でのストレス的な状況を意図的に作り出す，あるいは利用して行われる教育のことで，ストレスを伴う自然体験活動を，仲間の協力を得たり，あるいは一人で克服，成功するプロセスを通じて，新たな自分を発見したり潜在していた自己の能力や可能性に気付く体験である。教室は大自然。教材は冒険。教師は仲間と自分自身。

このように野外教育の柱となる冒険的な要素，環境的要素を含んだ活動を通して，「野外」で学ぶ人々に様々な効果を与える点が野外教育の特徴と言える。

❸ 野外教育と学校教育

学校教育カリキュラムへ自然体験活動が取り入れられている。平成21年度小学校学習指導要領には「自然体験活動」の用語も見られ，「道徳」（⇨3-Ⅰ-6）「総合的な学習の時間」（⇨3-Ⅰ-5）「特別活動」で取り組まれる。2008年度から「**子ども農山漁村交流プロジェクト**」が総務省，農林水産省，文部科学省の連携で実施されている。

（中野友博）

Education）という用語を用いた。

▷**報告書「青少年の野外教育の充実について」**
「青少年の野外教育の振興に関する調査研究協力者会議」が報告書の作成にかかわる。座長は筑波大学飯田稔氏，ほかに10名の野外教育関係の委員で構成された。委員は，学校教育，社会教育関係者，学識経験者のみならず民間の野外教育団体からも代表として参画している。

▷**子ども農山漁村交流プロジェクト**
総務省，文部科学省，農林水産省が，2008年度から5年間の連携施策として，小学校5年生（1学期）程度の児童を対象に，1週間程度（5日間程度）の農山漁村における"ふるさと生活体験（長期宿泊体験）"を推進している。この取り組みを"子ども農山漁村交流プロジェクト"と呼ぶ。文部科学省では全国の小学校の参加を目指して，自然体験活動指導者養成事業ならびにプログラム開発事業を行っている。

参考文献
自然体験活動研究会編（2011）『野外教育の理論と実践』杏林書院
星野敏男・川嶋直・平野吉直・佐藤初雄編（2001）『野外教育入門』小学館
日本野外教育研究会編（2001）『野外活動その考え方と実際』杏林書院
Priest, S. (1986) Redefining outdoor education: A matter of many relationships, *The Journal of Environmental Education*, 17(3), pp. 13-15.

第1部 環境教育の理論

IV 環境教育の方法

5 自然観察

1 自然観察と環境教育

　野鳥の種類によって樹木のてっぺんでさえずるもの，草原で餌をついばむもの，川や水辺で生活しているものなどがあり，図鑑もそのように分類されている。今でこそどのページを見ればよいかわかるようになったが，野鳥や昆虫，植物にまったく知識のない人が突然野外に出掛けてこれらを観察しようとしてもまったく手も足も出ないだろう。最初は既存の野鳥観察会や自然観察会に参加して，慣れることが大切である。自然観察に熟達するには，たくさんの経験（参加回数）と絶え間ない好奇心の持続が必要である。

　さて，自然観察は環境教育のどこに通じているのだろうか。筆者は子供達を野外に観察に誘っているが，最近の例を具体的に挙げてみる。

　筆者の住む京都地域ではこの数年**カシノナガキクイムシ**によるドングリ類の樹木への被害が甚大で，多くのミズナラ，コナラなどのドングリ類が立ち枯れている。真夏にもかかわらず葉が褐色に枯れ，幹にはたくさんの穴があき，いたるところ**フラス**の粉が噴出している。瀕死のドングリの木を見て子どもたちが驚くのを何度も見てきた。そこでカシノナガキクイムシが最近なぜ猛威をふるいだしたかの説明をする。「江戸時代には鹿児島のあたりにしか出没していなかったのが，温暖化のせいでどんどん被害地域が北上している説もあります。それから最近は人々がエネルギー源を電気や石油などに頼りだし，里山の樹木を，薪や炭焼きに使わなくなって里山の森に人手が入らなくなり荒廃し，沢山

▷**カシノナガキクイムシ**
Platypus quercivorus コウチュウ目ナガキクイムシ科の昆虫で体長5mm程度の大きさ。ブナ科樹種のナラ類（ミズナラ，コナラなど）やシイ・カシ類（ウラジロガシ，マテバシイなど）に穴をあけて卵を産み付け繁殖するが，体表にナラ菌が付着しており，それらの病原菌が植物の導管組織を腐らせ樹木の通水機能を麻痺させ枯れ死させる。森のドングリを沢山実らせる大木が集中的にやられ，森の動物たちの餌であるドングリ不足の原因にもなっている。

▷**フラス**
昆虫が排泄する粉末で木屑と糞の混合物。カシノナガキクイムシにやられた樹木は木の幹から白褐色の粉末をいたるところから噴き出している。

図1-13 自然観察の道

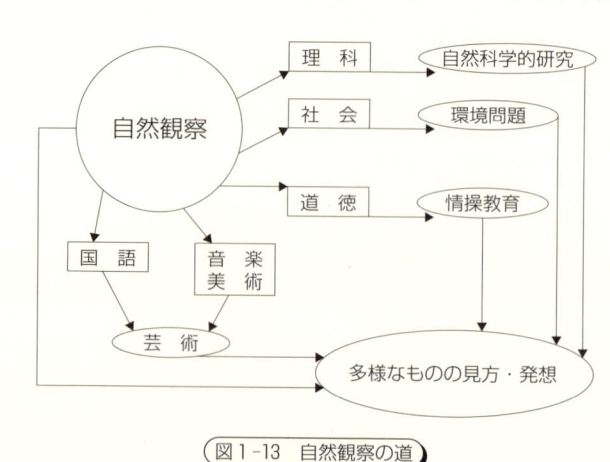

出所：浜口（2006）より筆者作成

出没するようになったという説もあります」と説明すると、子どもたちは、電気をたくさん使うことと目の前のドングリの木の惨状との繋がりを真剣に考え出す。

　また子どもたちを学校の近くの川に案内する。大きな都市の河川ではまだ下水道が未整備で、工場排水や家庭排水が流れ込んでいるところがある。合成洗剤の泡がたくさんあるような河川に子どもたちといっしょに長靴にはきかえて入って、小石をひっくり返してみると、石の裏にはたいていシマイシビルなどのヒル類が沢山付着している。子どもたちは「気持ち悪い！」などと叫びだす。川岸を1時間ほど歩いて中流域にはいり、同じように川の中の石をひっくり返してみる。サホコカゲロウなどのカゲロウ類も少しでてくる、**オオシマトビケラ**等トビケラ類もたくさんでてくる。そのうちなじみの深いアメリカザリガニがでてくると大騒ぎになる。日を改めてバスに乗ってその川の最上流部にでかけてみる。水温も低く、透明できれいな水になる、1時間も水生生物の調査をすると水槽やバットのなかは多種多様なカゲロウ類、**ヘビトンボ**の幼虫、カワゲラの幼虫など種類も多く、個体数もずばぬけて沢山の生物を観察することができる。子どもたちは川の水質の悪い汚い河川では単一種しか生息できない不安定な生態を、水質がよい河川では種類も多く、個体数も多い多様で安定な生態を体験できるのである。さらに上流から流れてくる落ち葉を草食性のトビケラ類が捕食し、そのトビケラを肉食性のカワゲラ、ヘビトンボ等が捕食し、さらにそれらをアマゴやヤマメなどの魚が捕食し、さらにそれらをカワセミ、ヤマセミなど鳥や人間が捕食するという食物連鎖についても思い至ることができる。

2　危険生物に対する注意

　観察会を実施するとき、危険な生物について知識を持っておくことが大事である。敵をまず知っておくとあわてなくてすむ。最近一番危険だと感じているのはスズメバチである。1回しか刺さないミツバチにくらべて彼らは注射器のように何度も毒針を刺してくる。巨大なあごで噛んだりもする。大きくて黄色と黒色の危険信号を身に付けたスズメバチには近寄らないこと。観察会の下見で巣があれば、迂回路を見つけること。子どもたちには石を投げたり棒きれで巣をいじったりしないように十分危険性について警告しておくこと。スズメバチは黒色をターゲットにするので黒色の服や帽子を着用しないこと。

　最後に、アメリカの生態学者**レイチェル・カーソン**の言葉で締めくくりたいと思う。「子どもと一緒に自然を体験するということは、まわりにあるすべてのものに対するあなた自身の感受性にみがきをかけることです。それは、しばらくつかっていなかった感覚の回路をひらくこと、つまりあなたの目、耳、鼻、指先のつかいかたをもう一度学び直すことなのです」

（板倉　豊）

▷**オオシマトビケラ**
Macrostemum radiatum
シマトビケラ科　オオシマトビケラの幼虫で川の中で口から吐き出した絹糸で砂粒を集めて巣をつくる。にぎりこぶし大の大きさの石に巣を張りつける。水面羽化で成虫になる。すこし汚れた水域で棲息する。

▷**ヘビトンボ**
Protohermes grandis　ヘビトンボ科ヘビトンボの幼虫。トンボと言う名前があるがトンボではない。成虫は全長55mmもの巨大な昆虫である。夜の光によく集まる。頭は赤褐色で、頑丈な大きなあごを持つ。水生昆虫最大の捕食者で、ほかのすべての水生昆虫を捕食する。孫太郎虫と言われ古くからの漢方薬である、よなき、かんのむし、おねしょに効くといわれている。

▷**レイチェル・カーソン**
(Rachel L. Carson: 1907-1964)
1907年、アメリカ、ペンシルバニア州生まれの女性海洋生物学者。『沈黙の春』で有名な生態学者でもある。彼女の甥のロジャーという少年にかたりかけるように書かれた絶筆となった『センス・オブ・ワンダー』から最後の引用文に拝借した。自然観察にたいする基本的スタンスや心構えをのべている名著である。一読をお勧めする（⇒ 1-I-1 ）。

参考文献
刈田敏三（2010）『新訂水生生物ハンドブック』文一総合出版
浜口哲一（2006）『自然観察会の進め方』エッチエスケー

第1部　環境教育の理論

Ⅳ　環境教育の方法

6　タウンウォッチング

1　タウンウォッチングとは

　タウンウオッチング（以下，必要に応じて「TW」と略す）とは，歩くことを通して「まち」の魅力や課題を発見する行為のことで，まちの魅力の発見そのものを目的とするものと，さらにその先に目標（課題やその解決策の発見など）を設定して行うものとに分けられる。一般に，前者は環境教育の手法として用いられることが多く，後者はまちづくりや都市計画の一環として，交通，景観，防災，安全などのテーマを設け，行政による計画策定の第一段階で行われることも多い。ここでは前者を中心にして述べる。

　日ごろ，まちを目的地と目的地を結ぶ「点」と「線」でしか見ない生活をすごしている現代人にとって，まちはきわめて無表情であり，無機質な存在として映ることが多い。このようなまちに対しては自ずと愛着はわきにくく，例えごみが通りにあふれていようとも，気にかけることも少なくなってしまう。

　しかし，そのようなまちを，杖をついて歩くお年寄りやベビーカーを押す母親の立場に立って歩いてみると，まちは全く別の「顔」を見せてくれる。そのことにまず，TWの参加者は驚くに違いない。想像力を働かせ，ベビーカーの赤ちゃんの目線で地上1メートルくらいに視点を置いたり，鳥になったつもりで空中から眺めてみても良い。思わぬまちの宝ものが発見できることもあれば，逆に醜悪なものを見つけてしまうこともあろう。できれば醜いものよりもきれいなものをより多く見つけたい。そうして見つけた宝ものは，「物」でもあれば「人」や「自然」であることもある。時には「雰囲気」としか言えないようなものもある。本来，あるべきものがそこにある，いわゆる**アメニティ**の大切さもわかってくる。まち歩きとは，そのような身の回りの環境に「気付き直す」ことである。

2　タウンウオッチングと地図

　単なる散歩ではないTW成功の秘訣は，五官で感じたことを地図化することである。他の人は何とも感じることがない自分だけの感覚を地図に表現し，それに言葉を添えて，一緒に参加した人たちで伝え合う。そうすることで，お互いの経験や体験がつながっていく。そこには体験することでしか分かちあえない心の交流が生まれる。まちを感じ，表現することで，心と心が響き合う，

▶**アメニティ（Amenity）**
場所や気候などの心地よさ，快適さ，生活を楽しくするための様々な事柄の総称。元はイギリスの都市計画において誕生し，長い間，同都市計画の特徴的，中心的な原理となってきた。「快適環境」とか「居住性」と訳されることが多いが，これだけでは言い表せない微妙なニュアンスを含む。環境省HP「環境アセスメント用語集」には「心地よさを表すラテン語に由来する。豊かなみどり，さわやかな空気，静けさ，清らかな水辺，美しい町並み，歴史的な雰囲気など，身の回りのトータルな環境の快適さのこと」とある。（http://www.env.go.jp/policy/assess/6term/index.html）

40

地図はそのために最適のツールとなる。

3 タウンウオッチング成功の秘訣（まちの宝ものさがしの場合）

○グループ，目的，コース，歩く速度の確認

・目的とおおよそのコースを確認する。そのことで時間のめどを立てるとともに，コースに変化を持たせ，参加者を飽きさせないようにする。
・まち歩きにとっては「歩く速度」が重要であることを確認し，速からず遅からずの速度を体を通して覚えておく（一般に1時間で2〜3kmが理想的）。1グループの人数は5〜6人がベスト。

○心の準備体操

・まちを感じるために五官すべてを使うことが重要であることを知る。
（五官を開くための「心の準備体操」例）
視覚…日頃よく見ているようで見ていないものを思い出して書いてみる（例えば百円玉の裏表）。
触覚…例えば「えんぴつ」の肌触りを言葉で表現すると？
聴覚…これまでに聴いたことのある中で「もっとも小さい音」は何？
臭覚…あなたが思う「季節の臭い」は何？
味覚…水筒の水をひとくち，さてその味をどう表現する？

○まち歩き

・持ち物（必携）…「地図」「画板」「ポイントでの記録カード」
・ポイントでは，心にとまったものをグループの全員で確認し，確認したことを発見者がカードに書き込む。カードにはタイトルとナンバーをつけ，イラストを添えておく。デジカメ写真でもよい。地図にも印を付けておく。

○地図づくりとプレゼンテーション

・TW終了後，記録カードをアレンジしながら復元する要領で，見てきたことや感じたことを共有しつつ絵地図に描く。コミュニケーションが重要。
・発表では表現の優劣を競うのではなく，何に何を感じたかを発表しあう。

○振り返りとまとめ

・振り返りの項目例（今日1日で「楽しかったこと」「驚いたこと」「がっかりしたこと」「一番心に残ったこと」など）
・次のことを伝えて終わる。
　・朝昼夜，9時，10時と時間単位でも姿を変えて，まちは「生きて」いる。
　・まちの中には「つながり」がある。つながりは人と人のつながりであるとともに，日本と世界，過去や未来とのつながりでもある。
　・TWとは，実はまちの中に自分自身を探しだし，映し出す行為でもある。

（水山光春）

▷季節の臭い
春夏秋冬の季節を感覚的に表現するためには，よく「色」や「味」が用いられるが，ここでは「臭い」を用いる。生活が高度化，現代化するにつれ，まちがどんどん脱臭化されつつあることに気付くとともに，まちの個性としての臭いを発見することがポイント。

▷地図
行動時間と行動範囲に合わせて，1日でタウンウォッチングする範囲のすべてを画板サイズ1枚の地図に収めておくのが理想的。したがって，縮尺の大きすぎる地図も小さすぎる地図も不適切。2時間程度のTWなら，ゼンリン社製の「B4判住宅地図」が全国津々浦々を網羅していて便利。ちなみに，この種の全国住宅地図は，人口1000万人を超える国にあっては，世界の中でも日本にしか存在しないそうである。

参考文献
住宅総合研究財団編（1998）『まちはこどものワンダーらんど』風土社
路上観察学会編（1997）『京都おもしろウォッチング』新潮社

Ⅳ 環境教育の方法

7 学校教育でできるプログラム

１ 学校における環境教育の現状と課題

　この数年，学校教育現場は，「ゆとり」か「学力」か，という問題で揺れている。今こそ，「ゆとり」も「学力」も育む，「確か」で「楽しい」環境学習が望まれる。子どもたちの現状を見ると，環境問題等の知識はあるが，環境への配慮・行動・参加意欲につながっておらず，本物の「学力」にはなっていない傾向がある。そこで，「つながり」を意識した環境学習計画を作る必要がある。

２ 学校において環境学習を計画・展開するにあたっての留意点

○「自分とのつながり」「学習内容相互のつながり」を大切に

　「自分とのつながり」を作るためには，「体験活動」と「人との出会い」（聞き取り活動など）が大切になる。それらの活動によって，感動のある「楽しい」学習活動が展開される。体験活動や自分たちで調べて得た情報や知識を相互につなげて考えることで「確かな」学習が展開され，主体的に自分の課題を作り上げ，行動につなげる本物の「学力」が育つだろう。

　例えば，グループで取り組んだテーマが相互にどのようにつながっているか，毛糸を使って考える学習を取り入れれば（**図 1-12**），環境と福祉をつなげて考えるなど，子どもたちは，様々にユニークな意見を出してくれるだろう。それぞれが取り組んできた活動相互のつながりが明確になると，より深い理解が得られ「まちづくり」への主体的な行動意欲が増すだろう。

○学校におけるESD教材開発を積極的に

　2007年に発行された『環境教育指導資料』は，昨今の日本や世界の教育にかかわる動向を受け，「持続可能な開発のための教育」（ESD）に配慮した改訂として注目される（⇨ 1-Ⅰ-4 ）。今後，学校教育におけるESDの教材開発及び既存の教材をESDの視点から見直す作業が急務の課題となっている。ただ，学校で実践する場合，ESDという言葉は馴染みが薄いので，「みんなで生きるための学習」など，表現を工夫する必要がある。

○地域の特性を生かして

　年間の学習計画を作る場合，地域の特徴を活かして学習活動を行うことが大切である。そのためには，教師自ら，フィールドワークをしながら教材を探し出し，それを検討・整理し，地域に合った学習計画を練ることが大切である。

▶ESD教材開発
環境教育は，環境のみを課題にした学習では環境保全の効果は薄く，貧困や人口増加の問題などにも取り組みながら，環境保全の教育を進めることが求められている。例えば，学校現場で持続的な「まちづくり」をテーマに環境教育を推進するときには，福祉や人権など他の教育課題との関係性やつながりを持ちながら，学習を展開していくことが大切である。

地域の教材が身近であれば，子どもたちは日常的・自主的活動の場として，地域と連携しながら学習を継続して深めることができる。周囲の自然が豊かな学校であれば，自然体験活動も比較的に行いやすいと思われるが，学校周囲の自然が豊かではない学校ではどのような方法で行えばよいだろうか。「野外宿泊活動」「修学旅行」などの学校行事の中に環境教育のプログラムを入れることや学校ビオトープ等の活用も考えられる。

③ 学校における環境学習を具体的にどう進めるか

環境教育はどの時間を使って行ったらよいのだろうか。小学校を例にとれば，理科，社会，国語，生活，音楽，図工などの教科学習の時間，総合的な学習の時間，学級活動や学校行事などの特別活動の時間などが考えられる。「確か」で「楽しい」学習を進めるためには，ねらいを明確にし，上述したように相互の学習を「関連させながら」計画を組むことが大切である。学年の学習内容や発達段階を考慮しながら，学校全体の環境学習計画を立てることが望ましい。教科担任制である中学校や高校の場合は，各教科や教師の特性を意識しながら，学校全体の方向を調整する必要がある。また，季節を考え，ゲストスピーカーの都合を調整しながら，年間を見通した環境学習の計画を練る必要がある。

筆者が勤務している奈良県明日香小学校では，地域の特性あるいは教科のつながりなどを意識しながら，総合的な学習の時間を，3年「オオムラサキ」(「昆虫」学習とつなげて)，4年「飛鳥川」(「川」の学習とつなげて)，5年「古代食」(「食と農」の学習とつなげて)」，6年「観光ボランティア」(歴史学習とつなげて)と設定し，景観を重視している村の特性(歴史遺産や自然)を活用した体験学習，地域で活動する人との出会いを大切にした学習を行っている。テレビ会議でタイの先生とエビの養殖について話し合う活動(5年)，明日香に来る観光客への観光ボランティア活動(6年)なども行ってきた。いずれも，村作りへの参画，世界とのつながりを意識しながら，ESDにつながる環境教育実践を具体的に展開している。側注に記した参考文献に参考にしながら，それぞれの地域性を生かした環境教育を創ってほしい。

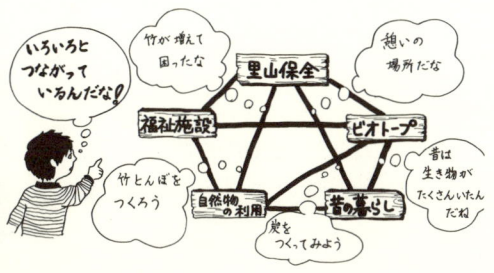

図1-14 毛糸を使って考える学習

出所：東京学芸大学教育学部附属環境教育実践施設（2007）

（本庄　眞）

参考文献

国立教育政策研究所教育課程研究センター（2007）『環境教育指導資料（小学校編）』国立教育政策研究所

全国小中学校環境教育研究会編（1992）『環境教育ハンドブック授業に生かせる環境教育実践事例集』日本教育新聞社

G. パイク，D. セルビー（1997）『地球市民を育む学習』明石書店

文部省（1992）『環境教育指導資料』大蔵省印刷局

さらなる学習のために

本庄眞「小学校教師から見た（2007）『環境教育指導資料（小学校編）』の成果と課題―学校におけるESD教材の開発及び全国学校環境教育実践交流の必要性」『環境教育』17(2)

降旗信一・高橋正弘（2009）『現代環境教育入門』筑波書房

宮城教育大学環境教育実践研究センターでは，環境教育実践事例のデータベース化を積極的に行っており（「環境教育ライブラリー"えるふぇ"」で検索），学校現場に役立つ。

学校教員の環境教育実践交流を目的に，「環境教育実践交流 MAIL MAGAZINE」（世話人代表本庄眞 honjo@space.ocn.ne.jp）が発行されている。

Ⅳ 環境教育の方法

8 地域でできるプログラム

1 地域環境を知るプログラムの必要性

　生産・流通の産業化を背景に地域への帰属意識や地域環境への関心が薄れている現代社会において，地域環境を理解し，地域づくりに参画するために「自らの地域を知る」ことが求められる。プログラムの目標として①地域の風土に気付く，②ライフスタイルと地域の変化とのかかわりに気付くという2点を特に重視したい。それは，プログラムを通じて，学習者自身が地域の変化を自分とのかかわりでとらえ，地域の環境課題に主体的にかかわろうとする意思を育むことが期待できるからである。

2 地域環境学習の主役は地域住民

　住民自身が地域における人材育成の担い手であることも大事な視点である。多くの人が教育の場として想い描くのは「学校」であり，「地域が学びの場」として意識される場面は少ないが，地域づくりの担い手を育成するには，地域住民が主体的に地域の人づくりにかかわっていく必要がある。本節では，都市部（大阪市天王寺区）での実践事例を通じ，各々の地域の住民が同世代，次世代の人たちと学び合うための小学校低学年からのプログラムづくりについて提案する。

3 お寺や神社の森で地域の自然環境を知ろう

　都市化して久しい大阪市のような町でも，探せば人が住み始めた頃の自然の姿を残しているところが見つかる。上町台地の西斜面は急峻で利用が進まなかったため，縄文時代の植生をイメージできるような林を見ることができる。どのような自然環境の中で人々がくらしを営み，今日に至ったかという長い時間の流れを実感できる場となる。

　○お寺の森の生きものさがし
　人を警戒して姿を見せない動物の痕跡から生きものの生息を推理する「お寺の森での生きもの（がいる証拠）さがし」のプログラムは，多くの発見があり，おもしろい。
　・生きものがいる証拠の例を説明（食痕・ふんなどを提示）
　・各自で「生きものがいる証拠さがし」（20分程度）

1-Ⅳ-8 地域でできるプログラム

・みんなで発表会
・フィールドに出て，各自が見つけたものと場所をみんなに紹介。参加者が気付かなかった「証拠」を進行役から紹介する。
・プログラムを通じて気付いたことをまとめる（絵日記形式）。

図1-15　生きものがいる証拠さがし
出所：筆者撮影

④ 自然の恵みを実感しよう

大都市の住民はほとんどの生活必需品を購入しているため，自然の恵みを実感することは難しい。人が生きていく上で重要な自然的基盤について気付く学習として，命をつなぐ「水」がどこからやってくるかに思いをいたらすプログラム「水はどこから」を実践している。水にまつわるフィールドは身近な川から源流まで広域にわたり，現地でのプログラムは複数にわたる。多様な場でのフィールドワークにより，大阪という都市単独では人が生きてはいけないことを実感し，さらに**バイオリージョン**のような地域観の醸成にもつながることが期待できる。

○水はどこから
・水道水の来し方についてあらかじめ調査する。
・水を得ている川に触れる活動を行う（例えば，淀川・琵琶湖）。
・水源地を訪ねる活動。川の源である森を訪ね，森の重要性に気付く。

⑤ 地域の変化に気付こう：まちづくりに関心を持つために

これまで，住民が参画せずにまちづくりが進められることが多かったために，地域の変化や，変化している町の姿に気付くことがむずかしかった。

子どもにとって身近な遊び場の調査を保護者とともに行ったところ，保護者の子ども時代と今とでは「遊び場環境」が大きく変化したことに気付かされた。

○遊び場調べ
・地域の白地図を準備する。
・子どもたちがお気に入りに遊び場を地図に書き込む。
・地域で育った保護者に，「かつて遊んだ場所と遊び方についてのアンケート」調査をし，それらを地図に書き込む。
・みんなで地域の遊び場地図を作成する。**ガリバーマップ**（拡大した地図）などを使って調査した情報を1枚の地図にまとめる。
・それぞれの遊び場の現場を確認する（フィールドワーク）。
・昔の遊びの状況と今とを比較しながら気付いたことを話し合う。
・これからの遊び場について話し合う。

（原田智代）

▷バイオリージョン
自然の特徴である気候や地形，流域などのまとまりが生物がすむ領域としてとらえられる地域（⇨ 3-Ⅳ-6 ）。

▷ガリバーマップ
まちの地図を拡大コピーしたもの。地図の上に立つ人のサイズが大きく，"ガリバー"になぞらえている。もぞう紙や画用紙などに地図を描いたり，プロジェクターを利用するなど，参加者がまちの情報を共有できればよい。

〔さらなる学習のために〕
（財）公害地域再生センター（2002）『かぶりとえころ爺』
せいわエコ・サポーターズクラブ（2005）『水はどこから』

第1部　環境教育の理論

IV　環境教育の方法

9　遠足・修学旅行でできるプログラム

① 遠足・修学旅行を「エコツアー」に

　遠足・修学旅行で環境教育を実施する方法は2つある。1つは訪問先の自然環境・生活文化に学ぶこと（旅行目的のエコ化），もう1つは交通手段や宿泊などを環境配慮型にすること（旅行手段のエコ化）である。

　訪問先の自然環境や歴史文化を体験しながら学ぶとともに，その保全にも責任を持つ観光ツアーのことを**エコツアー**というが，本節は，遠足・修学旅行をエコツアー化するアイディアを紹介する。

② 訪問先の自然環境・生活文化から学ぶ

　遠足や修学旅行の学習プログラムには「ガイドツアー」「体験講座」等があるが，鍵を握るのは**インタープリター**（案内人・解説者）の存在である。その地域の自然環境や生活文化をよく知っていて，それを参加者に体験的に理解させる解説技術を持つ人に案内・解説をしてもらうと学習効果が高い。

　そして，単に大勢で見学するだけでなく，少人数グループに分かれ，一定の時間をかけて，現地で**五感による体験**を織り交ぜて学ぶと，より印象深い気付き・学びを得ることができる。公園や里山等では，**ネイチャーゲーム**の指導員等に依頼し，自然を五感でとらえる体験をするのもよいだろう。

　訪問先が都市である場合にも，インタープリターとともにタウンウォッチングしたり，都市に残る伝統的建築物（**町家**等）を見学するなど，都市型エコツアーを組み立てることが可能だ。事後学習において，自分たちが住む地域と，街の特徴や住居の様子などを比較してみるとよい。「よい街並み・景観とはどういうものか」「昔の暮らし＝エネルギーを浪費しない生活とはどういうものか」など，生活と身近な環境について考える機会を得られるだろう。

③ 旅行手段を環境配慮型にする

　遠足・修学旅行は移動を伴うものであるが，多くの乗り物はCO_2の排出源である。また，訪問者が滞在時や宿泊時に出すごみは，持ち帰らない限り現地で処理されることになり，訪問先に**環境負荷**を与えることになる。エコツアーでは，こうした環境負荷を減らすことが重視される。

　遠足・修学旅行においても，徒歩やレンタサイクルの活用，CO_2排出量がよ

▶**エコツアー**
訪問先の自然環境や歴史文化を体験しながら学ぶとともに，その保全にも責任を持つ旅行をエコツアーと呼ぶ。観光地の環境破壊が問題となり，持続可能な観光の必要性が説かれるようになった（⇒ 2-Ⅶ-3 ）。環境省エコツーリズムの進め（http://www.env.go.jp/nature/ecotourism/try-ecotourism）

▶**インタープリター**
自然・文化・歴史遺産などをわかりやすく伝える案内人・解説者を指す。「自然の言葉を人間の言葉に通訳する（interpret）人」という意味が込められており，対象物についての知識だけでなくその裏側にあるメッセージを伝えることや，聞き手の参加体験・発見・驚きを促すような演出・話術が重視されている（⇒ 2-Ⅶ-3 ）。

▶**五感による体験**
五感とは視覚・聴覚・味覚・嗅覚・触覚のこと。体験的学習においては，「植物を見て，嗅いで，触ってみる」「インタープリターの解説を聞いたり，現地住民と対話する」「現地の郷土食を食べる」「グループごとに発見したことを模造紙にまとめ，発表する」など，五感の活動を多様に組み合わせると効果が高い。

▶**ネイチャーゲーム**

1-Ⅳ-9 遠足・修学旅行でできるプログラム

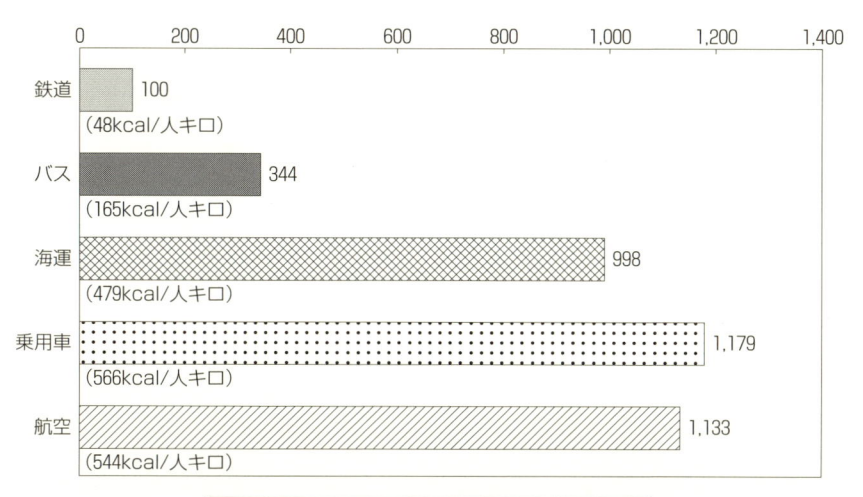

```
図1-16　1人を1kmを運ぶのに消費するエネルギー
鉄道　100　(48kcal/人キロ)
バス　344　(165kcal/人キロ)
海運　998　(479kcal/人キロ)
乗用車　1,179　(566kcal/人キロ)
航空　1,133　(544kcal/人キロ)
```

（注）鉄道＝100とした場合。徒歩・自転車はゼロになる。
出所：財団法人省エネルギーセンター編『省エネルギー便覧2009』

り少ない交通手段の選択（図1-16），水筒の持参（表1-4）といった取り組みにより，環境負荷を減らすことができる。こうした「旅行手段のエコチェック」を，事前・事後学習の内容とすることもできる。

以上，遠足・修学旅行でできる環境教育の考え方を紹介したが，重要なことは，1つの場所で十分な滞在時間・体験時間を確保することである。遠足・修学旅行は，多くのスポットを回るべく1カ所の滞在時間を短くしがちであるが，滞在先でゆっくり過ごし，自己と自然，自己と都市（まち），自己と他者のつながりを振り返る，そんな機会こそエコロジカルな旅であると言えるだろう。

表1-4　修学旅行エコ宣言（京エコロジーセンター）

宣言内容
事前学習で京都の自然や環境のことを学びます
荷物は軽く小さくします
水筒を持参します
水を使いすぎないようにします
「毎日のシーツやタオルの交換は不要です」と宿泊施設に申し出ます
食べ残しをしないようにします
不必要な電気を消します
公共交通をうまく使います
「アイドリングストップしてください」と運転手さんに提案します
環境への取り組みを積極的に行っている施設を利用します

出所：京エコロジーセンターウェブサイト（http://www.miyako-eco.jp/ecosengen/）より作成

（竹花由紀子）

1979年，アメリカのジョセフ・コーネル（Joseph Bharat Cornell）により発表された自然体験プログラムで，いろいろなゲームを通して，自然の不思議や仕組みを学び，自然と自分が一体であることに気付くことを目的とする（⇒3-Ⅰ-1）。社団法人日本ネイチャーゲーム協会（http://www.naturegame.or.jp/）

▷町家
もともとは町なか（都市中心部・宿場町など）に建っている木造民家の総称で，現存するもののほとんどは江戸時代から終戦前に建てられたもの。商業店舗・手工業作業場と住宅を兼ねる「職住併用住宅」の他，専用住宅や武家屋敷なども含まれる。

▷環境負荷
環境に与えるマイナスの影響のこと。旅行者が滞在先に与える環境負荷としては，廃棄物・排水・排気ガス・歩行による土壌の踏み固め（植生に影響）・騒音・光害などが挙げられる。また，宿泊施設やレジャー施設の建設・営業によって，こうした環境負荷が大規模化・恒常化し，生態系や現地住民の生活環境に大きな影響を与えるとされる（⇒3-Ⅰ-1）。

参考文献
環境省編（2004）『エコツーリズム　さあ，はじめよう！』財団法人日本交通公社
C. レニエ，M. グロス，R. ジマーマン著／日本環境教育フォーラム監訳・解説（1994）『インタープリテーション入門　自然解説技術ハンドブック』小学館

Ⅳ 環境教育の方法

10 世界とつながることのできるプログラム：フードマイレージ買物ゲーム

① 「私」と「世界」の環境問題をつなげるためには

地球温暖化問題や公害問題などの社会的課題を伝えることはとても難しい。伝え方を工夫しなければ「かわいそう」な「遠い世界の物語」で終わってしまい，実感には結び付きにくい。その点，**フードマイレージ買物ゲーム**は，日常と世界の社会的課題を結び付けやすい学習プログラムであると言える。

このゲームは「夕食の食材ごとに輸送にかかった二酸化炭素を示すことができれば面白いのに」という発想を元に作成された。プログラムはチームごとに夕食の買い物をした後で，食材ごとの**フードマイレージ**を種明かしするという非常に簡単なものである。そのため，保育所からシルバー世代まで幅広い世代で利用されており，2007年から5カ年の間だけでも2万3000人が体験している。

フードマイレージという概念は必ずしもわかりやすいのではない。一般の大多数には馴染みの薄い概念であるし，もし知っていたとしても単なる知識の1つというレベルで，フードマイレージを減らすための実践につながっているわけではない。「日常生活」を取り入れたプログラムであるからわかりやすいということもあるが，それ以外にも，現場の教師と交通工学の研究者，環境NPOの3者が集まって教材を作成したことが，「つながり」を実感させる鍵となったのではないか。

② フードマイレージ買物ゲームの作り方

CO_2で表すフードマイレージの計算式は，「食材の生産地から消費地までの距離×食材の重さ×輸送手段ごとのCO_2排出係数」である。データとして「産地」「距離」「重量」「輸送手段ごとのCO_2排出係数」が必要となる。

また，買い物ゲームを行うためには「値段」も欠かせないデータの1つである。ゲームでは，あらかじめ，卸売市場の年報から季節ごとの食材の産地と卸値を算出した。重量は買物に適した食材の重さを調べ，距離はMap Fan（マップ・ファン）というルート検索のwebサイトで算出し，輸送手段ごとの二酸化炭素排出量は大阪大学工学部土木研究室で算出した。フードマイレージ増加の背景を考えるために，現代と1970年の比較をするのがこのゲームの特徴であるが，当時の高速道路網や交通分担率を考慮に入れて計算するという細かな作業が必要となるため，この計算は大学の研究室が担った。

▷ **フードマイレージ買物ゲーム**
フードマイレージ教材化研究会（事務局：あおぞら財団）が作成した交通環境教育の教材。大阪・徳島・岡山・京都・福島・山形の各地方版と小学生バージョンがある。大阪版をあおぞら財団にて貸出をしている（http://www.aozora.or.jp/foodmileage/index.html）。

▷ **フードマイレージ (food mileage)**
フードマイレージは，「食料（＝food）の輸送距離（＝mileage）」という意味で，生産地から消費地までの輸送距離×輸送する食料重量（例えばトン・キロメートル）を表す。食品の生産地と消費地が近ければフードマイレージは小さくなり，遠くから食料を運んでくると大きくなる（⇨ 3-Ⅰ-4）。

1-Ⅳ-10　世界とつながることのできるプログラム：フードマイレージ買物ゲーム

　学習プログラムを作成するには，基礎データも必要であるが，それだけでは教材にはならない。学校現場で使えるように現場の教師に教育課程，教科のどこで使えるかを判断してもらい，カリキュラムの目的と，教材が伝えたいと思う目的を重ね合わせる作業が不可欠である。

　フードマイレージの増加を説明するためには，地理や産業構造の変化を説明する社会的視点と，食生活の変化を説明する家庭科的視点が必要である。環境問題は社会的・理科的・日常的な要素と様々な要素がまじりあった複合的な課題であるために，様々な属性を持つ人たちとの協同体制を築くことで，より日常生活に近づき，世界とのつながりが実感できる教育プログラムを作成することが可能になると言えよう。

3　答えは1つではない

　世界とのつながりが見えるということは，視野がクリアに広がるのではなく自分を取り巻く社会矛盾の「モヤモヤ」が見えてくることでもある。フードマイレージの少ない食材を買うことは環境にやさしいが，輸出を産業としている国を圧迫するのではないかという疑問や，国産でも都市部の遠方にあたる九州や北海道の大規模農業が成立する背景には高速道路の延伸があったり，地方野菜のブランド化が農業の成功事例と取り上げられる矛盾点や近場の食材は高くて量も少なくて買いにくいという問題もある。どの選択が正しいか，1つの答えがあるわけではない。しかし，社会の課題を知ることで，それらを解決するためには一人ひとりが社会の構成員としての自覚を持ち，どのような社会にしていきたいか，未来像を描く作業をすることが，世界とのつながりを作る第一歩となるだろう。

図1-17　フードマイレージ買物ゲーム食材カード

（出所）あおぞら財団

（林　美帆）

第 2 部 環境教育の対象

第2部　環境教育の対象

I　家庭と環境

1　グリーンコンシューマー

1　「くらし」は，環境行動の場

　環境教育の成果は，環境教育を受けて実際に環境保全に行動したか否かにある。現在の私たちの暮らしが大量の資源やエネルギーを使うことで成り立っていることを考えると，「くらし」は，まさに環境保全の行動の場そのものと言える。しかも，私たちが使う資源やエネルギーの多くは，海外から輸入したもので，資源やエネルギーの輸入を通じて，私たちのくらしは世界各地で起きている様々な環境問題と深い関係がある。

2　誰もが加害者，でも改善の主役

　電気や水道水，ガソリン類の消費量，ごみの排出量などで，私たちのくらしの環境負荷を知ることができるが，換算式を用いてそれらを CO_2 の排出量に置き換えることで，海外との比較も可能になった。最近では，フードマイレージ（⇨ 1-Ⅳ-10 , 3-Ⅰ-4 ）やヴァーチャルウォーター，エコロジカルフットプリントなど新たな環境指標が開発されているが，それらを見ても，私たちのくらしと世界との深いつながりや，海外のくらしと比べても多くの資源やエネルギーを消費していることがわかる。

　ここに，公害問題と環境問題の大きな違いがある。公害の場合，特定の化学物質や企業に原因を求めることができ，被害地域も限られていた。しかし，環境問題は誰もが被害者であるとともに，「普通の暮らし」を通じて，誰もが加害者でもある。かつ被害は地球の隅々に広がるようになった。ただ「誰もが加害者」であるということは，「普通の暮らし」を見直すことで，誰もが環境保全行動の担い手になれることも意味している。

3　グリーン購入とグリーンコンシューマー

　省エネや節水，ごみ分別・リサイクルなど，従来の環境情報の多くは，「使い方」「捨て方」に関するものだった。冷蔵庫の扉は開けたらすぐ閉める。テレビを観る時間を1時間減らす。資源として使えるものは分別してリサイクルへ，などだ。「使い方」「捨て方」だけでなく，「選び方（買い方）」にも注目してもらいたい。買い物の際，価格，性能，安全性だけでなく，購入の必要性を十分考慮したうえ，環境の視点も入れて製品やサービスを選択することを「グ

▷1　例えばレジ袋は，1970年代初めより使われ，今では店舗店頭だけでなく，様々な場で使われている。かつては家庭ごみの容積比8％を占めていたこともあり，ごみ問題の象徴のように扱われてきた。2000年頃，出荷重量ベースで年間38万トン程度だったが，2010年には24万トンに減少している。袋単体の軽量化（肉薄化）も一因だが，2007年頃から各地で締結されたレジ袋無料配布停止協定等の効果も大きい。「買い物袋持参運動」など，地道な活動の成果でもある。

リーン購入」と呼ぶ。また，グリーン購入を実践する消費者を「グリーンコンシューマー」と呼ぶ。

④ グリーンコンシューマーが増えることの影響

もし，冷蔵庫やテレビの購入時に，省エネ性能の高い製品を選べば，環境を意識した使い方が少し疎かになっても消費電力は抑えられる。耐久性を考え長く使える製品を選べば，ごみの発生を減らせる。旬や地場産の食べ物を選べば，それだけでCO_2の排出量を少なくできる。つまり，グリーン購入（選び方の環境行動）は，環境意識が特に高くない人にとっても手間が少なく，しかも製品によってはランニングコストの節約にもつながる取り組みである。

グリーン購入は消費者個人の心がけにとどまらない。製品やサービスの選択時に環境性能に関心を示すグリーンコンシューマーが増えることで，作り手のモノづくりや売り手の品ぞろえも，より環境配慮の方向に変えていくことができる。

⑤ グリーンコンシューマーを増やす環境教育

グリーンコンシューマーを増やすには，環境に配慮した商品選びのための考え方を学ぶ場やプログラムが必要である。小学生や中学生が対象の場合，文具，お菓子，飲み物，食べ物などを題材に，環境ラベルや商品表示の意味，包装や添加物の少ない商品選び，旬や地場の意味などを，模擬買い物ゲームや実際のお店を使った「お店探検」などにより体験的に学ぶプログラムを組み立てることができる。高校生以上の一般消費者が対象であれば，前記の製品群の他，電化製品や日用品，自動車，エネルギーなども対象にできる。

また，企業や自治体職員が対象の場合，「職場でできるグリーン購入」や「自社あつかい製品の環境配慮チェック」など，環境研修にグリーン購入を取り入れることもできる。

⑥ 環境活動としてのグリーン購入・グリーンコンシューマー活動

グリーン購入は，企業や自治体など団体でも取り組める。1996年，おもに企業や自治体へのグリーン購入普及を目的に，「グリーン購入ネットワーク」が設立され，「**グリーン購入基本原則**」や「製品購入ガイドライン」が策定されている。このような活動の成果は，2000年制定の国や関係機関にグリーン購入の実践を義務付ける「グリーン購入法」に発展した（翌年施行）。

市民団体の側からも，日々食材や日用品を購入するスーパーマーケット等の環境配慮度や，環境に配慮した商品の取り揃えなどを調べた「グリーンコンシューマーガイド（買い物ガイド）」の作成・発行など，グリーン購入を身近にし，グリーンコンシューマーを増やす活動が行われている。

（堀　孝弘）

▶グリーン購入基本原則
1．必要性の考慮
2．製品・サービスのライフサイクルの考慮
　2-1　環境汚染物質等の削減
　2-2　省資源・省エネルギー
　2-3　天然資源の持続可能な利用
　2-4　長期使用性
　2-5　再使用可能性
　2-6　リサイクル可能性
　2-7　再生材料等の利用
　2-8　処理・処分の容易性
3．事業者の取り組みの考慮
4．環境情報の入手・活用

参考文献

環境市民（1999）『グリーンコンシューマーガイド1999京都』

グリーンコンシューマー全国ネットワーク（1999）『グリーンコンシューマーガイドになる買い物ガイド』小学館

グリーンコンシューマーネットワーク（1994）『地球にやさしい買物ガイド』講談社

杦本育生（2006）『グリーンコンシューマー：世界をエコにする買い物のススメ』昭和堂

I 家庭と環境

2 環境家計簿

① 環境家計簿とは

　家計簿といえば，家庭のお金の収支を記録することで，無駄のない計画的なやりくりを目指すもの。それに対して，お金の収支のかわりに，電気・ガスなどのエネルギーやごみ排出量など，環境への影響を数値で記録することを通じて，環境負荷を減らそうというのが「環境家計簿」である。

　1996年に環境庁（当時）が，家庭から排出される二酸化炭素を計算することができる冊子を作成し，1997年の温暖化防止京都会議をきっかけに全国の自治体などに広まった。現在では，だれでも参加できる**インターネット版の環境家計簿**も増えている。

② 環境家計簿の仕組み

　環境家計簿は大きく2種類の要素から成り立っている。

　第1は，家庭からの環境負荷を数値として記録する仕組みである。電気・ガス・水道は検針票から，灯油やガソリンは領収書をもとに毎月書き写す。ごみの量を記録する場合には，出す度に袋数や重さを計っておく必要がある。グラフを作成することで月毎の変化をみることができるし，CO_2排出係数をかけて合計することで家庭から排出されるCO_2の量を計算することもできる。この値を減らすことができれば，温暖化防止の成果が出たことになる。

▷インターネット版環境家計簿を利用したい場合
京都府インターネット環境家計簿
（http://www.kyoto216.com/kakeibo/）
減CO_2マラソン
（http://www.gen-co2.com/）
エコeライフチェック（関西電力）
（http://www1.kepco.co.jp/kankyou/co2kakeibo/）
等

▷1　CO_2が重さで出てくるとイメージしにくい場合，ペットボトルに詰めた時の本数や，木が吸収する本数などで表現することもある。

表2-1　環境家計簿の例

（　　　）月の記録

消費項目	1) 消費量	単位	2) 二酸化炭素排出係数	二酸化炭素排出量[1] 1)×2)
電気		kWh	0.43	kg
都市ガス		m3	2.23	kg
LPガス		m3	5.98	kg
水道		m3	0.36	kg
灯油		リットル	2.49	kg
ガソリン		リットル	2.31	kg
軽油		リットル	2.58	kg
合計				kg

（注）電力の二酸化炭素排出係数は電力会社や年度ごとに異なる。ここでは環境省の「CO_2みえーるツール」の係数を用いている。

	効果の概要	現状	8月	9月	経験談や工夫
1	使っていない部屋の照明はこまめに消す	60Wの電気を1日1時間消すと，1年で二酸化炭素が8kg削減され，電気代が500円安くなります。				子どもに言ってもらうとパパが素直に聞いてくれる
2	テレビは付けっぱなしにせず，見たい番組のときだけ付ける	テレビを1日1時間消すと，1年で二酸化炭素が13kg削減され，電気代が800円安くなります。またテレビの寿命も延びます。				ラジオを聞くようにしました
3	リモコン操作の家電製品は，使わないときは主電源を切る	テレビ，ラジカセ，ビデオなど待機電力を使う装置の電源を夜に全て切ると，1年で二酸化炭素が60kg削減され，電気代が4000円安くなります。				スイッチで主電源を操作できるエコタップを利用

○できた　△半分くらいできた　×できなかった

図2-1　チェックシートの例

出所：CASA

　第2の要素は，行動チェックで，省エネや温暖化防止に効果がある取り組みを並べてあり，行動できたかどうかを毎月自分で振り返って記録するものである。省エネ行動の情報を読むだけでなく，自分でチェックする仕組みにより行動が促される効果がある。また，こうした行動の積み重ねの成果は，先ほどの消費量の記録で成果がわかるようになっている。季節ごとに取り組む内容も変わるし，子ども向け・大人向けなど対象によっても項目は違ってくる。省エネになる取り組みを自分たちで整理して，オリジナルな環境家計簿をつくる取り組みも広まっている。

3　環境家計簿を通じて得られること

　省エネや温暖化防止の取り組みは，1回取り組んだら終わりというものではなく，毎月の取り組みをくり返し記録をすることで，自然と習慣化される。家族といっしょに取り組む項目も多く，環境問題について話し合いをするきっかけにもなる。今までの生活を見直すことは大変な作業であるが，一度習慣になると負担なく続けることができる。そのきっかけとして数カ月間チャレンジしてみるのも有効である。

　家庭にとっては，光熱費を削減できる。平均的な家庭では年間25万円程度の光熱水道費＋ガソリン代がかかっており，環境家計簿に参加した家庭では平均2～5％程度の削減成果があることが確認されている（年5000～1万円程度の削減になる）。検針票には，当月分の消費量だけでなく，前年同月の消費量も記載されており，比較することで成果を見ることができる。先月の値も表示されているが，季節の変化に応じて冷暖房の利用が変わってしまうので，前年同月のほうが適切である。特に冷蔵庫を買い替えたりなど，大きな対策をすると明確に光熱費が減ることがわかる。なぜ増えたのか，減ったのか理由がわかると，削減のコツが見えてきて，次の削減につながりやすい。

（鈴木靖文）

▷ CASA
地域環境と大気汚染を考える全国市民会議（CASAは略称）。地球温暖化問題など独自の研究を基に政策提言を行うほか，市民向けの活動支援も行っている。

▷2　家庭の光熱水道費等は総務省家計調査からわかる。家族人数が多いほど，また夏より冬の方が光熱費が高くなる傾向が見られる。

I 家庭と環境

3 環境ラベル

1 環境にいい商品

　省エネ家電などCO_2排出を減らした商品や，リサイクル製品など「環境によい」とされる商品を選んで買うことで，環境負荷を減らすことができる。しかし，CO_2排出量やリサイクル利用率などは目に見えるものではなく，商品を製造するときに出る環境負荷となると，そもそも製造者に聞かないとわからない。どれが環境に良いのかわからなければ，商品を選ぶこともできない。そこで，環境負荷を小さくする工夫をして設計製造された商品にはラベルが付けられている。一方で，商品をリサイクルするときには素材ごとに分ける必要があり，どんな原料で作られているのか素材を表すマークもある。これも環境商品ラベルの一種であるが，この部分はマークが付いているからといって「環境によい」わけではない。

○エコマーク

　（公財）日本環境協会が認定している環境配慮マークで，1989年から使われている。文具や衣類，紙製品，オフィス機器など幅広く認定されている。

　製造，使用，廃棄等による環境への負荷が，他の同様の製品よりも少ないと評価された場合に表示できる。

図2-2　エコマーク
出所：日本環境協会

○再生紙使用マーク

　古紙パルプ配合率を示しているマークで，事業者が自主的に表示している。ノートやカレンダー，印刷用紙，トイレットペーパーなどの紙製品に表示されている。古紙はリサイクル利用ができるので，集められた古紙を利用された製品を選ぶことで，リサイクルを推進することにつながる。

図2-3　再生紙使用マーク
出所：3R活動推進フォーラム

○牛乳パック再利用マーク

　牛乳パックのリサイクルを促進するために，牛乳パックを再利用したトイレットペーパー，ティッシュペーパーなどの製品に付けられている。原料の一部だけ牛乳パックを材料としている場合でも，基準を満たせば付けることができる。

図2-4　牛乳パック再利用マーク
出所：全国牛乳パックの再利用を考える連絡会

2-I-3 環境ラベル

○省エネラベル

使用時の省エネ性能を表示するラベルで、エアコンやテレビなどの家電製品、ガス・灯油器具などに付けられている。基準より省エネ性能が高い場合には緑地に白ヌキのeマークが、低い場合には白地にオレンジのeマークが付く。省エネルギー法に基づいて実施されている。

図2-5 省エネラベル
出所：経済産業省

○統一省エネラベル

エアコン、テレビ、冷蔵庫の3品目については省エネラベルから一歩進んだ表示が行われている。使用時の省エネ性能を比較できるよう、★の数を使った段階表示や、性能の数値を表示する。単に「環境によい」というだけでなく、どれだけ良いのかもわかるようになっており、購入の参考になる。

2009年～2011年に実施された家電エコポイントでは、統一省エネラベルに記載されている★の5段階評価で、概ね4つ★以上のものについてポイントが付与された。

図2-6 統一省エネラベル
出所：経済産業省

○素材表示ラベル

右のラベルは、商品をリサイクルするときに参考にするためのマークであり、「環境によい」ことを示しているわけではない。誤解されやすいが、リサイクル品を原料に使っていることを意味しているものではなく、リサイクル時に分別の参考とするために材料の表示を行っている。上はアルミ缶、中はペット（PET）ボトルなどに付けられ、それぞれ素材を意味する。下の「プラ」のマークは、容器包装リサイクル法の対象となる容器包装に対してつけられている。自治体で容器包装リサイクル法に基づき、「プラスチック製容器包装」を回収している場合には、このマークを参考にして回収袋に分ける。

図2-7 素材表示ラベル

2 環境ラベルと信頼

その他、多様な製品にそれぞれ環境ラベルの仕組みがつくられている。自治体が自主的に認定を行ってラベルを作っている場合もある。わかりやすく示すのがマークの役割であるが、現在環境ラベルは100種類以上あり、混乱する場合もある。また環境に良いことを示すラベルであれば、そのラベルを見て商品を選ぶことになるが、その表示や内容が間違っていれば、全く意味のないことになる。そのためにも、正しくラベルが付けられているか、製造段階のチェックをして信頼度を高める取り組みも進められている。

（鈴木靖文）

▷統一省エネラベル
「統一省エネラベル」は省エネラベルに加えて、星マークの5段階評価などが加えられたものである。評価の基準は機種ごとに見直しがされているため、基準が変わると、以前と比べて達成率が悪く表示されることもあるが、決して性能が落ちたわけではない。年々性能が向上しているので、星の数で選んだときに確実にその中で「性能がよい」ものを選べるようにするための工夫がされている。

▷1 出所は上からアルミ缶リサイクル協会、PETボトルリサイクル推進協議会、プラスチック容器包装リサイクル推進協議会

▷その他の環境ラベル
自治体が付けるものとしては、地元産業育成の意味も込め地元産の商品に付けることもある。輸送の距離が短いために、環境負荷を減らせるとしている。

II 生活と環境

1 エコハウス

1 家庭生活と省資源・省エネ

家庭生活にかかわる環境教育では,省資源と省エネの家庭内実践を中心に指導されることが多い。これは家庭生活そのものが資源やエネルギーを直接使用する場面となっており,子どもを含むすべての家庭人がこれに参加しているためである。ただし国全体に占める**家庭生活がらみの資源とエネルギーの使用量**はそれほど大きくはなく,家庭生活における省エネ・省資源効果の影響力が特に大きいわけではない。

2 住居と省資源・省エネ

家庭生活が営まれる場である住居のあり方も,省資源・省エネとかかわりが深い。資源やエネルギーは住居を建築するときと撤去するとき,および住み続けているときに使用される。

建築時には,主材料を何にするかによって資源やエネルギーの使用が大きく異なる。コンクリート造では建築時よりも,材料のセメントを採石から製造する段階でエネルギーが大量に使われる。木造では,植樹から材木の製造段階までだけでなく,その組み立てにおいてもそれほどエネルギーを使用せず,省エネと言える。

住居に住む段階においては,同じ居住空間であれば住居の立ち方および住人の住まい方によって,主に省エネ度が影響を受け,それは長期間,継続する。前者は住居がコンクリ造か木造か,窓ガラスが1枚か複層か,外壁が外断熱か内断熱か,屋根が瓦かスレートか,天井が吹き抜けか全面張か,家屋の**相当隙間面積**が大きいか小さいか,などによって家屋内外で移動するエネルギー量が変わるため,結果的に冷暖房によるエネルギー使用量が異なってくる。住居そのものではないが,庭の広さやその活用法によっても影響される。後者は,窓の開閉や冷暖房機器の利用法など,省エネを意識した生活スタイルをどの程度実践するかに影響される。とくに前者にかかわる省エネを目指して,様々な工夫がなされて,近年建築される住居のことをエコハウスと呼んでいる。

3 エコハウス以前

地球温暖化の防止が叫ばれ,省エネ性能が住居にとって重要な付加価値を持

▷**家庭生活がらみの資源とエネルギーの使用量**
国全体から排出される二酸化炭素量(CO_2)のうち,2005年度では約32%が家庭系の CO_2 とされる。しかしこの家庭系にはオフィスビル,ホテル,デパートなどの民生業務からの排出(約18%)を含んでおり,純粋に家庭から出る CO_2 は約14%にとどまる。

▷**相当隙間面積**
住居全体にある壁,屋根,扉などの隙間(屋内と屋外を隔たっていない個所)の合計面積を延べ床面積で割った値のことで,閉め切った屋内に空気の圧力をかけたときにどのくらいの速度で圧力が減衰するかによって求める。

つものと認識され，注目されるようになったのはこの20年来のことである。冷暖房機器が発達する以前のわが国においては，夏は少しでも涼しく，冬は少しでも暖かく過ごす工夫が住居の建て方や住まい方に見られた。**京町家**がその一例である。京町家では，内装建具を冬は断熱効果の大きい襖，夏は風通しのよい格子襖に取り替える，冬は枕元に屏風を立てて冷気の移動を防ぐ，夏は畳の上に冷感のある敷物を置く，など季節に応じた居住空間での工夫がなされてきた。庭造りにも工夫がなされ，主庭に植物を多く植えた庭，中庭に石や砂利中心の庭を作庭し，夏場には中庭の石・砂利が熱せられて上昇気流を発生させ，主庭から植物で冷やされた空気を両庭にはさまれた座敷に取り入れる，などの工夫がなされてきた。冷暖房に頼らないことを前提としたエコ住居が，数十年前のわが国では普通に存在した。

❹ エコハウスの特徴

現在のエコハウスは，冷暖房機器の使用を前提として，その使用量を極力少なくすることを目標として建築される。したがって以前のエコ住居とは逆に，高断熱・高気密であることが要求される。しかし住居は人間が住む以上，完全気密では部屋の空気が汚れ，酸素不足となるので，強制換気する必要がある。冷暖房や換気装置の運転には電気エネルギーが必要であり，使用を誤るとエコと言えない場合も生じる。したがってエコハウスにおいても，居住者の住まい方が問われることになる。

最近のエコハウスは必要なエネルギーを，できるだけ自然エネルギーから得るように工夫したものが多い。換気装置を太陽光パネルで作動させる，冬には屋根裏で暖まった暖気を，夏には床下や土中の冷気を，それぞれ部屋に取り入れる装置を設置する，などである。エコハウスも住まい方によりエコの程度が大きく変わる。庭や裏山などの周囲の環境を活かしつつ，エコハウスの性質を理解しその性能を十二分に発揮できるように住まい方を工夫することが，そこに住む人に要求されることを忘れてはならない。

（土屋英男）

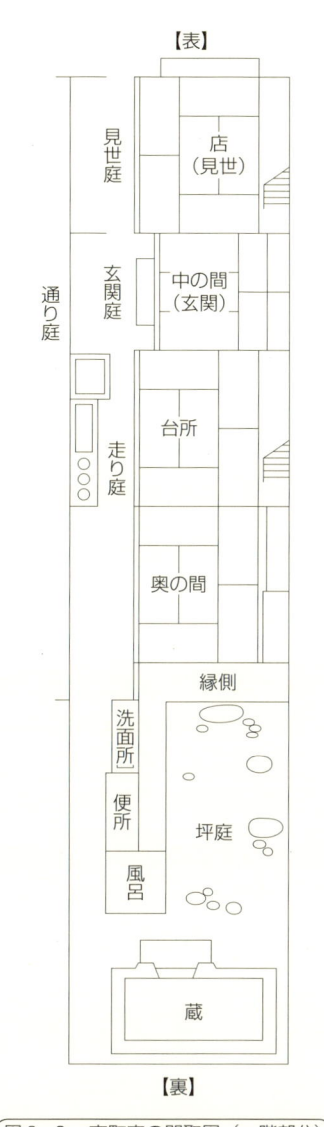

図 2-8 京町家の間取図（一階部分）
出所：京都町家資料館より

▷京町家
江戸時代に完成した，京都の職住一体型を基本とする住居のこと。一般に間口が狭く奥行きが長い。最奥に広めの奥庭があり，これと玄関先の通路を結ぶ土間の通り庭，家によっては中間に坪庭がある。これらの庭は採光と風の通り道の機能を持つ。

参考文献
オルタナ（2008）「頑張れ！ 自然エネルギー」『オルタナ』No. 9, pp. 14-19

II 生活と環境

2 省エネ・省資源

1 世の中の省エネ・省資源

　身近な環境の取り組みとして「省エネ」や「省資源」がよく引き合いに出され、「こつこつと、できることから」という呼びかけで進められていることもある。しかし世界的な視点から見ると深刻な意味を持っている。

　石油や天然ガスなどの化石燃料は可採年数が50年程度となっており、いずれは枯渇することが予測されている。また、銅や鉛、亜鉛といった社会の基盤を支える金属についても、地下に残された分は少なくなっている。温暖化の面からも、日本は40年後に二酸化炭素排出を8割減らした社会を招来しなければならず、大きな転換が求められている。

　経済発展のためには、一定の資源やエネルギーが必要になる。しかし世界の資源は限られている。現在発展を続ける中国では国家戦略において、「省エネ」そして「省資源」が重要な課題として掲げられている。もし経済成長の中で、「省エネ」や「省資源」が十分できない場合には、暴動が起こり、国が不安定になるという指摘もある。

　一方、2008年のリーマンショックでは、ビッグ3と呼ばれるアメリカ大手自動車会社のうちゼネラルモーターズ社とクライスラー社が経営破綻した。「省エネ」になる車の開発が遅れていたことが原因の1つとされている。

　21世紀は、「省エネ」「省資源」を考えなければ、国や巨大会社であっても崩壊してしまうような時代なのである。

2 家庭でできる省エネ

　調べてみると意外に多くの場面で無駄にエネルギーを使っていることがわかる。まずは暮らしを見直しておくことが大切で、これで1割くらいの削減につながる。

　エネルギーに頼る生活になってしまった点も見直しを考えるポイントである。スイッチひとつで冷たい風も暖かい風も作り出せるようになると、少し暑かったり寒かったりするだけですぐスイッチに手が伸びてしまう。しかし、まずは窓を開け閉めしたり、日光の取り入れを調節したり、着るものを変えるだけでも省エネができる。昔からの智恵には省エネで快適にすごす工夫がつまっており、大いに参考になる。特にエネルギー消費の多い暖房、給湯、自家用車で工

▷**工夫による削減効果**
家庭で使用している電気量をわかりやすく標示する装置をつなげることで、1割程度の削減につながることが報告されている。これは「見える化」によって、生活を省エネの点から見直した成果と言える。またエコドライブの工夫をすることでも1〜2割程度燃費が向上することが確かめられている。

夫のしがいがある。

　こうした省エネの取り組みは習慣づけていくことが大切である。そのためには，環境家計簿（⇨ 2-Ⅰ-2 ）などを活用し，継続して取り組んでいくことが効果的である。とは言っても昔の生活に戻るわけではない。以前より省エネ技術は向上しており，うまく選んでいくことで同じ快適さでエネルギーを大幅に減らすことができる。また同じ家電製品でも，省エネの性能が大きく違う場合もある。買い替えのときには，省エネ性能を見比べて選ぶことで，光熱費も安くなる。

❸ 家庭でできる省資源

　ごみを減らすためには，「リサイクル」が一般的に思い浮かぶ。自治体で分別が行われている場合には，それに従って分けて出すことが大切だ。そのほか，スーパーマーケットの店頭でのリサイクル回収や，地域組織で古紙などの回収を行っている場合もある。こうして回収されたものを利用して，再生紙や再生プラスチックの製品を作ったり，再びアルミ缶を作ることに役立つ。再生資源を使う分だけ，地球の資源の利用を減らすことができる。

　しかしリサイクルの取り組みよりも，不要なものは買わないといった「省資源」の取り組みのほうが環境負荷を減らすためには有効である（⇨ 2-Ⅲ-1 ）。また，使わなくなった服やおもちゃなど，まだ必要とする人にゆずり渡すことも，省資源につながる。

❹ 学校でできる省エネ・省資源

　家庭の中だけでなく，学校でも省エネの工夫，省資源の工夫ができる。ふだんの学校生活のどんな場面でエネルギーを使い，資源を使っているのか（ごみを出しているのか），考えてみると面白い。

○学校の省エネチェック
・暖房をつけっぱなしにしていないですか？
・暖房の温度は暖かすぎないですか？
・太陽光パネルを設置していますか？
・最後の人が教室を出るときに電気を消していますか？
・夏は日射をふせぐ工夫をしていますか？

○学校の省資源チェック
・鉛筆やノート，消しゴムを大切に使っていますか？
・使った紙はリサイクルしていますか？
・牛乳の容器はリサイクルしていますか？
・給食の食べ残しをしないようにしていますか？
・給食の食べ残しを肥料にするなど工夫をしていますか？

（鈴木靖文）

さらなる学習のために

経済産業省キッズページ（http://www.meti.go.jp/intro/kids/recycle/）

（財）省エネルギーセンター：家庭の省エネ大事典（http://www.eccj.or.jp/dict/）

Ⅱ　生活と環境

3 ごみ減量

① なぜ，今，ごみの減量が求められているのか？

　この問いに答えるためには，日本のごみ処理の歴史を少しふり返る必要がある。

　日本の都市で本格的にごみ処理が行われ始めたのは，明治時代になってからである。その背景にコレラ等の伝染病対策があり，可能なかぎり街中を清潔に保つ必要があったわけで，腐敗性の汚物は速やかに焼却するのが良しとされた。この体制は戦後の高度成長期にごみが急増しても維持され，出てくるごみをひたすら適正処理すべくごみ焼却炉を増設して対応してきた。しかし，このことは地方自治体にとって大きな負担となり，また，ごみの中身も腐敗性の生ごみ以上に紙やプラスチックなどの使い捨ての製品が多くを占めてきていたこと，さらに地球資源の枯渇問題がクローズアップされてきたことなどから，これまでの焼却，埋め立てのごみ処理体制の見直しが求められることとなったのである。すなわち，ごみ処理の基本を処理対象のごみそのものを減らすことにシフトすることになったのである。

② ごみの減量と地球環境問題

　環境問題が深刻になってきた背景にはこれまでの「大量生産・大量消費・大量廃棄」の社会システムがあるとよく指摘されるところである。確かに，日本人のこれまでのライフスタイルを世界中の人が行うと，資源やエネルギーの面で地球が2.5個必要になると言われている。その意味で大量生産，大量消費の結果である大量ごみを減らすことは，ひいては資源やエネルギーの浪費を減らすことにつながる。ここにごみ減量の必要性がある。さらに，地球温暖化をはじめとする地球環境問題とごみの関係に言及すれば，ごみを処理する過程（収集・運搬，焼却・リサイクル）でCO_2を排出するが，実はそれ以上にごみのもとである商品や製品を造る過程で大量のCO_2を排出している。したがって，ごみを発生させないごみの減量対策は地球環境問題に大いに貢献する。あたりまえのことであるが，ごみは最初からごみではなくてわれわれが消費した製品や商品がごみになるのであって，その製品や商品のもとをたどれば，すべて地球の貴重な資源とエネルギーで作られたものなのである（**図2-9参照**）。ごみの学習においては，是非このあたりまえのごみと地球との関係をよく理解させる

図2-9 ごみと地球環境との関係

ことが重要である。今日のごみ問題は決して地域のごみをどの様に処理するべきかだけの問題ではないのである。

③ これからのごみ減量への取り組み

これからの環境問題への取り組みにおいては市民，事業者，行政が各々の役割において責任を果たしつつ，協力できるところは協力する，いわゆるパートナーシップが重要である。ごみ問題においてもしかりである。特に事業者（生産者）と市民（消費者）との取り組みが重要である。事業者はできるだけ環境に良い製品を作ることが求められるし，消費者も環境に良い製品を選ぶ必要がある。少し専門的な言葉で言えば，事業者には**拡大生産者責任**や**製品アセスメント**が求められるし，消費者は**グリーンコンシューマー**になる必要がある。

行政は事業者や市民の環境への取り組みを積極的に支援する仕組みを作り，それらを普及することを行うべきである。また，パートナーシップの取り組みにおいて最も重要なことはお互いの信頼関係を構築することであり，そのためには何と言っても情報の共有化が不可欠である。ごみの減量化の視点では，事業者，市民，行政の三者が次の節で述べる3R活動に積極的に取り組むことが必要であり，中でも，資源やエネルギーを浪費せずに同じサービスが受けられるリース，レンタル，シェアリングなどの仕組みなどが期待される。

要はごみになる前の製品，商品の段階でごみ問題に取り組む必要がある。

（高月　紘）

図2-10 ごみの量は地球資源の消費量です

▶拡大生産者責任
生産者がその生産した製品が使用され，廃棄された後においても，当該製品の適正なリサイクルや処分について物理的または財政的に一定の責任を負うという考え方。

▶製品アセスメント
製品の使用後にその製品がもたらす環境負荷を事前評価すること。これにより，製品の設計において環境配慮がなされ，廃棄物としての環境負荷が低減される。

▶グリーンコンシューマー
直訳すると「みどりの消費者」。環境に配慮して商品選択をする消費者を意味し，消費者の環境行動だけでなく流通事業者の売り上げにも影響を与える運動である（⇨ 2-Ⅰ-1）。

第 2 部　環境教育の対象

Ⅲ　地域と環境

1　3R（2R・4R）

1　3Rとは

　3Rとは天然資源の消費が抑制され，環境への負荷が低減される循環型社会の構築に向けて，資源の有効利用を通じて環境と経済の両立を図る取り組みであり，廃棄物の発生抑制（Reduce），資源や製品の再使用（Reuse），再生利用（Recycle）の3つのRがついた活動を指したものである。日本政府がG8サミットで**3Rイニシアティブ**を提案し，力を入れている取り組みである。

　また，3Rは**循環型社会形成推進基本法**では循環型社会形成に関する基本原則の1つにされており，その優先順位もまず第1に発生抑制，次に再使用，そして3番目に再生利用と定められている。

2　3Rの具体例

　では，具体的に3R活動とはどのような取り組みなのであろうか？　比較的身近でわかりやすい例を**表2-2**にまとめてみた。むろん，これらの取り組み以外に様々な3R活動があることは言うまでもない。リデュースは生産者や販売者が使用資源を削減したり，繰り返し使用でき，長時間使用可能なものを提供することによって実現可能である。また，消費者はそれらの製品を積極的に使用し，使い切ることが求められるが，基本的には必要な物を必要なだけ使用することが重要である。リユースでは製品そのものを何度も使用することで資源の消費量や環境負荷（例えば二酸化炭素排出量など）を削減する取り組みであるが，最近では，製品全体でなく部品をリユースする試みも行われている。例えば，いわゆる使い捨てカメラのレンズや携帯電話のスピーカーなどは廃棄されたものから使用可能な部品を取り出して新しい製品に組み込んでいる。リサ

▷**3Rイニシアティブ**
3Rを通じて地球規模での循環型社会の構築を目指すこと。2004年のサミットにて日本政府が提唱し2005年の閣僚会合において正式に開始された。

▷**循環型社会形成推進基本法**
循環型社会の形成について基本原則，関係主体の責務を定めると共に循環型社会形成推進基本計画の策定，その他循環型社会の形成に関する施策の基本となる事項などを規定した法律。

表2-2　3Rの具体例

	対応用語	具体的な例
リデュース（Reduce）	発生抑制	マイバッグやマイボトルの使用，詰替商品，長寿命化，製品の軽量化，カーシェアリング
リユース（Reuse）	再使用	ビールびんなど再使用びん，古本・古着などの活用，自動車・自転車の中古品
リサイクル（Recycle）	再生利用 再資源化	アルミ缶を再溶解してアルミ原材料化，生ごみの堆肥化，古紙から再生紙

出所：筆者作成

イクルには，製品に使用されていた物質を原料として再利用する**マテリアルリサイクル**と廃棄物を燃やして熱を回収する**サーマルリサイクル**がある。マテリアルリサイクルでは排出段階での分別の徹底と充分な排出量の確保がポイントになる。

③ 2Rと4R

　これまでは3R活動の中では，リサイクルが早くから注目され数多くの取り組みがなされてきた。しかし，「リサイクル活動だけで本当に資源やエネルギーの消費が抑えられ，持続可能な社会が実現できるのだろうか？」と疑問視する声が最近になってよく聞かれる。確かに，リサイクルによって自治体が処理すべきごみの量は減少してきたが，リサイクルされたごみの量も加えたごみの総排出量はほとんど減少していない。すなわち，消費された資源量は変わってないのである。リサイクルをすることが免罪符となり，かえって使い捨ての製品や商品を温存させているとの指摘もある。そこで，3R活動の中で優先すべきはリデュースとリユースの2Rであると，2R活動を推進する運動や，そもそもごみになるものを断る（Refuse）のRを3Rに加えて4R運動を提唱する動きもある。リフューズ（Refuse，断る）の活動はリデュース（発生抑制）の活動の1つとも考えられるが，必要な物だけで生活しようとするシンプルライフを目指すものである。この行動方針はごみの減量のところ（⇒ 2-Ⅱ-3 ）で述べたグリーンコンシューマー運動の最も重要なポイントである「必要なものを必要な量だけで生活する」でもある。要は，持続可能な社会を目指すには可能なかぎり資源やエネルギーを消費しないライフスタイルが求められるのである。

▷マテリアルリサイクル
素材・物質を回収するリサイクルのことで，具体的にはアルミ缶を再溶解してアルミ缶を再び製造したり，ガラスびんを粉砕してカレットに戻してガラスの原料にするなどがある。

▷サーマルリサイクル
エネルギー・熱を回収するリサイクルのこと。具体的には，プラスチックを燃焼させたときの熱を利用して発電をする，もしくは温水として熱を回収・利用するなどがある。

図2-11　3Rの中の2R（リデュースとリユース）の重要性

（高月　紘）

III 地域と環境

2 ヒートアイランド

① 都市の高温化

地球温暖化とならんで都市の高温化が問題となっている。過去100年間（1906-2005年）で，地球の年平均気温は0.74℃上昇した（IPCC第4次報告書）。一方，東京都心部（気象庁）の年平均気温は同じ期間に3.07℃も高くなっている（図2-12）。

▷ IPCC
Intergovernmental Panel on Climate Change（気候変動に関する政府間パネル）の略称。地球温暖化問題に関する研究成果に基づいて，現況や対策を討議する国際機関（⇨ 2-V-1 ）。

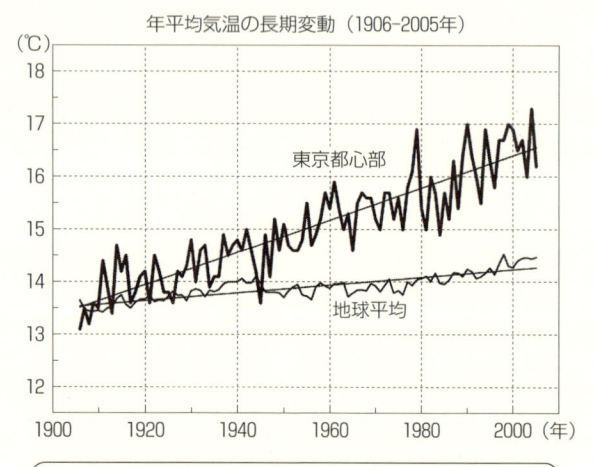

図2-12 年平均気温の長期変動（都心部と地球平均の比較）
出所：筆者作成

このように，大都市では地球温暖化をはるかに上まわる高温化が進んでおり，人々のくらしに様々な影響を及ぼしている。

② ヒートアイランドとその実態

都市中心部の気温が周辺の郊外や田園地帯よりも高くなり，等温線で表示すると高温の極が山頂に相当して，「熱の島」のように見えることから名づけられた「ヒートアイランド現象」は，欧米の大都市ではすでに19世紀末からその存在が知られていた。

本来，ヒートアイランドは冬季の早朝にもっとも明瞭に出現することが知られており，日本でも，戦前の1930年代に旧東京市で初春の晴天夜間に市の中心部が郊外よりも5℃程度高くなるヒートアイランド現象の存在が指摘されている。しかし最近では，夏季の都市部における高温による**熱中症**等の健康被害や，日中の高温が引き金となる局地的な豪雨による災害の増加傾向が指摘されており，夏季のヒートアイランドへの関心が高まっている。

▷ 熱中症
体の外からの高温（あつさ）が原因でひき起こされる様々な症状の総称。軽度のものから重度のものまであり，近年はエアコンを嫌う高齢者が夜間の睡眠中に体温調整機能を失って亡くなるケースも報告されている。

▷ 海風
陸地と海が接する海岸地域では，日中は海から陸に向かう海風が吹くが，夜は陸から海に向かう陸風が吹く。これは，陸地は海洋に較べて暖まりやすく冷めやすいために，日中は陸地で暖められ軽くなったところに，海洋から涼しい海風が流れ込むからである。

夏季の場合，東京を例にとると，都心部を中心とする典型的なヒートアイランドの出現は早朝の風が弱い時間帯に限定され，**海風**の強まる日中は都心部の熱が風下方向に流される効果で高温域が北部〜北西部に移動するとともに，海

午前5時　　　　　　　　　午後3時

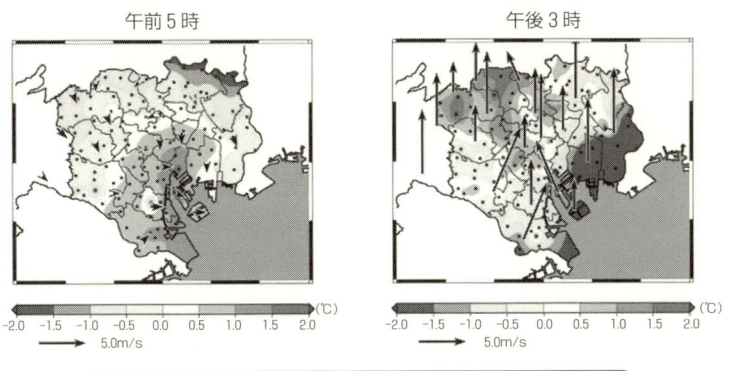

図2-13　典型的な夏季の気温偏差・風分布（2004年7月8日）

出所：筆者作成

風が河川沿いに流入する東部では日中から夜半にかけて相対的に低温な状態が持続することなどが筆者らの研究調査で明らかにされた（**図2-13**参照）。

3　ヒートアイランドの形成要因

　ヒートアイランドの形成要因は，2つに大別される。1つは，都市に人口が集中し大量のエネルギーが消費される結果生ずる**人工排熱**の増加である。特に，都心のオフィスビル街や商工業地区から排出される大量の熱に加えて，幹線道路を走行する自動車からの排気熱が重なるため，都市部の大気は郊外に較べて加熱されやすく，気温上昇の大きな要因となっている。

　2つ目の要因は，都市の表面構造の人工化による熱収支の変化である。コンクリートの建造物やアスファルト舗装道路で覆われた都市の地表面は，森林・草地や田畑・裸地が主体の郊外田園地帯とは，熱や放射の特性が大きく異なる。

　例えば，コンクリートやアスファルトは夏季日中に日射エネルギーを吸収してその表面温度はしばしば50℃を超える。夏の炎天下で暑く感じるのは，日射に加えて高温のコンクリート面からの放射熱が加わるためである。さらに，夜間になってもそれらの表面温度は気温よりも高いため周囲の大気を加熱し続ける。これに前述の人工排熱が加わり，都市部では夜間の気温低下が大幅に抑制される。これが**熱帯夜**を増加させる主な要因である（**図2-14**参照）。

（三上岳彦）

▷**人工排熱**
人間活動によって工場やオフィス，自動車などから大気中に排出される熱の総称。東京都内の人工排熱量の推計値（1998年度）によると，区部で平均1㎡あたり約24Wになるが，これは地上で受け取る日射エネルギーの20％近くに達する。

▷**熱帯夜**
夜半から早朝にかけての夜間の最低気温が25℃以上のことを熱帯夜と呼んでいる。日本独特の用語で，近年は最低気温が30℃以上の「超熱帯夜」が出現することもある。

参考文献
　三上岳彦（2006）「都市ヒートアイランド研究の最新動向：東京の事例を中心に」『E-journal GEO』（日本地理学会），Vol. 1, pp. 79-88.

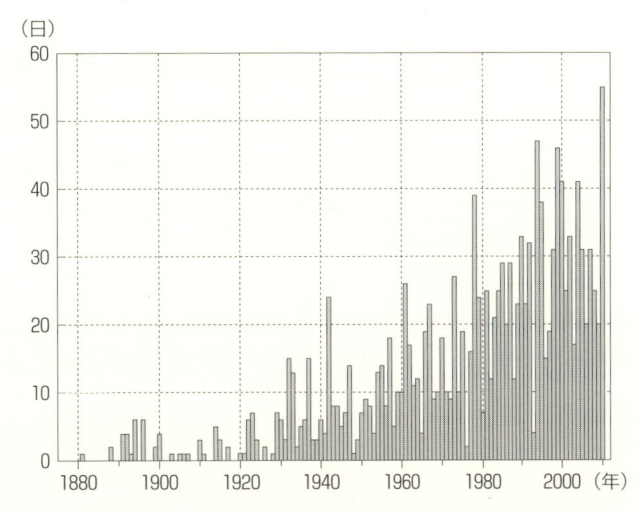

図2-14　東京都心部（気象庁）における熱帯夜日数の長期変動（1881-2010年）

出所：筆者作成

第2部 環境教育の対象

Ⅲ 地域と環境

3 自然農法・有機農法

1 自然農法

　自然農法は世界救世教の創始者である岡田茂吉が無農薬，無肥料を原則とする農業に1935年から取り組んだのが始まりとされている。ここでは，無農薬，動物の糞尿を使わない有機物の施用や，現在ではEM（有用微生物群）技術の活用などをその特徴としている。その後，1947年から福岡正信が愛媛県にて，不耕起，無肥料，無農薬，無除草を原則とする米麦連続不耕起直播や独特の果樹栽培などの自然農法を手掛けた。

　その後も様々な「自然農法」が各地で独自に展開されており，そこで概ね共通するのは無農薬，無化学肥料の農法である。

2 有機農法

　有機農法とは有機農産物の生産を目指して，田畑で営まれる農法のことである。この最大の特徴は作物栽培の期間中，化学農薬と化学肥料（天然に存在する無機肥料や農薬を除く）を使用しないことである。

　化学農薬には害虫防除のための殺虫剤，植物病防除のための殺菌剤，雑草防除のための除草剤などがあり，有機農法ではこれらを原則使用しない。化学肥料の施用は効果が大きく速効であるが作物体を軟弱にする傾向があり，逆に有機肥料は遅効であるが作物体を丈夫に保つ傾向がある。一般に虫害や植物病は作物体が軟弱であるほどその被害が顕著になりがちで，これら防除のための農薬施用を控えるには，化学肥料の替わりに有機肥料を施用することが前提となる。有機農法は，化学農薬を施用しないために有機肥料を多用するという側面がある。

3 有機農法と環境

　わが国は第二次大戦後に食料増産が国是となり，機械化とともに化学肥料や化学農薬を多施用する農業が推進された。その結果食料増産には成功したが，農薬施用がさらに急激に増大し，農産物や農民の農薬汚染，化学肥料多施用による土壌の劣化や生物多様性の貧弱化が問題視されるようになった。

　こうした土壌劣化だけでなく，とくに農薬施用は田畑の生物的環境をも大きく変化させた。田畑を住み処とする昆虫類，魚類，鳥類などが急速に数を減ら

▷1　現在では，MOA自然農法文化事業団や（財）自然農法国際研究開発センターなどにが，岡田氏の理念を受け継いだ自然農法を展開している。

▷2　川口由一氏の奈良県での草を生かす自然農，藤井平司氏の大阪における天然農法，木村秋則氏の青森におけるリンゴの自然栽培，赤峰勝人氏の大分県での循環農法などが知られる。

▷3　農村における化学肥料や化学農薬の多施用は，農民の高齢化や人手不足など農村社会の急激な変化に呼応してやむを得ず進行した側面もある。

▷リサージェンス
殺虫剤農薬の多施用が，害虫だけでなくそれらを捕捉する天敵も駆除するために，農薬施用後にかえって害虫だけが大発生する現象。

し，除草剤に強い雑草種の繁茂をもたらした。農薬を多施用する水田では**リサージェンス**によりさらに農薬を多施用する悪循環をもたらすこともある。

こうしたことへの反省から，農薬施用を極力減らし，安全で安心な農産物を消費者に提供する気運が高まり有機農法が注目されるようになった。現在，有機農法はわが国でかなりの拡がりが見られる。有機農法が定着した田畑はそうでない田畑に比べて，生物的環境に大きな違いが認められる。害虫ももちろんいて若干の食害などが発生するが，その天敵も共存し，互いに大発生することがあまりない。それ以外の生物も多種多様に定着し，特にそれらの食物連鎖の頂点に立つ動物も多く認められる。有機物を多施用する分，マルチングなどの物理的な雑草防除が必要となる。

④ 有機農法と農産物

化学肥料中心の栽培では，農産物は多収となるものの食味が良好でない，日持ちがしないなど品質面での評価が下がることが多い。一方有機物を適切に施用した田畑の農産物は，その作物の持ち味が発揮された食味である，日持ちがよく，栄養価が高いなどの特徴を示すことが多い。さらに農薬を使用しない分，安全な食品であると消費者が認識する傾向にある。それだけに，有機農産物はそうでないものに比べて高値で取引されるのが一般的である。

⑤ 有機農法と環境教育

平成24年度から，すべての小中学校で栽培が実践されているが，その際化学農薬の使用は子ども達の健康上極力控えることになろう。したがって，学校現場での栽培では，子ども達は自ずと有機農法を学ぶことになる。農薬施用の農法は，人間にとって都合が悪いものをすべて抹殺しようとするが，有機農法はそうしたものも含めて共存することを前提とした農法である。この意味で，有機農法を学校現場で実践することは，環境教育の主要な柱である「共存」の思想を子ども達が体験を通じて学習する機会となるであろう。　　　　（土屋英男）

▷4　有機物の多施用により作物体が丈夫になるものの，雑草の生育も同時に旺盛になるため，有機農業を長く続けた田畑では除草作業に手間取る傾向にある。しかし，除草剤が使用できないため，通常は手取りだけでなく物理的，機械的な防除法を組み合わせて雑草防除をすることになる。

参考文献

「特集　自然農法が知りたい」『現代農業』2010年8月号　pp. 50-139。

木村秋則編（2010）『木村秋則と自然栽培の世界』日本経済新聞出版社

図2-15　岡田茂吉の「自然農法」の考え方

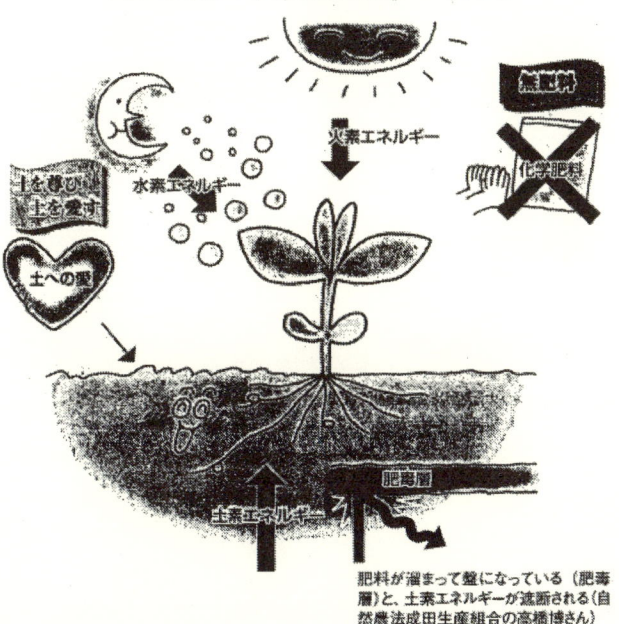

出所：『現代農業』2010年8月号

IV 国土と環境

1 森林・里山

1 日本の森林

わが国では古来、森と人との結びつきが強く、森は多様な文化形成の基盤となってきた。

人々は、身近にある森を**里山**として繰り返し利用してきた。里山は、田畑など周辺環境と一体となり、独自の生態系と地域固有の景観とをつくりだしてきている。

しかし、生活様式や産業構造の変化、リゾート造成などの大規模な開発の影響は、奥山や里山の様相を大きく変えた。その結果、永年培われてきた森と人との関係は希薄化し、現在、わが国の森林保全は歴史的な転換点に立たされている。

2 森林の働き

森林は、光合成に伴うエネルギー循環を大規模に行い、自らの生長を促しながら、無数の生命が相互に関連しあう生態系を成り立たせている。また、木材等林産物の供給のほか、水源のかん養、山地災害の防止など多面的な機能を果たしている。近年では、特に、温室効果ガスである CO_2 を吸収して地球温暖化を抑制する働き、そして**生物多様性**を高める働きに期待が高まっている。

わが国の森林面積は、世界的に森林が減少する中ほとんど変化がない。しかし、1950年代以降スギ、ヒノキなどの経済価値の高い単一樹種の育成が進み、現在では人工林がその面積の4割を占めるものの（図2-16、図2-17参照）、林業が低迷し、生長した樹木がいかされず、森林の多様性と活力が失われている。今後、森林の働きを高めるためには、天然林への更新も視野に入れながら、適正な管理と利用が促されなければならない。

3 里山再生

里山には、様々なタイプが見られる。代表的なものはアカマツ林や雑木林だ。雑木林には、クヌギやコナラが主要な樹種である落葉広葉樹林、シイやカシが主要な常緑広葉樹林がある。もちろん、アカマツと広葉樹の混交林もある。

これらの森林が、地域特有の風景を保つ後ろ盾となっていた。それは、永年の倣いとして森林づくりがなされてきた結果である。しかし、過疎化、高齢化、

▷**里山**
木材、燃料、肥料、そして食糧などを得るために人の働きかけによってつくられた家や農地周辺の山地。その森林は、人為的な撹乱で雑木林やマツ林や竹林など本来の植生（極相）から変化している場合が多い。

▷**生物多様性**
地球上には様々な自然環境があり、そこには多種多様な生物が相互に関係しあいながら存在している。これらの多様性は、すべての生命の基盤となり、また私たちの暮らしの基盤を支えている。「生物の多様性に関する条約」や「生物多様性基本法」が採択され、その保全と利用のための対応が図られている。2011年 COP10 で「SATOYAMA イニシアチブ」が提唱され、里山の価値が評価され持続的利用の必要性が認められた（⇨ 2-Ⅵ-2）。

▷**生態系サービス**
人々が生態系から得ることのできる便益のことで、「供給サービス」、「調整サービス」、「文化的サービス」、「基盤サービス」などがある（⇨ 2-Ⅵ-1）。

▷**「森は海の恋人」**
宮城県気仙沼湾は牡蠣の養殖で有名。養殖場は川が注

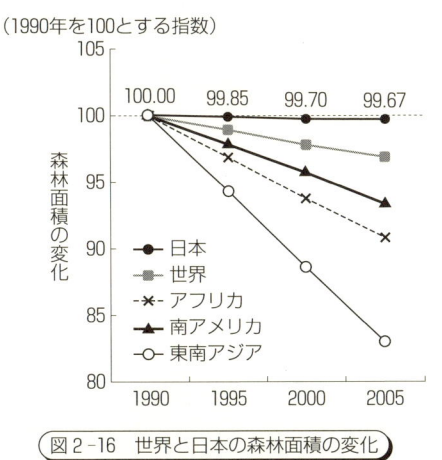

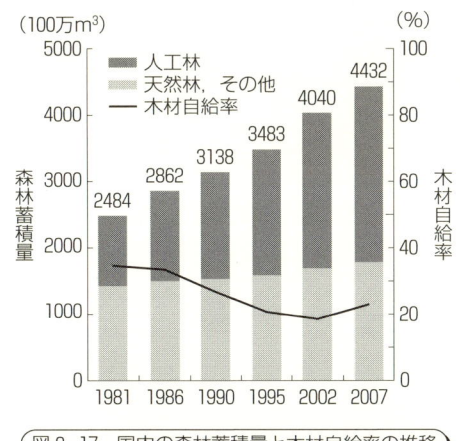

図2-16 世界と日本の森林面積の変化
出所：環境省編（2009）

図2-17 国内の森林蓄積量と木材自給率の推移
出所：同左

地域コミュニティーの崩壊，近代化による環境負荷などによって，里山は危機に陥り，その保全の意義は，現在，新たな段階を向かえている。国民共通の課題として，里山の公益的機能（**生態系サービス**）を提供する生物多様性の価値を認識し，生態系を維持しながら生物資源を持続的に確保していく手立てを講ずる必要がある。そのひとつとして市民による森づくり活動がある。身近な自然への関心やライフスタイルの変化とも相まって活発化してきた。それはまた，森林に，レクレーションや教育の場としての価値を見出すことにもつながっている。

さらに，「**森は海の恋人**」ということばが示しているような，森の恵みのつながりを意識した広域的な取り組みが求められる。

4 里山での環境教育

里山は環境教育の場としても見直されている。自然環境，歴史，そして人々の生業，森林資源の活用など地域に特有の学習素材にあふれ，経験と知識を育んでいくために絶好の場所だからである。

利用に適する里山の森は，自然更新して多様な樹木が層を成し，林間活動ができる森である。そこでは林床植物や菌類，土壌動物も含めた多様な生きものが観察でき，森林生態系の成り立ちが学習できる。さらに，森林作業体験，ものづくりなどの活動も楽しい。最近では，地球温暖化や自然エネルギーへの関心の高まりを得て，森林バイオマスの利用も学習テーマとして取り上げられている。

まず，体験活動を通して感性を十分に育み，観察眼を養うことが肝心である。野外活動の知識や技術やマナーも身に付けることができる。里山の森を，自然の学校として野生生物とのつき合い方や環境問題の解決のための学習の場に活用したいものである。

（久山喜久雄）

ぎ込む汽水域に形成されている。しかし，昭和40～50年代，周辺環境の悪化で赤潮が発生して養殖が不振となった。そこで，「森は海の恋人」を合言葉に，川を通して養分が海へ運ばれようにに漁師による植林事業の取り組みがはじめられた。

参考文献

環境省編（2009）『平成21年度版環境白書』

佐藤洋一郎（2005）『里と森の危機』朝日新聞社

重松敏則（1991）『市民による里山の保全・管理』信山社出版

中川重年（2004）『森づくりテキストブック』山と渓谷社

根本正之（2010）『日本らしい自然と多様性』岩波書店

矢部三雄（2002）『森の力』講談社

林野庁編（2009）『平成21年度森林・林業白書』

さらなる学習のために

大石正道（2000）『生態系と地球環境のしくみ』日本実業出版社

敷田麻実編著（2010）『地域からのエコツーリズム』学芸出版社

全国林業改良普及協会編（1994）『森林教育のすすめ方』

筒井迪夫（1995）『木と森の文化史』朝日新聞社

日本環境教育フォーラム編（2008）『日本型環境教育の知恵』小学館

丸山徳次・宮浦富保編（2009）『里山学のまなざし』昭和堂

谷津義男他（2009）『生物多様性基本法』ぎょうせい

第2部 環境教育の対象

Ⅳ 国土と環境

2 水辺・湖沼・海岸

1 水のある環境

海岸や池のほとりや川岸など水のある風景に接すると、緊張がゆるみほっとする。せせらぎや砕ける波、透明感など水自体が人を引きつける力を持っているが、水面の上の広い空や岸辺の緑も水辺特有の魅力を持つ。このような**水辺**は教育の場として、また対象としても様々な題材を提供してくれる。

2 水と人間

○治水と利水

水と人とのかかわりを表す重要な概念に治水と利水がある。治水は洪水などが人間社会に害を及ぼさないように制御することであり、**利水**は人間社会のために水を利用することで、農業用水、工業用水、生活用水に区分される（**表2-3**）。

表2-3 利水の例

利用形態	例
農業用水	家畜（飲用、掃除）、灌漑（水田、畑、果樹）
工業用水	製造原料、冷却、洗浄
生活用水	飲用（井戸、河川湖沼、水道） 家庭（台所、洗たく、風呂、そうじ） 都市用水（飲用、清掃、冷却）

出所：著者作成

利水では、現在でも農業用水の利用がもっとも多く全体の60％以上であり、生活用水、工業用水は同程度である。ダムや堤防、取水堰の建設による河川環境の破壊や河川水量の減少による漁業、生態系への影響が問題になっている。

水と人とのかかわりは治水、利水だけでなく、漁業、水運、レクリエーション、宗教など様々な面からとらえることができる。

○漁業と水運

漁業と水運は水域自体を利用する。漁業は水辺の地域では社会をつなぐ基本的な営みであり、日本の海や川、湖沼にはほぼ**漁業権**が設定されている。漁業権は地域社会の生産の権利であるとともに資源を持続的に維持する役割がある。

河川や運河を利用した輸送はアメリカやヨーロッパ、東南アジア、インドなどで今でも活発に行われているが、日本では1950年頃から鉄道、自動車輸送に押されてほとんど残っていない。しかし地名や町並みから昔の港町などを偲ぶ

▷水辺
水辺は水域・陸域・大気が接する地球上でもっとも変化に富む複雑な場所である。潮の満ち干や天候などで常に変化するが、環境としては穏やかであり、多くの生き物たちが生活している。ふだんは海や陸の奥に住んでいて、巣を作り卵を生む時期にだけ水辺にやってくる生物も多い。水辺を観察すると水鳥、魚、昆虫などの様々な生き物の子どもたちが泳ぎ回っている様子を見ることができる。

▷利水
2009年におけるわが国の水使用実績（取水量ベース）は約815億 m^3、生活用水約154億 m^3、工業用水約116億 m^3、農業用水約544億 m^3で、比率は19％、14％、67％となっている。
（http://www.mlit.go.jp/tochimizushigen/mizsei/c_actual/actual03.html）

▷漁業権
漁業法で規定されている漁村の人たちが魚や海草を取る権利。地域の人たちが共同で漁場を守ってきた自治の歴史を受け継いでいる。近年では経済的な利益を守る権利としてだけでなく、持続的な自然資源管理、環境管理の手法としても注目されている。

ことができる。最近では地域おこしや観光資源として復活させる動きがある。

○**レクリエーション・観光・宗教・文化**

これらは水環境の文化的な側面である。水泳，ボート，ヨット，水遊び，つり，散策など水辺では様々なレクリエーションが行われ，野外教育の場として古くから利用されている。また水神，竜神，かっぱなど水にかかわる信仰や伝承は各地に残され，地域社会の中に生きている。

3 水辺を調べる

○**水環境の調査**

水辺について詳しく知るためには現地で調査を行うことが基本である。何を調べるかは自分が何を知りたいかによって決まる。調査は一般に事前の情報収集，予備踏査，本調査，報告書の作成からなる。教育的な観点からは調査結果を学校や地域の人たちに伝え，対話を行うことも重要である。

○**調査項目**

調査項目は地形や気象など物理的な計測，水質などの化学的な計測，生物種や生態系の構造などの生物学的計測などの自然科学的な項目と，歴史，集落，人口，意識，利用などの社会科学的な項目がある（**表2-4**）。

表2-4 水辺の調査項目

項　目	内　　容
物理的	地形，気象（天候，水温など），水文学（流速，水量など）
化学的	濁り，色，臭気，有機物，重金属，微量汚染物質など
生物学的	プランクトン，底生生物，水生昆虫，魚類，植物など
地理学的	土地利用，集落構造，用水施設など
社会学的	産業，水と人とのつながり，水に対する意識，宗教など
複合的	水利用，ランドスケープ，景観，歴史など

出所：著者作成

○**総合指標**

これらの調査項目を市民向けに総合化したものに環境省の**水辺のすこやかさ指標（みずしるべ）**がある（**表2-5**）。

表2-5 水辺のすこやかさ指標

5つの指標（ものさし）	内　　容
自然なすがた	水環境に自然がどのくらい残されてるか
ゆたかな生きもの	水環境にいる生き物の豊かさ
水のきれいさ	水のきれいさ，清らかさ
快適な水辺（五感）	水環境のきれいさ，静かさを人の感じ方で調べる
地域とのつながり	水環境と人のつながり

出所：環境省ホームページ

（原田　泰）

▷**河川や運河を利用した輸送**

江戸時代に日本の周囲を回る航路や川や運河による内陸水運が発達し，国内の流通だけでなく文化の広がりをもたらした。川の港は河岸（かし）という地名に残っている。水運のためには水がゆっくり流れるように川を蛇行させるなど洪水対策とは異なる河川工事が行われた。

▷**ランドスケープ**

地形に基づいた風景，景観を意味するが，単に目に見える自然の光景だけでなく，人と自然とのつながりを意識して使われる。

▷**水辺のすこやかさ指標（みずしるべ）**

日本水環境学会が2006年に水環境の総合評価指標として作成した水環境健全性指標をもとに環境省が2009年に発表した一般市民向けの環境指標であり，実際にどのようにして調査するかなど使い方が詳しく説明されている。
(http://www.env.go.jp/water/wsi/index.html)

参考文献

浜本幸生監修（1996）『海の「守り人」論』れんが書房新社

山田一裕（2009）『水しらべの基礎知識：環境学習から浄化の実践まで』オーム社

第2部 環境教育の対象

Ⅳ 国土と環境

3 災害と防災

1 環境教育，ESDと防災教育

　2011年3月11日に発生した東北地方太平洋沖地震は，その後に大津波や原子力発電所の事故を引き起こし，東日本大震災と呼ばれる未曾有の災害となった。復旧，復興になお遠い今の段階で，この大震災から何を述べることができるかは戸惑いの念もある。ただ，このような時だからこそ，「自然と人間」，「人間と人間（社会）」とのかかわりや，つながりを重視した環境教育，ESD（持続可能な開発のための教育）の立場からとらえ直す必要がある。

　自然は人間に，地下資源や食料資源等の物質的な恩恵から，景観や温泉，観光など精神的な恩恵まで与え，最近では**ジオパーク**登録など，地域の活性化に貢献することが期待されている（藤岡，2008）。しかし，自然は人間に都合良くできているのではなく，自然現象が災害と化す場合もあり，自然は恩恵と災害の二面性を有することを環境教育の観点からも認識する必要がある（藤岡，2007）。さらに，集中豪雨や異常気象など，人間活動と無関係と言えない現象もあり，防災についても科学技術を社会的文脈からとらえることが重要である。

　ESD実施計画においては，子ども達の地域への参画が述べられている。確かに災害時には子どもや高齢者など社会的に脆弱な人々を守る必要がある。しかし，子ども達は守られるだけではない。逆に地域に対して貢献する場合がある。例えば，東日本大震災でも，他の避難所へ移動中に瀕死の被害者に蘇生法を施したり，避難所で支援物資等の運搬を手伝ったりして活躍した中学生がいる。中越地震時では，避難所での清掃活動，地域の人達への合唱活動などで大人に励ましを与えた例も報告されている。中越沖地震でも避難所で小学生におやつを配ったり，一緒に遊んだりするなどの心のケアにも繋がる中学生の支援活動も見られた。物資的な支援だけでなく，被害にあった学校へ子ども達が手紙を送るなど他地域に対しても被災地に精神的な支援は可能である。

2 自然災害の取り扱いの国際的な動向と日本の貢献

　自然災害への対策は国際的な課題でもある。世界の平和と安全を希求する国連にとっても防災は重要な課題であり，**国連国際防災戦略**（ISDR）などが策定されている。阪神・淡路大震災から10年後の2005年には，ISDR事務局が中心となって，神戸市で国連防災世界会議が開催された。この会議で，ESDと連

▷**ジオパーク**
地域の地史や地質現象がよくわかる地質遺産を多数含む地域。ジオツーリズムなどを通じて，地域の持続可能な社会・経済発展を育成することも期待されている。ジオパークは，ユネスコの支援により2004年に設立された世界ジオパークネットワークにより，世界各国で推進されている。近年では，防災への取り組みも重視されている。

▷**国連国際防災戦略**
(United Nations International Strategy for Disaster Reduction：ISDR)
国連総会によって「国際防災の10年」の最後の年，2000年に設立されたプログラム。自然災害や関連する事故災害および環境上の現象から生じた人的，社会的，経済的，環境的損失を減少させるための活動にグローバルな枠組みを与えるという目的を持つ。ISDRは，持続可能な開発に不可欠な要素として，防災の重要性に対する認識を高めることで，災害からの回復力を十分に備えたコミュニティーを作ることを目指している。

動して，2005年から2015年までの行動計画が採決され，これが**兵庫行動枠組**（HFA）と呼ばれている。HFA では，優先行動として，防災知識を高めるなど5つのテーマが採択された。自然災害を他地域の問題としてではなく，自分自身の問題としてとらえることができるようになるためには，前述のESDで培うことが期待されている力の育成と関連付けて取り組む必要がある。確かに，防災・減災には緊急地震速報など科学技術の役割も大きいが，予知や被害予測の難しさに見られるように限界があるのも事実である。

また，国際的に見た場合，自然災害はアジアを中心に開発途上国での被害が甚大となっている。特にアジアは世界の自然災害による犠牲者数が多い。様々な機会を活用して，環境教育やESDの実践の中で学習者の防災・減災などの意識を高め，他地域で災害が生じたとき，可能な支援活動を意思決定し，行動に移す姿勢を培うことも望まれる。

3 学校におけるこれからの防災教育

2009年4月に**学校保健安全法**が施行された。日常での災害に対する備えが安全や学校危機管理の中でも基本的なものになる。震災時等も最近では行政等の初期対応が早く，大規模災害時の避難所運営などでの教員の負担は減りつつある。しかし，東日本大震災や阪神淡路大震災時のように災害が広域にわたったり，大都市のような場所で発生したりするなど，救援活動等に時間がかかったとき，学校にも喫緊の対応が迫られる可能性がある。

防災・減災への取り組みは，ESDの目的や活動ともかかわっている。ESDで育みたい力とされている「体系的な思考力」「持続可能な発展に関する価値観を見出す力」「代替案の思考力（批判力）」「情報収集・分析能力」「コミュニケーション能力」の観点は，防災・減災教育に不可欠である（藤岡，2011）。さらに防災・減災教育は，OECDの学習到達度調査（PISA）に示されたように，国，文化を越えた生徒が身に付けるべき技能の育成とも関連している。

一方，学校だけで児童生徒の安全を確保するには限界がある。日常からの減災を意識した取り組み，災害発生後の支援活動等は，学校だけに限られたものではなく，児童生徒の安全に地域住民が加わる例も多い。東日本大震災においても，日常から学校と地域等とのかかわりが深かったところほど，避難所運営が円滑に進んだり，復旧・復興への進展が見られたりする。

防災教育は地域の自然環境の特色や過去に生じた自然災害を知ることが基本となる。しかし，近年では国内外での移動も多くなっているため，自分の住む地域以外の自然や他の国の災害にも留意する必要がある。また，復旧まで，なお厳しい福島第一原子力発電所の状況には「文明が進めば進む程，天然の暴威による災害がその激烈の度を増す」という明治の寺田寅彦の言葉が痛感される。

（藤岡達也）

▶**兵庫行動枠組（HFA：Hyogo Framework for Action）**
2005年1月，兵庫県神戸市で国連防災世界会議の中で，今後10年間の行動計画として策定されたプログラム成果文書。特定された具体的な課題は次の5分野である。①防災のための統治力，②災害リスクの特定，評価，観測，早期警報，③災害知識の普及，防災教育，④災害リスク要因の削減，⑤効果的な応急・復旧への備え。

▶**学校保健安全法**
昭和33年に策定された学校保健法が，50年ぶりに同法に改定。学校における児童生徒等の保健管理の強化とともに，児童生徒等が被害者となる事件・事故・災害等が全国的に多発していることから，児童生徒等の安全の確保が一層図られるよう，学校における安全管理等に関し必要な事項を定め，学校教育の円滑な実施に資することを目的とする。

参考文献
藤岡達也編（2007）『環境教育からみた自然災害・自然景観』協同出版
藤岡達也編（2008）『環境教育と地域観光資源』学文社
藤岡達也編（2011）『持続可能な社会をつくる防災教育』協同出版

V 地球の環境

1 地球温暖化

1 進む地球温暖化

地球温暖化は，人類にとって極めて深刻な問題となっている。これは，私たち人類が大量生産・大量消費・大量廃棄を前提とした経済発展・工業化を達成するために化石燃料の消費を急増させ，**温室効果ガス**を大量に排出していることが原因である。地球の地表付近の平均気温はこれまで約15℃に保たれ，長い年月をかけて文明を築き社会・経済を発展させてきた。ところが産業革命以降，特に近年，温室効果ガスの排出増にともない，地表付近の気温が上昇している。

IPCC（気候変動に関する政府間パネル）の第4次評価報告書によると，1906年から2005年の間に0.74度上昇していることが報告されている。この気温上昇は自然の変化によるものではなく，CO_2等の温室効果ガスの排出が主な原因となっている。

温室効果ガスは私たちの生活のあらゆるところから排出されている。人々は家電製品を使い，自動車や地下鉄・鉄道などで移動する。多くの製品がエネルギーを大量に使用して生産され，遠く離れたところから運ばれてくる農林水産物や工業製品も多い。これらの動力源は石油・石炭・天然ガス等の化石燃料が中心であり，大量にCO_2を排出している。

大気中のCO_2の濃度は産業革命前までは約280ppmで安定していたが，化石燃料の使用の増加にともない，2011年には390ppmまで増加している。私たち人類は，1年間に約260億トンのCO_2を排出している（2000～2005年）。このうち，海洋や森林が吸収する114億トンを除いた量のCO_2が，毎年大気に溜まっている。これは，世界全体でのCO_2の排出を114億トンまで削減しなければ，大気中の温室効果ガスの濃度を安定化させることはできないことを意味する。

温暖化は気温の上昇に伴い，海面上昇や降水量の変化，気候の極端化，熱帯性低気圧の大型化など様々な影響をもたらす。気候が変わることで，生態系や農林水産業，水資源への影響，異常気象災害や健康被害の増加などにつながる。集中豪雨・巨大台風など個別の事象について温暖化が原因であると断定はできないが，すでに温暖化が原因と関連づけられる影響・被害が増大している。

▷**温室効果ガス**
地球を暖める効果を持つ気体で，水蒸気（H_2O），二酸化炭素（CO_2），メタン（CH_4），一酸化二窒素（N_2O），フロン類等がある。人為起源の温室効果ガスでは，CO_2の影響が一番大きい。

▷**IPCC**
Intergovernmental Panel on Climate Change の略称。1988年に設立された機関で，地球温暖化に関する知見の収集と整理を行い報告する。これまでに4回の報告書を発表していて，2013～2014年に，第5次報告書の発表が予定されている（⇨ 2-Ⅲ-2 ）。

2 今後の気温上昇と大幅な削減の必要性

　IPCCは，地表付近の平均気温が，1980〜1999年に比べて2090〜2099年までに1.1℃〜6.4℃上昇すると予想している。世界的に環境重視か経済重視か，グローバル化か地域化が進むのかという2つの軸を想定して，人口や経済成長がどのように推移するかの社会経済シナリオを描いているため，1.1℃〜6.4℃という気温上昇予測の幅ができている。これは，私たち人類がどのような社会のあり方を選択するかによって，今後の気温上昇が異なり，現時点では，地球温暖化の不可逆的な悪影響を回避することも可能であることを示唆している。

　わずかな気温の上昇であれば，一部の地域で農産物の増産など好影響もあるが，産業革命前から2℃以上の上昇は，ほぼすべての分野・地域に悪影響をもたらすと警告されている。世界の目標として「2℃」を超えない気温上昇が共通のものとなってきている。この目標を達成するためには大幅な温室効果ガスの排出削減が必要である。1990年を基準として，世界全体で2050年に50％以上，先進国は2020年に25〜40％，2050年に80％以上の削減を達成することで，2℃以上の気温上昇を回避できる可能性が高まるとされている。

3 国際的枠組みと低炭素社会・経済への移行

　地球温暖化を防止するための国際的な取り決めが「**気候変動枠組条約**」と「**京都議定書**」である。温暖化問題を解決するための枠組みについて合意している気候変動枠組条約は1992年に採択され1994年に発効した。その次の年から同条約の締約国会議が開催され，1997年に京都で開催されたCOP3（地球温暖化防止京都会議）で京都議定書が採択された。その後京都議定書は何度か消滅の危機に瀕したが，2005年2月16日に発効した。京都議定書のみでは地球温暖化の防止が達成できないが，持続可能でないこれまでの世界の発展の方向を変え，低炭素経済・社会に向かうための重要な一歩として位置付けられている。

　2012年に，京都議定書の第一約束期間が終了することにともなって，2013年以降の枠組みについて交渉が続けられ，2012年に開催されたドーハ会議で，京都議定書第二約束期間の継続と，2020年以降の新しい法的枠組みについて2015年までに合意するという「ドーハ気候ゲートウェイ」が採択された。今後の交渉の課題は多く，特に，科学が求めている削減目標とは大きく乖離している各国の削減目標を高めることとその目標達成を確実にする対策の強化が求められている。

　今後の社会・経済のあり方を誤れば，不可逆的な地球環境の悪化に陥る危険性がある。しかし，一部の地域・国で，再生可能エネルギーの普及，無駄なエネルギー使用の削減，交通体系の転換などの取り組みによって，地球温暖化を防止することと同時に，より豊かな暮らしや社会・経済活動を実現するための，持続可能な低炭素の社会・経済の構築が始まっている。

（田浦健朗）

▷**気候変動枠組条約**
気候変動問題の解決に向けて合意された国際条約。温室効果ガスの濃度の安定化を究極の目標としている。条約の発効後，毎年締約国会議（COP）が開催されていて，2012年には，カタールのドーハでCOP18が開催された。

▷**京都議定書**
COP3で採択され，2005年に発効した議定書。6種類の温室効果ガスを対象として，先進国に2008年〜2012年の削減義務を課している。1990年が基準年であるが，代替フロンは1995年を基準とすることもできる。国ごとに削減目標は異なり日本は6％，EUは8％である。

参考文献
江守正多（2012）『地球温暖化はどのくらい「怖い」か？』技術評論社
気候ネットワーク編（2009）『新版よくわかる地球温暖化問題』中央法規
IPCC編（2009）『IPCC地球温暖化第四次レポート』中央法規

さらなる学習のために
亀山康子・高村ゆかり編（2011）『気候変動と国際協調』慈学社出版
独立行政法人国立環境研究所地球環境研究センター（2010）『ココが知りたい地球温暖化2』成山堂書店
和田武・新川達郎・田浦健朗他（2011）『地域資源を活かす温暖化対策』学芸出版社

第2部　環境教育の対象

V　地球の環境

2　9つの地球環境問題

1　環境問題以前

　環境問題は今でこそ幼稚園や小学校から学習し，国民周知の問題であるが，日本で「環境」という用語が記録に登場するのは明治時代中頃に入ってからとされている。したがって明治初期以前にはこの国で目立った環境問題は恐らく生じていなかったものと推定される。環境を人々があえて意識する必要がなかったほど，特に自然環境は良好であったに違いない。明治に入って，大阪など都市部での生活環境の悪化や足尾鉱毒事件などが顕在化し，公害問題として当事者を中心に環境が意識されるようになったようである。むろん，国民全体の共通問題として環境を意識するようになったのは，これよりかなり後のこととなる。

2　環境問題への認識と問題の拡大

　1960年代以降の高度経済成長を経験した日本は，経済活動の急速な拡大とともに大量生産・大量廃棄が進行し，自然の浄化作用を超えて環境汚染を引き起こした。まず水系の汚濁に伴う水俣病やイタイイタイ病，大気汚染による喘息などの呼吸器病など被害者・加害者が比較的明確で発生が特定できる「公害」として，その後工場や自動車の排気ガスによる広域で国境を越えた大気汚染や酸性雨，フロンガスの放出によるオゾン層の破壊，化石燃料の使用過多による温暖化など，被害者と加害者の境が不明瞭で地球規模で発生する，地球環境問題が顕著になった。

3　9つの地球環境問題

　現在，人類がもたらした地球規模の環境問題として9つの問題が提起されている。すなわち，①オゾン層の破壊，②地球の温暖化，③酸性雨，④熱帯林の減少，⑤砂漠化，⑥開発途上国の公害，⑦野生生物の減少，⑧海洋汚染，⑨有害廃棄物の越境移動，である。

　これらの環境問題は，次のような主要な共通点があげられる。①それぞれの問題が単独で存在するのではなく，かなりの程度相互に関連しあって，それゆえに解決への道筋が複雑で見えにくい傾向が強い。②問題にかかわる当事者が不特定・多数である場合が多いがゆえに，自らの問題として1人ひとりに認識

▷1　文部科学省の学習指導要領によれば，環境教育はすべての教科・時間において触れることを要求している。特に「総合的な学習の時間」において環境に関する学習を例示している。

▷2　こうした公害問題に対応すべく，当時の政府は1970年代のいわゆる公害3法を制定するに至った。この時期が公害防止の幕開けとなり，今日，日本は世界に冠たる公害防止技術を持つまでに発達を遂げていく。

▷3　9つの環境問題のうちオゾン層の破壊は他の問題との関連性が比較的薄く，その原因がフロンガスの大気への放出で，これだけを止めるとこの問題は解決することになる。しかしオゾン層の破壊は，地表でこれまでに放出したフロンガスが成層圏のオゾン層に到達するまでの数十年間は続くことになる。

させるのが困難となることが多い。③経済発展や生活の質・利便さにかかわる問題であるため，個人や国家レベルでの利害対立に結び付き，南北問題[4]とともに解決を困難にしている。④他者に迷惑がかかると頭ではわかっていても，自らの目先の利益のためにあえて環境汚染をもたらす行為をとるようなモラルの欠如を咎めるのが，人間の性（さが）として困難なケースも多い。⑤解決には長期的な見通しを要求されることが多く，世代間を超えた努力が要求され，後世代に「つけ」を廻すことになりがちである。⑥対応いかんでは解決不能となり，人類の生存や社会の持続性を脅かす可能性がある。⑦以上の諸点から見て，いずれもかなりの難問でその解決には思い切った決断と相当の努力が人類に要求される。

4　9つの環境問題と環境教育

人類が直面する9つの地球環境問題は人類共通の問題であり，世界中の環境教育で主要な題材として扱われるべきものである。これら問題の解決には科学・技術の発達や各国の経済発展が深くかかわるものの，私たちの自然環境や他者に対するモラルや生活の質にかかわる価値観，延いては人生観の持ち方・とらえ方とのかかわりも相当に深い。9つの環境問題の解決は，環境教育の究極の目的としてその根幹にかかわっていると言える。

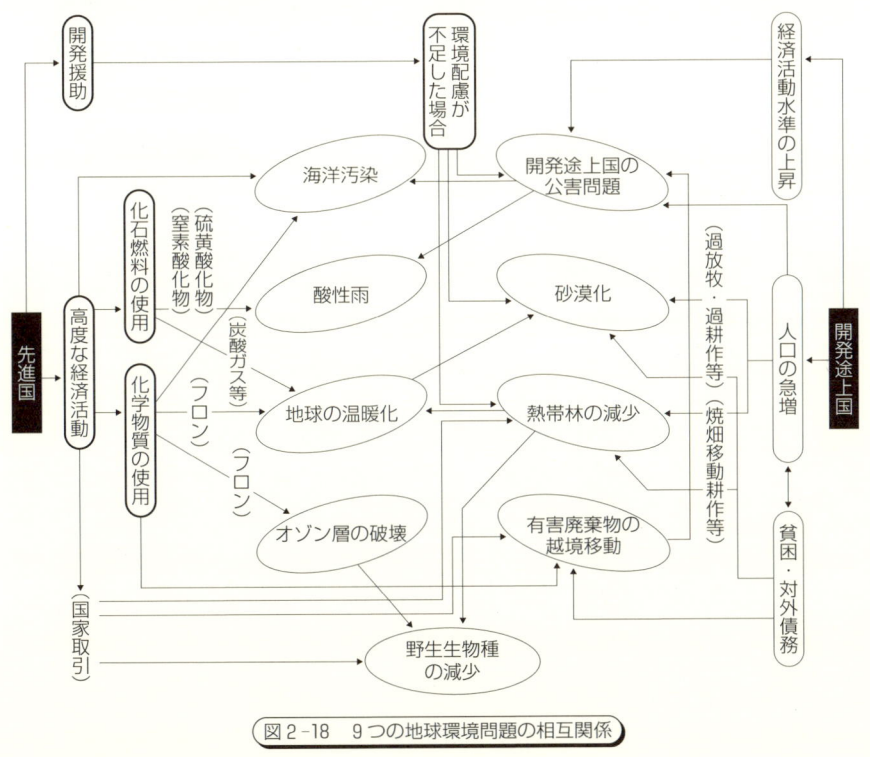

▷4　経済発展の先進国の多くは北半球，途上国の多くは南半球に存在しており，両者の対立がいわゆる南北問題であるが，温暖化防止のためのCO_2排出規制など経済発展に関連深い環境防止の対策でも両国間で対立することが多い。

図2-18　9つの地球環境問題の相互関係

出所：地球環境研究会編（2008）

（土屋英男）

参考文献

環境問題に関する書籍は数多く出版されている。以下には最近刊行された入門書の例を示す。

河本桂一編（2010）『別冊日経サイエンス　エネルギー・水・食糧危機：持続可能な社会を目指して』日経BP社

地球環境研究会編（2008）『地球環境キーワード事典』中央法規出版

増田啓子・北川秀樹（2009）『初めての環境学』法律文化社

山崎友紀（2010）『地球環境学入門』講談社

Ⅴ 地球の環境

3 人口爆発

① 世界のマクロな人口動向

2011年10月31日，世界の人口は推定で70億人に達した（図2-19）。十数万年前の人類（ホモ・サピエンス）誕生以来，緩やかに増加を続けてきたが，紀元前後においてもその総数はおよそ3億人程度であった。倍増し，6億人になるのにもおよそ1600年かかった。その世界人口が，1950年以後，急増し始めた。1950年に25億人であった人口が50億人になるのには，わずか37年しかかからなかったし，2050年には92億人に達すると予測されている（**国連人口基金**，**世界人口白書**）。

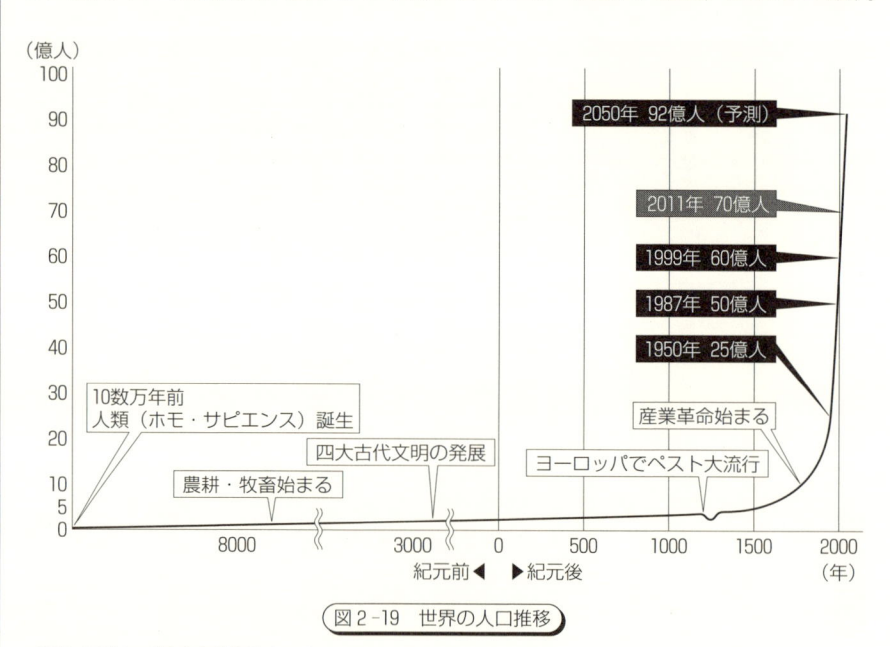

図2-19 世界の人口推移

出所：国連人口基金東京事務所（2011）

一般に，人口の成長は2つのフィードバック・ループが支えている。1つは図2-20の左側に示す正のループ（プラス要因）であり，もう1つは右の負のループ（マイナス要因）である（メドウズ，22）。正のループにおいては一定の平均**出生率**のもとでは人口は増え続けるが，負のループにおいては一定の平均死亡率のもとでは減少し続ける。

つまるところ，両者のバランスで人口動態は決まる。理屈の上では率の高低にかかわらず，同一地域の出生率と死亡率が同じであれば人口は定常状態を保つ。産業革命以前には世界のそれらはどちらも高率であったが，わずかに出生

▷**国連人口基金**
正式名称は「国際連合人口活動基金」。毎年，「世界人口白書」を発表し，主に発展途上国における人口問題に対する啓発と援助を行う。21世紀の人類が直面している最重要課題の1つである地球的規模の人口問題を，単なる数の問題ではなく人間の尊厳の問題として取り組む。特に政策づくりと実施の両面から，貧困削減や持続可能な開発，国勢調査を含む研究調査などの支援活動，またこれらの問題に対する啓発活動を行っている。

▷**世界人口白書**
1978年以後，毎年制作されている国連人口基金（UNFPA）の公式出版物。人口問題に関連する様々な課題に焦点が当てられている。最近では，性と生殖に関する健康，女性のエンパワーメント（女性の能力強化を通じた社会的地位の向上），ジェンダー（男女の社会的性差）の平等，人口移動，都市化，文化などのテーマが取り上げられてきた。1986年からは日本語版も制作されている。

▷**出生率**
出生率は一般に「合計特殊出生率」として表す。合計特殊出生率とは人口統計上の指標で，1人の女性が一生に産む子供の平均数を示

率が死亡率を上回っていたために，人口は緩やかに増加した。産業革命以後，世界の人口が急増するようになったのは，近代医学，公衆衛生技術，および食糧生産の全体的な拡大に伴って，世界中で死亡率が低下したことにより，出生率と死亡率のバランスが崩れたためである。

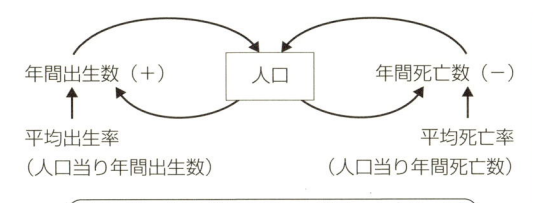

図2-20 人口成長のフィードバック・ループ
出所：メドウズ（1972）

② 南の人口増加と北の人口減少

しかし，今日世界の人口問題は一様ではなく，南の途上国の「人口爆発」と北の先進国における「少子化」という全く異なった２つの様相を呈している。日本やドイツなど北の先進国の一部では，死亡率の低下を上回る出生率の低下によって，すでに人口の減少が始まってさえいる。

一方，南の途上国では，出生率，死亡率ともに北の先進国に比べて高率となっており，さらに，高死亡率を上回る高出生率が人口爆発の原因となっている。とりわけアフリカの人口増加は急激であり，国連の将来推計によると，アフリカの人口は2050年に20億人となり，今後40年間にさらに現在の２倍以上になるという。ここで忘れてならないのは，高死亡率と高出生率の両者が，貧困や食糧不安等の経済的要因を媒介として連動していることであり，さらに，女性や子どもの人権の軽視といった社会的問題とも深くかかわっていることである。

③ 成長の限界と持続可能な開発のための教育（ESD）

南の人口急増は，食糧，用地・用水，住宅・雇用といった様々な不足を引き起こす。そして，それらの結果として南の国々に貧困がもたらされる。また，増大した人口圧力は，途上国における公害問題のみならず，砂漠化，熱帯林の減少，野生生物の減少，有害廃棄物の越境移動，海洋汚染，地球温暖化といった先進国をも巻き込む地球規模の環境問題とも，直接・間接に結び付いている。

かつて，環境問題を含む現代的諸問題と人口問題との関連に，最初に警鐘を鳴らしたのは1971年の**ローマ・クラブ**・レポート『成長の限界』であった。曰く，「世界人口，工業化，汚染，食糧生産，および資源の使用の現在の成長率が不変のまま続くならば，来るべき100年以内に地球上の成長は限界点に達するであろう」（メドウズ）。レポートは５つの問題群のうち，とりわけ人口問題を重視したが，その危機はますます現実のものとなりつつある。

世界の成長の限界を前にして，世界が持続可能であるために，持続可能な開発のための教育（ESD）の重要な論点の１つがここにある。 （水山光春）

す。この指標によって，異なる時代，異なる集団間の出生による人口の増減を比較・評価することができる。合計特殊出生率が２であれば人口は横ばいを示し，これを上回れば自然増，下回れば自然減となる。「世界人口白書2011」では，先進諸国の合計特殊出生率は約1.7であるのに対して，後発開発途上国の同率は4.2，サハラ以南のアフリカ諸国では4.8と報告されている。

▶ローマ・クラブ
資源・人口・軍備拡張・経済・環境破壊などの全地球的な問題を主な検討対象として設立された民間シンクタンク。1970年３月発足。定期的に研究報告を出しており，メドウズらによる第一報告書『成長の限界』（1972）や，その続編『限界を超えて―生きるための選択』（1992）などがある。近年は，「世界発展のための新しい道」として環境問題など５つの分野で提言を行っている。

参考文献
国連人口基金（2011）「世界人口白書2011（日本語版）」，英語版はUNFPAホームページ参照（http://unfpa.org）
国連人口基金東京事務所（2011）「日本語版国連人口基金パンフレット」p. 11（http://www.unfpa.or.jp/cmsdesigner/data/entry/publications/publications.00003.00000003.pdf）（2012年１月１日閲覧）
D. H. メドウズ他（1972）『成長の限界：ローマ・クラブ「人類の危機」レポート』ダイヤモンド社

Ⅵ 自然と環境

1 生態系（エコシステム）

1 生態系

自然は「野生の生きもの」「水」「大気」「土」「太陽光」の5つの要素から成り立っている。この5つの要素が関係し合うシステムを生態系という。私たちの周りには，樹林，池沼，草地など，様々な生態系が見られる。5つの要素のうち，野生の生きものは，水や大気，土が失われたり，汚れたり，また循環が途絶えたりすれば生きてはいけない。コウノトリ，キツネ，オオタカなど地域に本来生息している野生の生きものが，今なお暮らしていることこそ健全な自然の生態系が維持されていることのバロメータとなる。

2 生態系を守る理由

生態系は人類生存の基盤である。健全な生態系があって健全な経済や社会が成り立つ。1992年の「**環境と開発に関する国際連合会議（地球サミット）**」で採択された行動計画「**アジェンダ21**」では，社会や経済と，生態系を結び付けて考えていくことが重要であるとされた。2005年に発表された「**国連ミレニアム生態系評価**」では，社会や経済に対する自然の恵みを「生態系サービス」という言葉を用いて整理した。この生態系サービスは，さらに「供給サービス」「調整サービス」「文化的サービス」「基盤サービス」の4つに大別される。供給サービスとは，食料や衣料，木材や水など，私たちが生きていく上で必要な自然の資源を供給するサービスを言う。野生の生きものの遺伝子も，バイオテクノロジーの発達により，医療や農業，工業など様々な分野で利用されるようになった。調整サービスは，水や大気を浄化したり，災害時の被害を軽減したり，私たちが健全に暮らす環境を保つサービスを言う。文化的サービスは，自然が培った風景，文化，レクリエーション，癒しなど精神面や文化面でのサービスを言う。基盤サービスは，光合成により酸素をつくったり，栄養豊かな土壌をつくったりするなど，他のサービスの基盤となる自然の働きを言う。国連ミレニアム生態系

▷**環境と開発に関する国際連合会議**
1992年6月にブラジルのリオ・デ・ジャネイロで開催された首脳レベルでの国際会議。この会議を引き継ぐかたちで，2002年には「持続可能な開発に関する世界首脳会議（リオ＋10）」，2012年には「国連持続可能な開発会議（リオ＋20）」が開催されている（⇨1-Ⅰ-1）。

▷**アジェンダ21**
持続可能な開発を実現するための人類の行動計画。①社会的・経済的側面，②開発資源の保護と管理，③主たるグループの役割強化，④実施手段，の4部構成となっている（⇨1-Ⅰ-4）。

▷**国連ミレニアム生態系評価**
2001〜2005年に，国連の提唱により95カ国1360人の専門家が参加のもと，生態系の変化が社会，経済にどう影響を及ぼすかについて調査したもの。

図2-21　生態系ピラミッド
出所：（財）生態系協会

評価では，経済が発展する一方で，全体の6割に及ぶ**生態系サービスの劣化**が報告された。生態系サービスの劣化は，例えば，水や土，野生の生きものといった自然の資源の喪失から農林水産業や工業など産業に悪影響を及ぼす。こうしたことにより，各国で経済や社会が持続できなくなる恐れがある。あわせて，水をきれいにしたり，カラスやシカなど特定の生きものが増えることを抑制したりするなど今まで自然が無償で行ってきた働きを，これからは私たち人間が莫大な費用を投じて行わなくてはならないことも，経済を圧迫する大きな要因となる。

▷生態系サービスの劣化
国連ミレニアム生態系評価では，漁獲，遺伝子資源，水，大気の浄化機能，病害虫の抑制，防災などのサービスが劣化していると報告された。

❸ 生態系を次世代に引き継ぐことができる経済や社会に

食糧，薬の原料，きれいな水，栄養豊かな土を提供する，生態系サービスの維持は，社会や経済の最重要課題である。生態系サービスの劣化の原因は，2つに大別できる。1つは，人口増加による都市開発や農地の拡大，自然の資源の搾取を通じ，自然を直接破壊することである。もう1つは，大量生産，大量流通，大量消費，大量廃棄の過程から排出される固体や液体，気体からなる**ごみによる破壊**である。こうしたことから，生態系サービスを劣化させないためには，エコロジカルネットワークによる「人と自然が共存したまちづくり」と，「大量のゴミを排出しない質素な社会づくり」が欠かせない。そのために，奥山の自然環境の保全とあわせて，都市計画，農林水産業や工業など各産業分野において生態系の保全がどのように議論され，取り組まれているかを，環境教育でも積極的に扱っていくことが求められる。

▷ごみによる破壊
例えば，地球温暖化の問題は，自然界が処理しきれないほどの二酸化炭素などのごみを排出したことにより生じた問題と言える。

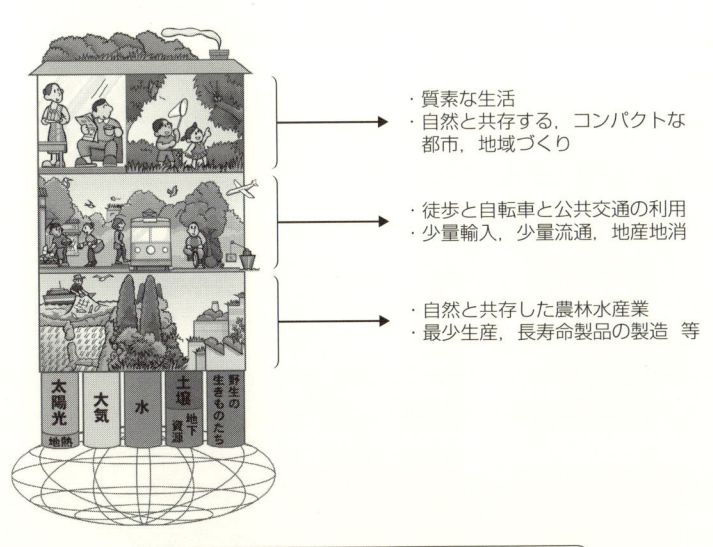

図2-22 生態系を持続させる社会・経済のイメージ
出所：(公財) 日本生態系協会作成

(田邊龍太)

参考文献
(財) 日本生態系協会 (2006)『環境を守る最新知識 (第2版)』信山社
Millennium Ecosystem Assessment 編／横浜国立大学21世紀COE 翻訳委員会訳 (2007)『生態系サービスと人類の将来』オーム社

第2部 環境教育の対象

VI 自然と環境

2 種の保存と生物多様性

1 日本の野生生物の現況

わが国における**レッドリスト**によると，絶滅の危機に瀕している種の中には，一昔前まで私たちの身近な野生生物であったメダカや秋の七草の1つであるキキョウなども含まれている。また，全国的にはまだ危機的な状況ではなくとも，地域レベルでは絶滅あるいは絶滅の危機にある種が多く見られる。地域レベルでの絶滅は，国レベルでの絶滅への一歩と言える。地域ごとに現況を把握するために，都道府県レベルでもレッドリストが作成されている。

2 生物多様性を守る

気温，降水量，日照条件，土壌条件などにより，樹林や湖沼，湿原など，地域によって様々なタイプの自然が形づくられる。それぞれの自然には，その環境を好む生きものが暮らす。長い時間を経て，そこに暮らす生きものの遺伝子はその地域特有のものへと変化する。例えば，同じ種類のホタルでも，遺伝子の違いから西日本型と東日本型に分かれ，発光の間隔が異なることがわかっている。こうしたことから，地域や流域を越えて生きものを移動することは，深刻な**遺伝子汚染**を引き起こすことになる。生物多様性を守るとは，単に生きものの種類の多様さを守るということではなく，こうして長い時間をかけてつくられてきた，その地域ならではの生態系，野生の生きもの，生きものの遺伝子を守ることに他ならない。

▷レッドリスト
絶滅のおそれのある野生生物種のリスト。このリストによると，わが国では維管束植物では3種に1種，哺乳類では2種に1種，鳥類では5種に1種，両生・爬虫類では3種に2種，汽水・淡水魚類では2種に1種が絶滅，または絶滅の危機を迎えている。

▷遺伝子汚染
ある地域特有の野生の生きもの遺伝子が，他地域の同種あるいは近縁種との交雑により失われること。メダカやホタルなど，生きものの放流・放虫活動のときなど注意が必要である。

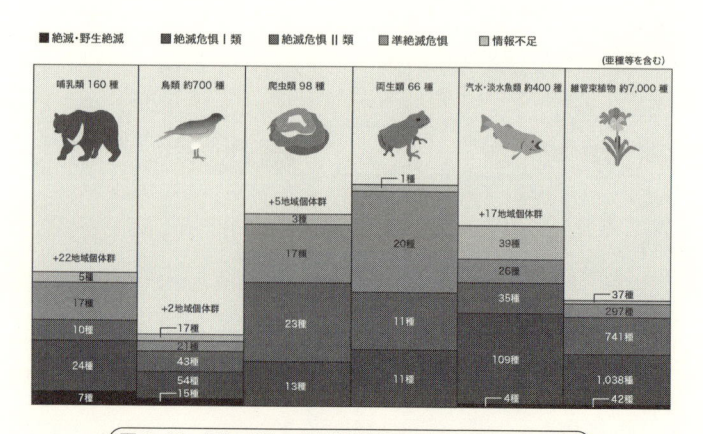

図2-23 国レベルで絶滅が懸念される野生動物の割合

出所：環境省資料（平成24年8月）等をもとに（公財）日本生態系協会作成

3 生物多様性の破壊の原因

わが国の生物多様性の破壊の原因には，都市計画や農村計画などのあり方が大きく影響している。住宅地や道路，工場，農地などを無秩序に増やす計画を推し進めた結果，多くの野生生物のくらす場所を喪失させることになった。また近年では，ウシガエルやブラックバスなど人間が持ちこんだ外来生物による影響が深刻な問題となっている。こうした現況を踏まえて，**特定外来生物による生態系等に係る被害の防止に関する法律（外来生物法）**が施行された。

4 国際社会の動向

生物の多様性に関する条約が，1992年にリオ・デ・ジャネイロにおいて開催された環境と開発に関する国際連合会議（通称地球サミット）において調印された。2010年10月には，名古屋市で第10回の締約国会議（COP10）が開催され，遺伝子資源へのアクセスと利益配分（ABS）に関する名古屋議定書と，2011年以降の新戦略計画「**愛知ターゲット**」が採択された。

5 くにづくり，まちづくり

生物多様性を取り戻すためには，単に生きものを増殖させるだけでは難しい。野生の生きものが生きていくための**ビオトープ**の確保が必要である。地域に，本来どのようなタイプのビオトープがあったのか，絶滅のおそれがある生きものが暮らすために必要なビオトープは何かを整理し，長期的なくにづくりやまちづくりの計画の中で，地域に本来あったビオトープの保全，再生，創出を進めていくことが必須となる。また，生きものが移動できるように，**エコロジカルネットワーク**されたまちづくりやくにづくりを最低限，実現することが求められる。

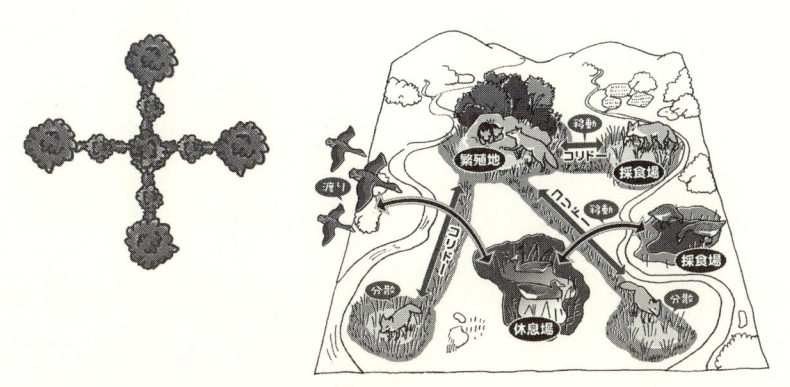

図2-24　エコロジカルネットワークのイメージ

出所：(公財)日本生態系協会作成

(田邊龍太)

▷特定外来生物による生態系等に係る被害の防止に関する法律
生態系，農林水産業などに悪影響を及ぼす外来生物を特定外来生物として指定し，飼養，栽培，保管，運搬，輸入などを規制した。2011年1月現在，特定外来生物には，ブラックバスやウシガエル等が指定されている。

▷愛知ターゲット
2050年までに自然と共生する世界を実現するために，まず2020年までに生物多様性の損失をとめるための効果的かつ緊急的な行動の実施を求めている。

▷ビオトープ
地域の野生の生きものが暮らす空間を意味する。樹林，草地，池沼など，地域の特色に応じて様々な種類に分けられる。

▷エコロジカルネットワーク
野生の生きものが移動できるよう，自然をかたまりで確保し，最低限つなげることをいう。自然と共存したまちづくり，くにづくりの基本的な考え方になる。

(参考文献)
（財）日本生態系協会(2006)『環境を守る最新知識（第2版）』信山社
（財）日本生態系協会(2008)『(新装改題版)学校・園庭ビオトープ』講談社

Ⅶ 文化と環境

1 町家・町並み保存

1 町家とは

　京都の地域資源・観光資源の1つとして「町家」がある。その町家に近年注目が集まるようになってきた。
　「風が通って涼しい！」うだるような暑さの京都の夏，外から町家に入って来た人が，最初に漏らす感想がこれである。
　その昔，吉田兼好は『徒然草』の中で「家の作りやうは，夏をむねとすべし。冬は，いかなる所にも住まる。暑き比わろき住居は，堪へ難き事なり」と記したが，冷房のない時代，京都の人はいかに暑い夏を快適に過ごすかを考え，風通しの良い家の造りにし，夏は障子やふすまを葦戸に替え，また畳の上に竹むしろを敷くという具合にしつらえ替えをし，打ち水をすることで涼を取った。
　上記のようなエピソードや『徒然草』の記述にもあるように，町家は，京都特有の風土に合わせて作られた建物である。その特徴は，かつて家屋の間口に応じて課税されていたために，できるだけ間口を広く，奥に建物を伸ばす，いわゆる「うなぎの寝床」と呼ばれる形の建物で，部屋は縦に連なり，部屋の横には，表から奥までをつなぐ土間である「通り庭」を設けている。このように奥に長い造りであるため，昼間でも部屋の中が薄暗い。そこで，坪庭や通り庭に設けられた炊事場の天井を吹き抜けとし，そこに高窓を設けることで，炊事の際に出る湯気や煙を抜いたり，風を通したり，光を取り入れる工夫をしている。
　すなわち京町家は，エアコンもなかった時代に，暑い京都の夏を少しでも快適に乗り切るかということの知恵や工夫の詰まった「エコハウス」であると言えよう。

2 京町家の置かれている現状

　近年，京都らしい風情を活かし，レストランやカフェ，ギャラリーとして活用されるケースが目立ってきているが，その数は減少傾向にある。

図2-25　京町家の「通り庭」
出所：京都市下京区「四条京町家」にて。筆者撮影

伝統的木造建築である「京町家」は，1998年の京都市都市計画局と京都市景観・まちづくりセンターによる「京町家まちづくり調査」によると，上京・中京・下京・東山の都市4行政区で2万8000軒あることが，2003年にはその約10％が減り，約2万5000軒残っていることが，また，京都市等による全戸実態調査では，市内全域に約4万7000軒が現存していることが明らかになった。

しかし，特に都心部では，周辺にマンション等高層のビルが建ち並び，その合間に町家がぽつぽつと残っているというエリアも多い。また，エアコン完備の建物が周辺に増える中で，室外機の排熱に影響されるなど，町家を取り巻く環境は必ずしも良くなくなっている。

また，人気の「町家店舗」も，中にはその構造や良さを考慮しない粗雑な改修を施し，それがためにその店舗が退去した後にはもう元に戻せないものもあるとのことである。町家が減っていく理由はいくつかあるが，少なくとも現存する町家を適切に修繕・改修したり，再生し，活用していくための知恵を集めたり，制度を作ることは，京都のまちづくりにとっても喫緊の課題となっている。

3 景観・街並み保全はなぜ大切か

今日の観光の中心は，団体旅行から個人やグループ単位へ，名所旧跡めぐりから訪れたまちの魅力を楽しんだり体験したりする形に変化している。また，魅力的な建物や，それらが建ち並ぶ雰囲気にあこがれてその地域に住んだり，事業を始めるということもある。さらには，そこでインスピレーションを受けた人たちによって，新たな文化創造がもたらされることもある。

すなわち，都市の持続的発展のためには，**ジェイコブズ**も言ったように古い建物や，伝統的な街並みを大切にしつつ，適切に活用することが必要である。なぜなら，その地域の風土や時代時代の建物等の集積が，「地域の顔」となり，そのことによって，観光が盛んになったり，そこで新たな事業を始める人が出てくるといった**外部経済**をもたらすからである。逆に，土地所有者が私益を最大化しようとして高層ビルをこぞって建てれば，地域の景観そのものの価値は減耗する。さらに言えば，古くても使える建物を大切に使うことは，スクラップアンドビルド型と違い，建物の解体時に大量の廃棄物を出すこともなく，環境にも優しい。このような背景から，国は「美しい国づくり政策大綱」（2003年）を受けて制定された「景観法」（2004年）や，「地域における歴史的風致の維持及び向上に関する法律」（歴史まちづくり法，2008年）といった景観保全にかかわる法を整備したり，地方公共団体が景観条例を定めるに至った。

歴史的な建築物を残し，保存しながら，居住や事業等において適切な活用をしていくという取り組みは，単なるノスタルジーではなく，地域の文化的価値を高め，経済的にも好影響を与えつつ，環境にも配慮した持続的な地域づくりをもたらすものであると言えよう。

（滋野浩毅）

▷**ジェイン・ジェイコブズ**
(Jane Jacobs：1916-2006)
ジェイン・ジェイコブズは，アメリカ合衆国出身のジャーナリスト，思想家，活動家。主な著作に『アメリカ大都市の死と生』（1961）や，『都市の経済学』（1986）等がある。

▷**外部経済**
ある経済主体（企業・消費者）の行動が，市場を通じないで他の経済主体に影響を与えること。ここでは他の経済主体にとって有利に働く場合のことを指しており，「正の外部性」ともいう。反対語は「外部不経済」もしくは「負の外部性」（⇒ 3-Ⅳ-3）。

参考文献

J.ジェイコブズ著，山形浩生訳（2010）『アメリカ大都市の死と生』鹿島出版社

宗田好史（2008）『町家再生の論理』学芸出版社

宗田好史（2009）『創造都市のための観光振興』学芸出版社

真山達志監修（2009）『入門 都市政策』（財）大学コンソーシアム京都

さらなる学習のために

はんなり京町家（http://www.kyo-machiya.jp/）
景観法（http://www.mlit.go.jp/crd/townscape/keikan/）
地域における歴史的風致の維持及び向上に関する法律
（http://www.mlit.go.jp/toshi/rekimachi/toshi_history_mn_000002.html）

Ⅶ 文化と環境

2 環境教育関連施設・センター

① パートナーシップによる拠点施設運営

　環境教育で扱われるテーマ・対象は非常に多様であり，取り組み方・主体もまた多様である。ここでは，環境教育拠点施設に焦点を当て，特に京都市にある京(みやこ)エコロジーセンター（京都市環境保全活動センター；以下，「センター」と略称）を例に述べる。

　センターは，京都市が2002年４月に設立した環境教育拠点施設である。設立の経緯は，1994年３月の「京都市廃棄物削減等推進審議会」答申に遡る。答申には，「ごみ問題の環境教育の拠点が必要」との提言が盛り込まれた。当時の京都市は人口増加に伴う一般家庭からの廃棄物が増加の一途を辿り，最終処分場の確保は喫緊の課題であった。そのため，廃棄物排出量の削減とともに，廃棄物削減を市民に啓発していくことは必然の流れであった。また，琵琶湖の水質汚染問題の流れを受け，市民の環境問題に対する関心が高いという地域性もあり，市民の側から，環境保全活動を支援するための拠点施設設立の要望は従前より根強くあった。このような背景から，市民，NPO，事業者，教育関係者，学識経験者，行政との協働により，施設設立に向けた協議が進められた。また，1997年12月の地球温暖化防止京都会議（COP3）の開催，それに続く京都議定書の締結は，これらの動きを大きく後押しするものとなった。

　こうして誕生したセンターは，従前の行政主導の施設とは大きく異なり，「市民主体の環境学習の場」のために全てがデザインされた，唯一無二の施設として完成した。開館より10年を経た今でも，様々な主体によるパートナーシップによる事業運営（前述した主体により構成された事業運営委員会が事業の意思決定を行っている）を行っていることも，この施設の大きな特徴の１つである。

② 市民主体の環境学習

　センターでの環境学習の場づくりは，多くの**市民ボランティア**によって支えられている。法規制や技術革新ではなく，市民主体の環境学習を推進することが当初よりのミッションとして掲げられており，市民ボランティアは，センターに来館する市民と同じ目線に立って，案内や解説を行っている。
　この市民ボランティアには，「３年」という任期が定められている。これは，センターでの３年間の活動で，来館者に展示物や施設の案内をすることや，市

▷市民ボランティア
センターのボランティアは，３年間「エコメイト」という名称で活動している。任期中は，案内活動，グループ活動，サポート活動の３つの活動を行っている。案内活動とは，センターの展示を活用し，来館者とのコミュニケーションを図る活動である。グループ活動とは，ボランティア間での協働を企てる活動である。サポート活動とは，センターの主催事業や外部出展事業に運営スタッフとして参画する活動である。これらの活動を通じ，コミュニケーションスキルの向上を図っている。

民ボランティア同士で環境学習の場づくりを行うことを通じ，コミュニケーションスキルをはじめとした問題解決能力を身につけ，それを3年の任期終了後に，地域で活かすことを目的としている。

センターで市民ボランティアとして活動するに当たっては，事前に養成講座を受講することになっている。講座の中身は大半がコミュニケーションの理論と実践であり，環境の知識に関するものはごく一部である。受講される方の多くは，自身の知識不足に不安を感じ，知識情報を得て理論武装をしたくなるものであるが，知識が先行すると，知識に頼ってしまい，来館者とのコミュニケーションは生まれにくくなってしまう。

さらに，実際にセンターのボランティアとして活動し始める段階においても，センター側からは展示物や施設の趣旨説明は行うものの，案内マニュアルの類いは一切用意していない。あくまで，個々のボランティアの経験にそって，展示物が内包する「考え方」を伝え，それをもとに来館者とのコミュニケーションを図り，来館者の考えを引き出していく（来館者の主体性を引き出す）ことを意図している。ボランティアには，非常な困難を強いているが，結果としてボランティア自身のコミュニケーションスキルを向上させるとともに，案内の画一化を防ぎ，案内をする人が変われば，また違った視点での案内を楽しめるという状況を生み出している。決して，行政の方針を市民に伝達することが役割ではなく，あくまで来館者と同じ視点に立って考える・考えを引き出す役割を担っている。このような経験を積み重ねることで，参加者主体の場づくりを学び，地域に出て行ったときにも，地域の人たちの主体性を引き出し，地域における主体的な環境保全活動を「そそのかす」ことができるようになる。単に来館して楽しむだけの場ではなく，環境学習の人材育成の場となっている。

3 施設を貫くコンセプト

様々な要素が絡み合い，複雑化する環境問題の解決には，様々な主体によるパートナーシップによる解決が必要不可欠である。そこで，センターの事業運営もパートナーシップを基本とし，様々な主体の持ち味を互いに引き出し合い，多様な切り口から行っている。センター単独で事業運営することに比べ，パートナーシップによる運営は非常に手間がかかる。しかし，問題解決の糸口を探っていくと，必然的に単独の視点や発想だけでは行き詰まることに気がつく。これらの積み重なりの中から，市民（ボランティア），NPO，事業者，教育関係者，学識経験者，行政，そしてセンターとの連携が生まれていった。センターは，「人材育成」というキーコンセプトを基に，育ったひとが活躍する「場づくり」，そしてその場が機能していくための「仕組みづくり」，また，活動を「支援」したり，活動に必要な「情報発信」をしていくことで，多様化する環境問題を解決しようとしている。

（岩松　洋）

▶養成講座
センターでボランティア登録をする前に，約半年間の講座を受講することが登録の前提となっている。この講座では，ボランティアは，センター事業の協働パートナーとして，市民主体の環境学習を進める役割であるという視点から，ボランティア，グループ運営，環境問題，環境学習の場づくりの切り口から内容を構成している。これら切り口を，事前説明，養成講座，現場実習，登録という流れで構成し，学びややる気を段階的に高め積み上げるよう構成している。

▶センターの事業運営
センターの事業運営には指定管理者制度が適用されている。京都市は，様々な主体とのパートナーシップによる運営を指定管理者に求めており，事業運営委員会の設置を仕様書に盛り込んでいる。指定管理者（（財）京都市環境事業協会）により設置され，様々な主体により構成された事業運営委員会は，センター事業運営の最高意思決定機関として存在している。また，事業運営委員会の下に，3つの事業部会が設置され，この場で議論された事業の詳細を事業運営委員会に上申し，意思決定を行っている。

参考文献

川島憲志，岩木啓子（2008）『元気な活動応援ブック』日本生活協同組合連合組合員活動部

日本ボランティアコーディネーション協会（2009）『市民社会の創造とボランティアコーディネーション』筒井書房

第2部　環境教育の対象

Ⅶ 文化と環境

3 エコツーリズム

1 エコツーリズムとは？

　かつてのパッケージツアーに代表される，大勢の観光客が一挙に押し寄せ，水やエネルギー等を大量に消費する旅行形態は，多くの観光地で交通渋滞や大気汚染，ごみの大量発生など，観光公害とも言える問題を発生させた。また，マスツーリズム型観光へ対応するための大規模な観光開発が行われることにより，美しく豊かな自然が大きなダメージを受け，地域の文化やくらしにも影響を及ぼした。そこで，地域の自然，文化，くらしなどを大切にし，環境へのインパクトができるだけ少ない「エコツーリズム」という概念が台頭してきた。

2 エコツーリズムの定義

　エコツーリズムの定義について，例えば日本自然保護協会（以下，NACS-J）では，次のようなガイドラインをつくっている。
　「旅行者が，生態系や地域文化に悪影響を及ぼすことなく，自然地域を理解し，鑑賞し，楽しむことができるよう，環境に配慮した施設および環境教育が提供され，地域の自然と文化の保護・地域経済に貢献することを目的とした旅行形態」（『NACS-J エコツーリズム・ガイドライン』より一部抜粋）
　ただ，エコツーリズムの実践が大自然の中でしかできないのかと言えば，そうではない。例えば，京都は世界的にも観光都市として有名だが，京都のまちなかであっても実践は可能だ。京都には，自然によって育まれてきた地域の衣・食・住の文化，暮らし，歴史，伝統，環境などを大切にし，地域の人と交流しながらじっくりと本物の京都に触れる旅を，**アーバン・エコツーリズム**としてすすめてきた環境団体や市民がいる。

3 訪れる人と地域住民の学びの機会に

　世界中で観光への関心が高まり，エコツーリズムへの注目も高まっている。自然やモノにとどまらず，地域固有の風土を活かした生活・文化，人までをも含めた資源の保全と活用，それらをベースにしたエコツーリズムは，住む人にとっても自分たちの地域の資源をあらためて確認し，見出す機会にもなる。
　熊本県**水俣市**では，「ないものねだりから，あるものさがし」をキーワードに，訪れた人と地域の人が一緒になって地域の宝を見出し磨きをかけている。

▷アーバン・エコツーリズム
大自然体験型ではない都市型のエコツーリズムのこと。
▷水俣市
熊本県にある環境モデル都市。水俣病によりバラバラになった人間関係やコミュニティを「環境」の視点で再構築した。地域をそのままミュージアムとしてみたてた「村まるごと博物館」は，地域と住民に活気を取り戻した。

地域住民が**インタープリター**となり訪問する人に地域の魅力を伝えているが，それ自体，地域住民の環境学習の機会にもなっており，訪れる人と迎える側，双方の学びの機会となっている。「環境」「観光」「地域」を結びつけたエコツーリズムの実践である**エコツアー**は，受け入れる側にとって，地域の宝の新たな発見と愛着につながるとともに，地域への誇りとなっている。また，住民の意識が「なにもないまち」から「こんなに宝があるまち」に変化したことで地域活性化にも大きく貢献している。

④ 修学旅行とエコツーリズム

修学旅行を環境に配慮し，環境教育の場としてとらえ実践している事例がある。京都にあるNPO法人「**環境市民**」では，1994年から1996年にかけてトヨタ財団からの研究助成を受けて「京都にやさしい修学旅行プログラム：エコツーリズムから修学旅行を考える」という調査研究を行い，その成果をもとにプログラムを開発し，「エコ修学旅行」として近畿日本ツーリストで商品化した経緯がある。プログラムは，次の5つから構成されている。

① 環境列車エコモーション号で自然体感旅行（鞍馬・貴船）
② 京都を小鳥の目で見てみよう（大文字山）
③ **エコマップ**をつくろう（市内各所）
④ お寺の森の自然体験教室（市内各所）
⑤ アーティストの目で京都を見つめる（市内各所）

どのプログラムにも共通しているのは，どれだけ多くの観光地を巡ることができるかではなく，限られた時間であっても地域の人たちやインタープリターと交流し，自らが主体者となり京都を発見することだ。お仕着せの京都観光では決して体験できないプログラムである。また，この体験は，修学旅行生が自分の住む地域に戻ったときに活かすことができる。同じようにまちの宝を発見するプロセスで，本当に大切にしていきたい地域の資源は何なのか，環境や景観，自然を大事に考えるとまちや自分たちのくらしはどのように変わるのかを発見してゆくことができるプログラムなのだ。現在，このプログラムは京都の複数の環境やまちづくりの市民団体が状況に応じて学校の依頼に対応している。

⑤ 次世代への環境教育で地域を元気に

旅行者の多様なニーズに応えるため，観光は「見るだけ」から「体験する」スタイルに変化した。単なる体験で終わるのではなく，旅を終えたあとにも普段の自分のくらしと環境問題とのつながりを確認し，エコツアーで経験したことを行動に活かせるようなプログラムの提供が必要だろう。まちづくりや環境教育の視点からエコツーリズムの取り組みを進めてゆくことは，訪問地と訪問する人の住む地域を元気にする次世代育成にもつながる。　　　（下村委津子）

▷インタープリター
地域の資源の背景にある様々な意味や関係性を理解し伝える役割を担う人のこと（⇨1-Ⅳ-9）。

▷エコツアー
適正人数による参加者が，楽しみながら訪問地の環境や自然，文化を大切に考え行動し，地域社会や経済に貢献することができるツアー形態。また，訪問する側，受け入れる側の双方が環境学習の機会を得ることができる。単なる体験ツアーではない（⇨1-Ⅳ-9）。

▷環境市民
1992年，京都で誕生。地球規模の環境問題を視野に入れ，地域で実践活動を行い，戦略的な行動提案をできる環境NPOとして活動を展開している。
(http://www.kankyoshimin.org/)

▷エコマップづくり
白地図を手に，グループで一定のエリアを歩き，発見したものをマップに書き込む。終了後，グループで1枚の地図をつくりあげ，見つけたことなどを発表し，みんなで発見をわかちあうというプログラム。

VIII 企業と環境

1 産業廃棄物とその処理

1 産業廃棄物

　産業廃棄物とは，産業界の事業活動に伴う工場などの製品製造の過程などで出る不要な物質のうち，別の製造物の原料にされたり環境負荷を与えない物質に処理されて環境中に放出されることのない，価値を持たない（または負の価値を持つ）物質のことである。一方，家庭や事業所（学校，商店，役所，会社の事務所など）から出る廃棄物は一般廃棄物と呼ばれ，産業廃棄物とは区別される。我が国では産業廃棄物は大量に排出され，一般廃棄物より遙かに多い。

2 産業廃棄物の性質

　産業廃棄物（以下，産廃）は大量に産出され，一般廃棄物（以下，一廃）に比べ多種多様で，毒性の強いもの，環境中で分解されにくいもの，人工的に作られ環境中にほとんど存在しないものなどが含まれる。中には環境中にそのまま放出されると，どのような環境負荷を与えるのか十分に解明されていない場合もある。

　産廃は正式には，排出事業者から廃棄物処理法の許可を得た産廃専門業者が収集し，中間処理施設に運ばれて産廃を焼却・破砕などにより廃棄物の容量を減らす処理（減容処理）を経て，最終処分場に運ばれて埋め立てられる。

3 産業廃棄物の廃棄の現状

　産廃の正式な処理ルートには当然，処理のための費用が発生する。他方，これから外れた未処理または処理不十分な状態で不正な場所へ投棄処分するなどの不正ルートによる廃棄物の処理も横行している。この場合，正規ルートよりもトータルの処理費が安いため，差額分を利益とすることができる。正規ルートでの処理量は当然，当局に届け出るために正確な量が把握されるが，不正ルートは闇の状態で実施されるためにその実態を知ることが困難である。

　2000年度以前には正規ルートより遙かに大量の不正規ルートの産廃処理が行われていたと考えられているが，現在ではこれらの取り締まり強化が功を奏し，地域によってはピーク時の1％以下に減少したと見られている。しかし，大きな闇の組織によって百万トンレベルで不法に廃棄された地域もある。香川県豊島，青森・岩手県境，岐阜市椿洞など知られ，現在もその後始末が続いている。

▷1　一般廃棄物のうち家庭系の廃棄物のみ，自治体による無料の収集・運搬が行われ，他の廃棄物は専門業者による有料の収集・運搬が行われる。廃棄物の処理については，家庭系などの一般廃棄物は主に自治体が運営する処理施設で，産業廃棄物は民間の専門処理業者に委ねられる。

▷2　1970年代に成立し，その後改正を重ねた廃棄物処理法などの法律に基づき，廃棄物は処理される。近年にいたり，容器包装，家電，自動車，建設にそれぞれかかわるリサイクル法がつくられ，たんに廃棄するのでなく再生利用するように法律で誘導されてきた。

▷不正ルート
産廃の不正ルートには，捨て場の適地を見つけて捨て穴を掘る「穴屋」，その捨て場を地主から目的を覚られないように買収する「地上げ屋」，産廃を無許可ダンプを使って捨て逃げしていく「一発屋」，不法投棄をスムーズに運用させる「まとめ屋」などが絡んでいる（図2-26参照）。

4 産業廃棄物処理のあり方

不法な産廃処理は基本的に無くすべきであることは論を待たない。しかし，現実には正規ルートでの処理施設のキャパシティを廃棄物量が超えていたり，少しでも処理費用を安くしたいとの産廃の排出事業者などの思惑が作用し，厳しい取り締まりにもかかわらず不法産廃処理・投棄が後を絶たない。この背景には，産廃にかかわる社会的な矛盾や不法産廃処理のニーズが根底にあるので，解決には相当な困難が予想される。解決のための処方箋としてこれまでに提唱されているのは，取り締まりのさらなる強化などの法的対策，産廃処理従事者への差別的扱いの改善などの社会的対策，産廃処理分野へのベンチャー企業の参画の自由化などの経済的対策，などである。

5 産業廃棄物についての学習と環境教育

廃棄物にかかわる学校での環境教育では一廃，とくに家庭系廃棄物を題材とするのが中心で，産廃を題材とすることはまれであろう。これは産廃が子ども達の日常から見えにくいこと，実態が社会的に明らかにされにくいこと，不法投棄の現場は限られた地域であることなどに起因する。しかし，不法産廃処理・投棄は多くの場合最後は税金を使って投棄物を再収集・適正処理され，その費用は正規ルートに比べて格段に高額である。再処理が不可能な場合，ほぼ永久に利用不可能で不毛の土地となることもある。こうした社会的な損失を考慮すると，これは国全体の責任において処理されるべきものであろう。

産廃は産業活動の結果発生するのもので，産業活動は私たちの生活や経済活動に深くかかわっている。産業活動にはそれを支える国民がその方向性を監視し，不正があれば声に出して是正する義務がある。かけがえのない環境を守り，汚れのない環境を次世代に引き継ぐために，今の私たちは何をし，産廃問題にどのように対処すべきかについて，私たちは大人も含めて子どもとともにこの問題を環境教育としてとらえることが求められている。　　　　　（土屋英男）

参考文献

石渡正佳（2002）『産廃コネクション』WAVE出版

石渡正佳（2005）『産廃ビジネスの経営学』筑摩書房

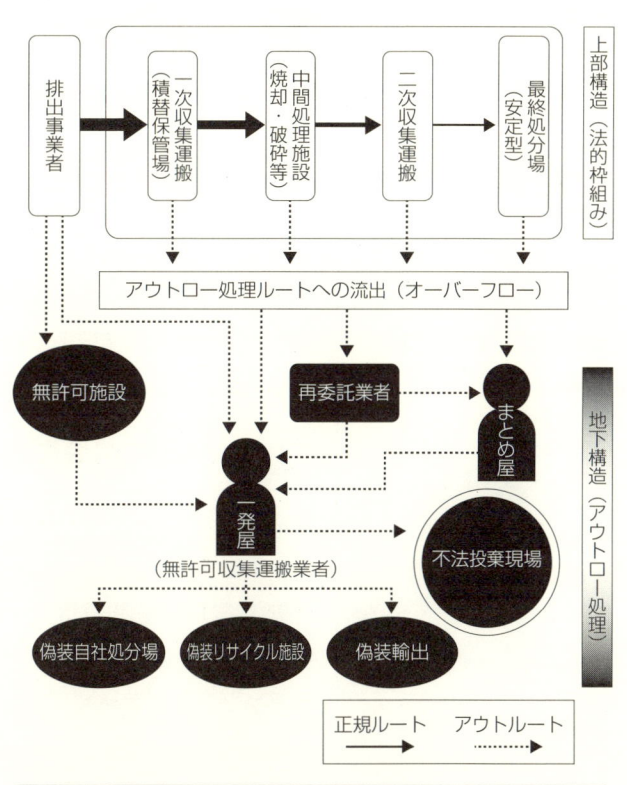

図2-26　廃棄物処理の二重構造［廃プラ系混合廃棄物，建設系混合廃棄物］

出所：石渡（2002）

Ⅷ 企業と環境

2 CSR・企業倫理

① CSR活動について

　CSR（Corporate Social Responsibility：企業の社会的責任）とは，企業が利益を追求するだけでなく，組織活動が社会へ与える影響に責任を持ち，あらゆるステークホルダー（利害関係者）からの要求に対して適切な意思決定をすることを目指すことである。1996年に国際標準化機構より「持続可能な発展実現のためのマネジメントシステム」としてISO14001が発行された。以後，このマネジメントシステムの企業への導入は進み，「環境負荷の低減」「法的要求事項への対応」については一定の成果を上げた。しかし，社会では「持続不可能な状況」が進み，より「持続可能な発展への貢献を最大化」させるため，2010年にISO26000のガイダンスが発行された。このように，21世紀になってからは，企業には「環境負荷の低減」のみならず広く「持続可能な発展への貢献」を求められるようになった。

② 企業の社会貢献活動について

　ISO14001の導入が進むにつれて，企業の環境・CSRレポートの発行が増えた。レポートには，具体的な環境社会貢献活動が数多く記載されている。例えば，地域の清掃活動，学校への出前授業，植林・間伐等のの森林保全活動，環境NPOへの寄付や連携した活動等々である。しかし，これらの活動は，大企業等の限られた企業であるからこそできることも多く，企業数が圧倒的に多い中小企業にはなかなか難しいといった課題もある。

③ 中小企業の社会貢献活動について

　ISO14001は，大企業を中心に広がったが，実施コストや認証手続きにおいて中小企業にとっては負担が大きいことが多い。そこで2001年に，特定非営利活動法人KES環境機構による民間ベースの中小企業向けのKES環境マネジメントシステム・スタンダード（以下，「KES」）がスタートした。KESでは，ステップ1とステップ2を作り，多くの企業が環境マネジメントシステムに取り組めるようになっている。ちなみにKESでは，環境改善項目を設定し実施することになるが，比較的よく取り組まれているのが「紙・ごみ・電気」の削減である。しかしこれらは，数年で頭打ちになることも少なくない。また中小

▷ ISO14001
ISO（国際標準化機構）が1996年に発行した，環境に負荷をかけない事業活動を継続して行うための仕様を定めた規格。
具体的な方法として，PDCAサイクル【Plan（計画）→ Do（実施）→ Check（点検）→ Act（是正）】を構築することが要求されている。

▷ ISO26000
ISO（国際標準化機構）が2010年に発行した，組織の社会的責任に関するガイダンス。
社会的責任の7つの中核主題として，人権，労働慣行，環境，公正な事業慣行，消費者問題，コミュニティへの参画及びコミュニティへの発展が定められている。

▷ KES
正式には，KES・環境マネジメントシステム・スタンダード。
中小企業はじめあらゆる事業者を対象とした，シンプルで低コスト，かつ取り組みやすい，京都で生まれた環境マネジメントシステム。

企業では、大企業のような学校への出前授業や大がかりで対外的な社会貢献活動は難しい。

そのような中小企業向けの活動としてスタートしたのが「京都環境コミュニティ活動（以下、「KESC」）」である。この KESC は、**京のアジェンダ21フォーラム**の1つのプロジェクトとして2007年度から取り組まれているもので、「1社では取り組めないことに事務局のコーディネートで複数社で取り組むことが出来る」ことに大きな特徴がある。また、KES 取得事業者にとっては、「プラスの環境影響」として評価され、環境改善項目の1つとしてカウントできるのが大きなメリットである。例えば、学校への環境出前授業を行うには、プログラムの作成と実施校の選定が必要になるが、KESC では、環境 NPO の協力により、複数の参加企業の持ち味を生かした学校で実施できる授業の組み立てをサポートし、京都市教育委員会の協力を得て実施校を選定する。

当初は自然エネルギーをテーマとした環境出前授業を行う1チームで始まったが、現在は6つのチームに拡大した。内容も、小学校への出前授業が3チーム、森林保全関連が2チーム、幼稚園・保育園への紙芝居チームが1チームである。活動する地域についても、できる限り参加企業の「地元」を意識し、活動先を選定している。参加事業者にとって、地域とは切り離せないものであり、地域で活動するから意義のあることでもある。

❹ 今後の企業活動について

企業にとっての社会貢献の第1は、本業でお客様に喜んでいただくこと、そして雇用と納税であることは間違いない。日本において大量生産、大量消費の時代は終わり、企業の生き残りも厳しい状況になっている。この厳しさは、大企業、中小企業問わず同じ方向である。そんな時代に生き残っていくためには、新しい企業の価値が問われる。その価値が「CSR」であり「SR」（Social Responsibility：社会的責任）である。これからの社会では、地域に愛され、地域に必要とされる企業のみが生き残っていくことになるであろう。教育界においても「家庭」「学校」「地域」の連携の必要性が問われている。企業の社会貢献活動は、企業が「地域」の一員として活動する場であり、その地域にも不可欠なことになっていくであろう。　　（長屋博久）

▶京のアジェンダ21フォーラム
京都市内の産官学および市民が、協力しあって持続可能な社会の実現を目指して各種の取り組みを推進することを目的とするパートナーシップ組織。
⇒ 4-Ⅱ-2

図2-27　学校への環境出前授業
出所：京のアジェンダ21フォーラム提供

第3部

環境教育の周辺領域

I 学校教育とのかかわり

1 生活科とのかかわり

1 生活科の特質

気付きの質を高め，自立への基礎づくりを教科の目標とする生活科は，自分と自然とのかかわり，自分と社会とのかかわり，自分と自分自身とのかかわりを軸に展開する点で環境を意識した教育である。教科内容は8つの項目と12の内容からなり，図のような三層の構造で内容間の関連が構築されている。これらの内容のもっとも下の3つの内容（家庭と生活，学校と生活，地域と生活）は，環境教育においても基本的に同じである。ここでは，生活科の何が環境教育と同一なのか，どういった視点が異なるのか，4つの窓口から論じてみたい。

○季節変化と探検を基調とする生活科

環境教育が必然的に人間を取り巻く外界を対象としているため，生活科が基調としている四季の変化と未知の領域への探検活動についても環境教育と基盤を共有している。例えば，環境教育の代表的なアクティビティとして有名な**ネイチャーゲーム**を森の中で体験する場合，川の生き物を調べる際にもっと上流を探検してみようと誘う場合など，季節の変化と探検心を意識するのは生活科

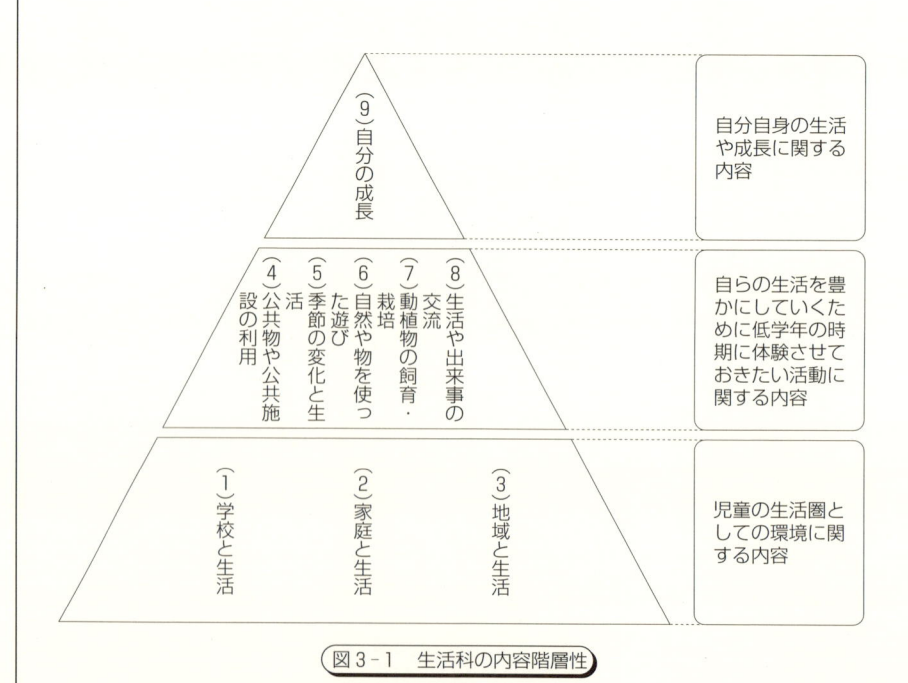

▷気付きの質
『小学校学習指導要領解説 生活編』によれば，「気付きとは，対象に対する一人一人の認識であり，児童の主体的な活動によって生まれるものである。そこには知的な側面だけでなく，情意的な側面も含まれる。（中略）活動を繰り返したり対象とのかかわりを深めたりする活動や体験の充実こそが，気付きの質を高めていくことにつながる。」（p. 48）と解説されている。

▷ネイチャーゲーム
環境学習ゲーム米国のナチュラリスト，ジョセフ・コーネル（Joseph Bharat Cornell）が1979年に著書『Sharing Nature With Children（子どもたちと自然をわかちあおう）』の中で発表した自然体験プログラムの名称である。様々な活動（アクティビティ）を通して，自然の不思議や仕組みを学び，自然と自分が一体であることに気付くことを目的としている。「蝙蝠と蛾」や「大地の窓」「サウンドマップ」など生活科でも応用できるプログラムが多い（⇒1-Ⅳ-9）。

図3-1 生活科の内容階層性

出所：文部科学省『小学校学習指導要領解説 生活科』

と環境教育が近い関係にあることを示している。

○動植物への愛着を大事にする生活科

愛着は生活科で培われる資質の1つである。とりわけ，身近な動植物と接し，栽培や飼育の活動を経ることで自分とのかかわり度合いを強めていく。生活科が比較的個別の動植物への愛着を強めていくのに対し，環境教育は広く環境の一部として動植物を扱う点がやや異なると言えよう。また，生活科が動植物へ共感的まなざしを見つけさせたりすることを大事にするのに対し，環境教育はやや客観的立場から動植物をとらえると言ってもよい。生活科の方が，「チャボが今朝，餌をやりに行ったときに喜んでいたよ」「朝顔が綺麗に花を咲かせてくれたから，私も嬉しい」というように自己中心的で情緒的で共感的なつぶやきを発する場合が見られる。

2 環境教育との質的差異

環境教育が客観的な立場から環境をとらえていくことを最終的な目標にしているのに対し，生活科はあくまで主観的なとらえでも許容する。したがって，相手の立場に立つとか，2つ以上の環境要素が互いに影響し合っているとか，人間の行為が環境に負荷を与えているといった視点は生活科にはほとんどない。「もといた場所に生き物を返してあげましょう」「飼育小屋を掃除しましょう」「公園のごみを片付けましょう」「この大きな木（巨樹）はお父さんやお爺ちゃんが子どものころからここにあった」などといった子どもの発言や指導の投げかけ言葉の中に，結果として**環境負荷**を減らす意識の形成（環境教育としての気付き）を生活科でも意図している。

○他者の立場には立たない生活科

生活科は，「自分とのかかわり」が大切にされる教科である。例えば，「風でうごくおもちゃづくり」の単元では，凧揚げやかざわ，風車などの製作が活動の主になるが，子どもが色使いや飾りにこだわり，結果として風を効果的に受けないおもちゃに仕上げてしまっても良い。**動物飼育**に例をすると，生活科のある授業でウコッケイを飼育小屋で飼っている場面を扱った授業があった。そこには成長したウコッケイが既に飼われていたが，新たに子どもの小さなウコッケイを数羽持ち込むことになり，子どもたちは互いに仲良く過ごしてくれるものと思っていた。しかし，持ち込んでみると大人のウコッケイが，子どものウコッケイを突くシーンが問題になった。授業では「どうしたら仲良く小屋の中で過ごせるか」を考える内容であった。仕切りを付ける，大人のウコッケイだけを箱に入れるなど，子どものウコッケイの立場からの発想が大半を占め，大人のウコッケイの立場になかなか立てない状況が生まれた。大人のウコッケイ側の気持ちにはなかなか寄り添えない子どもの特性が表れた結果と言えよう。

（寺本　潔）

▶環境負荷
ここでいう環境負荷は，廃棄物や干拓など人為的に発生するものを指しており，環境の保全上，支障の原因となるおそれのあるものを，環境への負荷と呼ぶ。環境への負荷を数値化したものとしては，人間が消費する資源量を再生産に必要な面積で現したエコロジカルフットプリントや，工業製品の生産から廃棄まで放出される CO_2 量で示すカーボンフットプリント，海外からの食料の移送による環境負荷を示したフードマイレージなどがある（⇒ 1-Ⅳ-9，1-Ⅳ-10）。

▶動物飼育
学校飼育動物の重要性は以前から指摘されてきた。近年，生活科における飼育動物の扱い方に混乱が見られたので学校獣医師会が対応に乗り出している。心の教育や生物の命への関心などに教育的効果を期待するために学校における動物飼育は必要度が高まっている。小鳥やモルモット，ヤギなど様々であるが，動物飼育が子どもの情緒の安定に資する上で注目されつつある。

第3部　環境教育の周辺領域

I　学校教育とのかかわり

2　社会科とのかかわり

① 公害教育からの流れ

　環境教育と社会科は，その成り立ちから関係が深い。社会科教師たちが，高度経済成長期に公害問題を教育課題に扱い，児童生徒に対し，社会問題として環境を提示した，いわゆる公害教育の流れがあるからだ。水俣病や四日市ぜんそく，川崎公害訴訟など一連の企業型公害を代表として，次第に身近な河川の汚染や騒音問題，大気汚染，林地への廃棄物投棄など生活型公害に至るまで教材化しつつあった。環境教育は一方で自然保護教育の流れも強かったが，社会科から発生した公害教育を内包しつつ，倫理や居住，食，エネルギー，**生物多様性**などの要素も取り入れながらその概念を拡大し，今日に至っている。

　社会科教育の学校における位置付けについては，**公民的資質の基礎**を養うという教科目標に照らし合わせて環境教育をとらえなおしてみると興味深い視点が見えてくる。環境問題への社会参画がその核になり，シチズンシップ教育の一環として環境を児童生徒がどうとらえるかが論議される必要があろう。もちろん，環境は公共財として把握される対象であり，拡げてみれば地球益という概念まで見出せる。「環境について（about）」「環境の中で（in）」「環境のために（for）」といった環境教育の基本的な方法論に立ち返ってみても社会科教育が持つ方法論と大きな違いはない。

　内容面に視点を落としてみよう。社会科は地理学や歴史学，経済学，倫理学，法律学，民俗学などの社会諸科学を学問的な成立の基盤にしているが，もともと環境系と親和性が高かった地理学が環境教育との関係が強い領域と言える。地理学は複合領域の学問であり，自然地理学を代表として地質や地形，大気，生物などの自然科学とも親しいためである。英国やドイツにおいては地理学者が環境教育のリーダー的存在にもなっており，地域環境の総合的研究に長けている地理学が環境教育と密接な関係を持っていることは容易に理解できる。わが国においては残念ながら，地理学の環境教育における貢献度が弱いため，環境教育は生物系，エネルギー系，生活科学系の学問を背景に持った研究者や実践家が多く，地域問題としての環境のとらえが弱い点が気になるところである。

② 社会科で扱う環境単元

　小学校の社会科教科書には，多くの環境単元が記述されている。2011年度か

▷**生物多様性**
生物多様性とは，地球上に，多様な生態系が維持され，多くの種類の生物が存在していることを指す。2010年度には名古屋で国際会議が開かれ，地球環境問題との関連が論じられた。国際的な条約もあり，近年注目を集めている考えである（⇒ 2-Ⅵ-2）。

▷**公民的資質の基礎**
市民と国民を併せ持っている意味で，英語ではシティズンシップと呼ばれている。公共意識を抱いて市民社会を担う大人になってほしいとの願いもあり，社会科の教科目標に選ばれている。愛国心の涵養と相俟って広く国際理解や社会生活への多様な理解も含む広義の概念も含んでいる。

ら使用されているK社の社会科教科書からその一部を紹介してみよう。
①3，4年上
・単元「見直そう　わたしたちの買い物」の中に「これからの買い物のしかた」が紹介され，リサイクルの大切さやごみの発生抑制，買い物袋などの大切さが詳しく記述されている。
・単元「さぐってみよう　昔のくらし」の中に「昔と今のまちの様子を地図でくらべよう」という発展的学習のページが挿入されている。
②3，4年下
・単元「健康なくらしとまちづくり」の中に資源ごみのゆくえや3Rにかんする記述，水源を守る取り組み（水源涵養林）が丁寧に解説されている。
・単元「わたしたちの県のまちづくり」の中に柳川市のクリークを生かしたまちづくりが解説され，美しい風景を観光客に楽しんでもらうためにも環境を守る活動が紹介されている。
③5年上
・単元「食料生産をささえる人々」の中に気仙沼市のかきの養殖と山の森林との関係を解説した「**森は海の恋人**」が紹介されている。
④5年下
・単元「環境を守る人々」の中に北九州市の公害克服の取り組みや地球温暖化と森林の働き，日本環境マップ（環境保全の運動を地図化）が紹介されている。
⑤6年下
・単元「暮らしの中の政治」の中に「**国分寺崖線**をいかしたまちづくり」が掲載され，世田谷区の自然保護活動が紹介されている。

　このように社会科と環境教育とのかかわりは，密接であり環境問題を生じさせている原因も人間であり，その解決に向けて活動しているのも人間であることを常に意識づけるように社会科ではとらえている。

　一方，社会科では，環境を単に「外界のすべて」というように漠然とはとらえていない。あくまで人間存在とかかわる外界，人間活動によって関係付けられてくる対象や現象，人間が働きかけた結果，反応してくる社会性を帯びた現象として環境をとらえていると言える。社会科と環境教育との関係を考えてみた場合，そこには必ず人間が中心に据えられ，人間環境と言ってもよいほどのアングルで環境をとらえている。そのため，社会科が人間形成の役割を担っている教科の1つであることから，環境に対しても人間形成のための役割を期待している。環境倫理や環境社会といった視点がそれに当たる。環境は，人間がどのように見つめるかによってその姿を異にするようになる。環境問題への関心は，人間社会が作り出すものであり，時代がその問題の価値を決定付ける。一世紀前の人々は地球温暖化や生物多様性などといった概念さえ，持っていなかった事実がそれを裏付けるだろう。

(寺本　潔)

▶森は海の恋人
宮城県の気仙沼湾は三陸リアス式海岸の中央に位置する波静かな天然の良湾であり，古くから近海，遠洋漁業の基地として発展してきた。カツオの水揚げは日本一で，波静かな入り江は養殖漁場としても優れている。江戸時代からノリ，大正時代からはカキ，近頃はワカメやホタテなどの養殖も盛んになっていたが，昭和40〜50年代にかけて気仙沼湾の環境が悪化。水質改善のためには湾に森からのミネラルを川を通して運ぶことが大事と考えられ，地元の漁師である畠山氏によって始められた植林活動や啓発活動を指す。

▶国分寺崖線
東京の西，武蔵野台地の末端には国分寺崖線という10〜20メートルほどの崖が東西に走っている。ハケと呼ばれるこの崖は，古い農家，公園，企業の敷地の一部として，あるいは保護林の形で森が残されているところも多く，遠目にもはっきりとわかる。崖下には湧水がわき，かつては周囲の田畑をうるおしていた。高級住宅街の成城学園のハケ下にも，昭和50年代までは田圃が広がっていた。国分寺崖線は，基本的には野川とそれに続く丸子川に沿って続く河岸段丘だが，途中，一部仙川と入間川に沿っている箇所がある。深大寺あたりで再び野川沿いになり，国分寺の先で自然消滅している。

第3部　環境教育の周辺領域

I　学校教育とのかかわり

3　理科とのかかわり

1　理科のねらいと環境教育

　小学校理科の目標は,「自然に親しみ,見通しをもって観察,実験などを行い,問題解決の能力と自然を愛する心情を育てるとともに,自然の事物・現象についての実感を伴った理解を図り,科学的な見方や考え方を養う」ことであり,中学校理科の目標は,「自然の事物・現象に進んでかかわり,目的意識をもって観察,実験などを行い,科学的に探究する能力の基礎と態度を育てるとともに自然の事物・現象についての理解を深め,科学的な見方や考え方を養う」ことである。

　つまり,義務教育段階での理科のねらいは,「自然に親しみ,自然を通して問題を発見し,科学的に探究する能力や態度を養い,自然の事象について理解し,科学的な見方や考え方を養う」ことと言える。一方,環境教育は「環境や環境問題に関心・知識を持ち,人間活動と環境の関わりについての総合的な理解と認識の上に立って,環境の保全に配慮した望ましい働きかけのできる技能や思考力,判断力を身につけ,よりよい環境の創造活動に主体的に参加し,環境への責任ある行動がとれる態度を育成する」(文部科学省,2007)ことをねらいとしている。

　このように理科と環境教育のねらいは,身近な自然環境を通して,思考力・判断力・表現力など問題解決能力の基盤を育成するという点で,非常に似ていて,理科は,自然や自然に関する問題を科学的に探究する能力の基礎や態度を育成することをねらいとしているので,環境教育の基盤となり得る教科である。

2　理科における環境教育の学習内容

　環境教育では,人間と環境とのかかわりに関するものと,環境に関連する人間と人間とのかかわりに関するものの両方を学ぶことが大切である。理科では,前者の内容を主として学習することになる。例えば,岩石・地層・土壌(地圏),水(水圏),生物(生物圏),大気(大気圏)などの間を物質が循環し,エネルギーが流れ,地球システムが微妙なバランスを保つことで地域の環境が成り立ち,ひいては地球全体の環境が成り立っていることなど地球システムを科学的に学ぶ。このような内容は,従来の物理・化学・生物・地学という分野別よりも,**地球システム科学**のような総合的な科学を基盤として総合的に学ぶこと

▶地球システム科学
アースシステム科学は,地球科学研究の主要なパラダイムの1つで「地球は相互作用する大気圏,生物圏,水圏,岩石圏などサブシステムで構成されるシステムである」という概念でとらえ,環境問題や気象変動など地球環境変化などに対応することができる科学で,学際的なアプローチをとる。もはや人間は世界の中心ではなく,複雑多様なアースシステムの中で物質的なシステムと相互作用する生命システムの一要素であることを理解させ,世界の中での人間の存在に対して哲学的な場を提供する。

が望ましい。

3 理科における環境教育の指導上の留意事項

○持続可能な発展や社会の構築の視点をもった指導を行う

環境問題やエネルギー問題といった地球規模の課題については，実生活や実社会との関連や，次世代に負の遺産を残さず，人類社会の**持続可能な発展**のために，科学技術に何ができるかという視点や科学技術の有用性などを取り扱い，児童生徒の興味や関心を高める工夫をした指導を行うことが必要である。

○学習対象となる概念の特徴を考えた指導を行う

小学校の「物質・エネルギー」領域では，物質の性質やはたらき，状態の変化などを扱うが，物質の循環，エネルギーの流れ，エネルギー資源の有限性，次世代に配慮した責任ある公正な利用などの視点を加えること，また，「生命・地球」領域では，生物の生活や成長，体のつくり及び地表，大気圏，天体に関する諸現象などを扱うが，生物や地球環境の多様性の重要さ，地球環境の変化が人間に及ぼす正の面（恵み）や負の面（災害）や人間が自然環境に与える影響などの視点を加えることによって，理科の学習で環境教育を行うことができると考えられる。

小学校段階では，価値観を形成する上で大切な体験活動を多く取り入れ，実感を伴った理解を目指した指導が展開されることが大切である。

中学校では，「エネルギー」「粒子」「生命」「地球」などの科学の基本的な見方や概念を柱にして内容や単元を構成する時に，持続可能な社会の構築の視点を取り入れたり，また，問題解決能力や科学的な探究能力の基礎を育成する上で，生徒が身近な自然や実社会・実生活の中で問題を見つけ，目的意識を持って，観察・実験を主体的に行い，その結果を分析，解釈して結論に導く上で，持続可能な社会の構築の視点から考察することなどで，環境教育を行うことが可能であると考えられる。

特に，第7単元は，「科学技術と人間」「人間と自然」では，環境教育と直接関連している。「科学技術と人間」ではエネルギー資源の利用や有限性，科学技術の発展による利便性や問題点，それらと日常生活との関連性などについて環境・経済・社会の視点から多面的，総合的に考えたりすること，について触れている。また，「人間と自然」では，自然環境や自然がもたらす恵みと災害について調査し，自然界のつり合いや自然と人間のかかわりについて自然環境的な視点からだけでなく，社会的，経済的な視点からの影響なども入れることで正の面と負の面を多面的にとらえ，背反する価値観などを対立させるのではなく，総合的に判断することなど配慮することで，理科の中で環境教育を無理なく実践できる。

（五島政一）

▷持続可能な発展
「Sustainable development」は，「持続可能な開発」や「持続可能な発展」と翻訳され，その意味は，「将来の世代のニーズを満たす能力を損なうことなく，現在の世代のニーズを満たす開発（発展）」である。

参考文献
国連ブルントラント委員会（環境と開発に関する世界委員会）（1987）「我々の共有の未来」（国連ブルントラント委員会報告），p. 43

五島政一・下野洋・熊野善介・Victor J. Mayer (2004)「『アースシステム教育』の日本での検討と実践」『地学教育』57(6)，日本地学教育学会，pp. 183-201

文部科学省（2007）『環境教育指導資料小学校編』

第3部　環境教育の周辺領域

I　学校教育とのかかわり

4　家庭科とのかかわり

　家庭科では家庭生活や社会の変化に対応して主体的に判断し実践する態度をもつ生活者の育成を教科の目標にしている。したがって，環境教育において家庭科が目指す生活者像は，衣食住や消費生活における環境問題の所在を認識し，環境に負荷を与えない生活の仕方を志向し実践する姿である。具体的な生活場面を取り上げ，意思決定力をはぐくむ問題解決的な学習を目指す。

1　食生活

　私たちの食卓は実に多彩である。一昔前までは，地場でとれる旬の食べ物が食卓の中心であったが，現在では，遠く地球の裏側から運ばれてくる食材が上ったり，年中出回るハウスもので彩られたりしている。食は生産→輸送→保管→調理・加工→摂取→廃棄の過程を取るが，どの段階においても課題が多い。日本の食糧自給率（カロリーベース）は約40％で，和食に欠かせない味噌や醤油の原料である大豆はほとんどが輸入であり，また飼料を必要とする畜産物，さらに果実や野菜においても近年は自給率が低下してきている。輸入食料が多いということは，それだけ**フードマイレージ**が大きいことを意味しており，輸送の燃料消費や二酸化炭素排出などで環境に負荷を与えている。

　一方で，毎日多くの食品が捨てられている。国民1人あたりの供給エネルギー量と摂取エネルギー量では2割ほどの差があり，この大半は廃棄されていると考えられる。家庭から出る台所ごみの中身を調べた調査によると，生ごみの38.8％が食べ残しや手つかず食品と推察されるという。また，家庭以外のコンビニやスーパー，レストランなど業務用からも大量の売れ残り商品や食べ残し食品が廃棄されている。このような**食品ロス**は，世界的な食料需要の増大や食料資源の有効利用，廃棄処理に伴う環境負荷やコストの点からも低減していくことが早急に求められている。

2　衣生活

　衣生活にかかわる環境問題は洗濯による水質の環境汚染と衣服の処理に関するものが主である。家庭からの排水のうち，台所や風呂，洗濯などによるものを生活雑排水という。洗濯に関しては，環境への負荷をできるだけ少なくするために，**生分解性**の高い洗剤を使うことである。最近では洗剤を使わないで洗浄する電気洗濯機も登場している。

▶**フードマイレージ**
食糧の輸送に伴い排出される二酸化炭素が，地球環境に与える負荷に着目したもので，輸送手段別に輸送量と輸送距離から算出される。1994年にイギリスで提唱されたフードマイルの概念がもとになっている。（⇨1-IV-10）

▶**食品ロス**
食品の可食部を食べ残しや過剰除去等により無駄にする廃棄のことをいう。加工食品の消費期限や賞味期限切れを理由とした廃棄なども含まれる。

▶**生分解性**
有機物が微生物の働きによって無機物に分解され，環境に負荷を与えない成分になることをいう。

▶**環境ホルモン**
生体の成長，生殖や行動に関するホルモンの作用を阻害する性質を持っている内分泌撹乱化学物質で，数十種類に及ぶ物質が疑われているが，この中にはポリ塩

また，洗剤だけでなく洗濯用水の無駄も省く必要がある。必要以上の洗濯はせず，風呂の残り湯を使うなどして資源としての水を大切にする。さらに，ドライクリーニング溶剤には，オゾン層破壊や温室効果ガスの発生，地下水汚染，**環境ホルモン**の生成につながるものがある。家庭で水洗いできるものとドライクリーニングが必要なものとを選別し，できるだけ環境負荷を最小限にする水洗浄による湿式洗濯を心がける必要がある。

1980年代の後半から，衣生活が多様化・個性化し，既製服の利用が急増してきた。近年，繊維製品や既製服は，諸外国からの輸入が大幅に増え，安価に手に入るようになった。その一方で，衣服の使い捨て傾向や使用期間の短期化がもたらされ，繊維製品の廃棄量を増大させている。石油などの資源を原料とする衣服は，それ自体「資源」といえ，劣化の程度により，そのままの形で使う（リユース），別のものに作り直す（リフォーム），他の製品や原料に再生する（リサイクル）を使い分け，資源を生かす工夫をする。

③ 住生活

住生活にかかわる環境問題は，エネルギー利用と廃棄物の課題が大きい。現代の住まいでは，冷暖房設備を備え，照明や音響，情報機器を有し多くのエネルギーが消費されている。家庭で使われているエネルギー源のうち，電気46％，ガス32％，灯油20％，太陽熱1％で，電気利用の内訳は，エアコン25.2％・照明16.1％・冷蔵庫16.1％・テレビ9.9％である。エネルギー資源の有効利用が叫ばれ，再生可能なエネルギーの利用が広まってきた。最近では，太陽熱の利用，雨水の利用，屋上緑化，通風を工夫した外壁構造など，自然との共生をめざした住宅の開発が進んでいる。

2012（平成24）年度の1人1日あたりのごみ排出量は976ｇ（生活系71.4％，事業系28.6％）で，2000年の1,185ｇ（生活系67.2％，事業系32.8％）以降漸減している。これは事業系ごみの減少によるものが大きいが，生活系ごみにおいても2003年を境に減少に転じている。地方自治体による分別収集の成果の現れであるが，容器包装や食べ残しごみが多いなど課題は多い。

④ 消費生活とライフスタイル

現代の家庭は消費の場となっていて，家庭生活におけるライフスタイルが環境の有り様を左右すると言っても過言ではない。欲求や経済力に任せた消費生活の追求は，環境破壊を招きかねない。賢い消費者（**グリーンコンシューマー**）として家庭生活を送ることが求められており，家庭科を通じて環境教育につながる消費者教育を行っていく必要がある（⇨2-Ⅰ-1）。各人が自身のライフスタイルを今一度見直し，環境調和型のライフスタイルを選択することが，環境問題を確実に解決へと導く道であり，その効果は大である。

（榊原典子）

化ビフェニール（PCB）やダイオキシン類のほか，界面活性剤の成分であるノニルフェノールなども含まれている。

▶グリーンコンシューマー10原則
①必要なものを必要な量だけ買う
②長く使えるものを選ぶ
③容器包装が最小限のものを選ぶ
④生産・使用・廃棄を通して，資源とエネルギー消費の最小のものを選ぶ
⑤化学物質による環境汚染と健康への影響の少ないものを選ぶ
⑥自然と生物多様性を損なわないものを選ぶ
⑦近くで生産・製造されたものを選ぶ
⑧つくる人に公正な分配が保障されるものを選ぶ
⑨リサイクルシステムのあるものを選ぶ
⑩環境問題に熱心で，環境情報を公開しているメーカーや店を選ぶ
グリーンコンシューマー全国ネットワーク『グリーンコンシューマーになる買い物ガイド』より作成

参考文献・資料

環境省（2010）『日本の廃棄物処理』
京都市環境局（2002）「家庭ごみ細組成調査」
経済産業省（2006）『エネルギー白書』
厚生労働省（2009）「国民栄養調査」栄養摂取状況調査
榊原典子ほか（2009）「e-カード」(http://kasei.kyokyo-u.ac.jp/sakakibara/kyozai/ecard/index.html)
農林水産省（2009）「食料需給表」

5 総合学習とのかかわり

I 学校教育とのかかわり

第3部 環境教育の周辺領域

1 「総合的な学習の時間」のスタートは

学習指導要領に「総合的な学習の時間」が正式に位置付けられるのは，2002年の学習指導要領全面実施以降である。さらに遡れば，1996年の**中央教育審議会第一次答申**「21世紀を展望した我が国の教育の在り方について」において，「ゆとりの中で『**生きる力**』をはぐくむ」との方向性が提言されている。その中で，横断的・総合的な指導を推進できるような新たな手だてを講じて，豊かに学習活動を展開していくことが有効との考えから，「一定のまとまった時間」を設けるという趣旨が示された。この方針は，1998年の改訂，2003年の一部改訂，2008年の改訂を経て，2011年の完全実施まで引き継がれている。

2 「総合的な学習の時間」の目標は

文科省の解説によると5つの要素からなるとされる。すなわち①横断的・総合的な学習や探求的な学習のあり方，②「自ら……」という言葉を使って主体的に問題を解決する資質や能力を育成すること，③学び方や考え方を身に付けること，④学習活動の態度が主体的，創造的，協同的であること，⑤総合的な学習を通して自己の生き方を考えることができること，の5要素である。

3 環境教育のねらいは

一方，前述の1996年中教審答申には環境教育のあり方も示されている。それは「環境から学ぶ」「環境について学ぶ」「環境のために学ぶ」という3つである。この3つの方針にそって「環境教育指導資料」では育成する3つの資質や能力に整理できるとした。すなわち「環境に対する豊かな感受性」「環境に関する見方や考え方」「環境に働きかける実践力」の3点である。

このように，環境教育ではそのねらいを①感性の醸成，②ものの見方・考え方の構築，③環境保全の能力や態度の育成，という3つの段階で表している。いわゆる，「in の教育」「about の教育」「for の教育」に示された段階的な指導の方向性と通じるところが大きい。

4 環境教育と「総合的な学習の時間」とのかかわり

総合的な学習の時間の目標と環境教育のねらいには，多くの共通点がみられ

▷中央教育審議会第一次答申（1996）「第5章 環境問題と教育」より
「環境から学ぶ（豊かな自然や身近な地域社会の中での様々な体験活動を通して，自然に対する豊かな感受性や環境に対する関心等を培う。）」，「環境について学ぶ（環境や自然と人間とのかかわり，さらには，環境問題と社会システムの在り方や生活様式とのかかわりについて理解を深める。）」，「環境のために学ぶ（環境保全や環境の創造を具体的に実践する態度を身に付ける。）」

▷生きる力
この答申の「第1部(3)今後における教育の在り方の基本的な方向」の中に登場するのが初出である。その中で，「自分で課題を見つけ，自ら学び，自ら考え，主体的に判断し，行動し，よりよく問題を解決する資質や能力であり，自らを律しつつ，他人とともに協調し，他人を思いやる心や感動する心など，豊かな人間性であり，たくましく生きるための健康や体力が不可欠である。」と説明している。すなわち，「確かな学力」「豊かな人間性」「健康・体力」の知・徳・体のバランスのとれた力をいう。

図3-2　環境教育の3段階と「総合的な学習の時間」の5目標
出所：筆者作成

▷1　小学校では最も時間数の多い国語の3分の1の時間数となっている。中学校，高等学校と学年が上がるにつれて，総合が占める割合が大きくなる。中学校では国語の約半分。高等学校になると，選択の仕方によっては国語を上回ることができる（表3-1）。

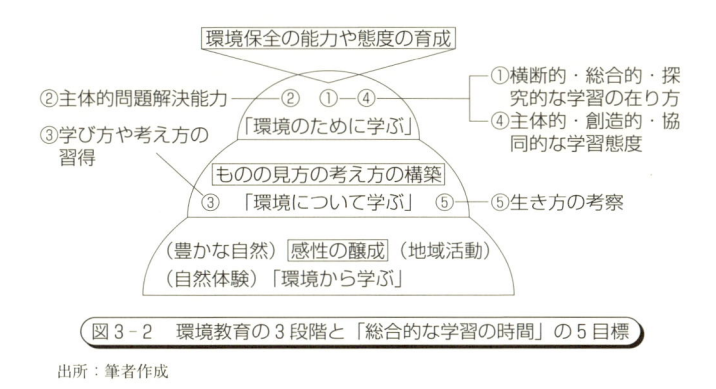

るとともに，関係性が見えてくる（図3-2に環境教育の3段階のねらいに「総合的な学習の時間」の5つの目標を書き込んだものを示す）。

環境から学ぶ「感性の醸成」の段階では，豊かな自然や地域社会の環境の中にどっぷりとつかり，体験を通して自然に対する感性を醸成する。また，地域の人々の営みにふれる中で，環境についての関心を高める。

環境について学ぶ「ものの見方・考え方の構築」の段階では，環境と自然とのかかわりについて理解を深める時に，生態系についての見方や考え方を身に付けていく。さらに環境問題を認識する過程では，自分たちが生活する社会の仕組みの成り立ちを考え，ライフスタイルの転換の土台になる「生き方の考察」を学ぶことになる。

環境のために学ぶ「環境保全の能力や態度の育成」の段階では，探求的な学習法を通して，主体的に問題を解決しようとする学習態度のもと，主体的，創造的，協同的に学習を進めることになる。

5　環境教育を「総合的な学習の時間」で行う

中教審答申（1996）でも指摘されたように，環境教育は総合的横断的な特色を持つものであるので，「総合的な学習の時間」を活用した取り組みが期待された。しかし，「総合的な学習の時間」には，学習のあり方や身に付けるべき能力や態度についての規定があるだけで，「環境教育のねらい」にあるような「環境から学ぶ」「環境について学ぶ」「環境のために学ぶ」といった視点が定まっていない。小・中学校における環境教育の必要性を考えると，総合的な学習の時間の全体像を環境教育を実施する場として位置付けることが重要である。そのためには，市町村または学校単位で環境教育のカリキュラムを「総合的な学習の時間」にしっかりと位置付けた，学校全体の教育課程を作成する必要があるだろう。

（植田善太郎）

表3-1　学年ごとの総授業時間数と「総合的な学習の時間」の時間数及び「総合的な学習の時間」の割合の国語との比較

（高等学校は単位数）

		総合学習	総時間数	割合（%）	
				総合	国語
小学校	3年	70	945	7.2	21.6
	4年	70	980		
	5年	70	980		
	6年	70	980		
中学校	1年	50	1015	6.2	12.6
	2年	70	1015		
	3年	70	1015		
高等学校		3〜6	74	4.1〜8.1	5.4〜

出所：筆者作成

第3部　環境教育の周辺領域

I　学校教育とのかかわり

6　道徳とのかかわり

1　道徳とは

「道徳」とは「生き方」であり，「道徳教育」とは「生き方を教える」ことである。さらには，「道徳」とは自分が社会で他の人と共に生きることであり，自然環境の中で生きることでもある。社会には伝統や文化に伴う慣習や法律といった規範があり，自然には規則や法則がある。その慣習や規範や法則は，人が生きていく上で学び，身につけなければならない。

2　学校教育における道徳教育

1958年（昭和33）に特設の時間として毎週1時間「道徳」の時間が開始され，今日に至っている。現行の『学習指導要領』では，小中学校の「道徳」の目標はほぼ同じで，学校教育全体としては「道徳性を養う」ことが目標とされ，道徳の時間としては「道徳的実践力を育成する」ことが目標とされている。

道徳指導の内容は小中学校とも4つの視点でまとめられている。「1　主として自分自身に関すること」「2　主として他の人とのかかわりに関すること」「3　主として自然や崇高なものとのかかわりに関すること」「4　主として集団や社会とのかかわりに関すること」である。第3の視点が環境教育と大いにかかわっている。そこでは「**自然**」へのまなざし，自然と人間とのかかわりなどが示されている。「道徳」は人や社会とのかかわりだけでなく，自然や人間の力を超えたものへの「**畏敬の念**」が求められているのである。

道徳の授業は学級担任が行うことを原則とし，**道徳教育推進教師**を中心として校長や教頭や他の教師との協力により，指導体制の強化が図られているが，数値などによる評価は行わないとされている。

3　道徳教育における環境教育

『学習指導要領』の道徳指導内容の第3の視点（表3-2）では，「生命の尊重」，「自然への畏敬」，「美への感動」，「生きる喜び」などが謳われている。環境教育にかかわる「**自然**」について，例えば，小学校の内容では「自然に親しみ」「自然のすばらしさや不思議さに感動し」「自然の偉大さを知り」などと表現され，小学校第5学年及び第6学年においては「自然環境を大切にする」とある。人間が水や空気や動植物といった自然の中で生かされていることを考え

▷**自然**
「自然」に相当する英語はnatureである。natureの語源であるラテン語のnaturaには「生まれる」の意味もある。natureは生命の営みを内包している。一方，漢字の「自然」は，「おのずから然り」，「あるがまま」，「人の手の加わらない様」を意味している。

▷**畏敬の念**
「畏敬」とは畏れ敬うことであり，宗教的な心情表現である。単なる恐怖ではなく，知的認識を超絶した圧倒的感覚であり，人間の有限さを自覚させ，傲慢さ独善さを反省させるとともに，謙虚さを促す表現である。

させるのである。「すばらしさ」「偉大さ」などは価値判断を含む表現であり，単に科学的事実を教えるに留まらない。

また，中学校内容の(2)では「自然を愛護し，美しいものに感動する豊かな心をもち，人間の力を超えたものに対する**畏敬の念**を深める」とある。これに対して『中学校学習指導要領解説　道徳編（平成20年9月）』には「自然を愛護するということは，〈中略〉自然の生命を感じとり，自然との心のつながりを見いだして共に生きようとする自然への対し方である」とある。その「自然の生命」や「自然との心のつながり」は単なる修辞的，比喩的表現なのか。それとも科学的表現なのか。

環境教育は自然環境や地球環境を教育することである。自然の法則や地球の現状を客観的に教育するのは理科の分野である。環境教育は指導者や学習者がそのような科学的な事実に対してどのように主体的にかかわり，取り組むかが問われる。それは科学的事実を超えた主体者の生き方の問題でもある。生き方には価値判断，価値選択が伴う。「自然の生命」を納得し実感するならば，自然への慈しみや自然との心のつながりを通して，自然環境は単なる科学的事実ではなく，**道徳的価値**の対象となる。

中学校内容の(3)には「人間には弱さや醜さを克服する強さや気高さのあることを信じて」とある。「信じる」とは，信仰ではなく深い納得であり，強い決意である。それは単に事実を「知る」のではなく，生き方を左右する「決断」であるとも言える。自然あるいは**地球という生命体**と如何にかかわって生きるかを決断させるのが環境教育であると言える。単に野外活動や自然体験が環境教育ではなく，それらを通して自然や地球への思い，慈しみを深め，環境保全への実践力を育成することである。

▷ **道徳教育推進教師**
学校の全教育活動を通して道徳教育が行われるが，機能的な協力体制の構築が必要ある。そのために道徳教育推進教師は指導計画の作成や，道徳用教材の準備・充実・活用を進め，情報収集，授業の公開，さらに研修や評価などについて率先して活動する役割を担っている。

▷ **道徳的価値**
よりよく生きようとする「よさ」が道徳的価値と言える。これは需給や売買に伴う経済的価値とは異なり，より多くの人を納得，感動させるのであり，より長く持続的に人を惹きつけるのである。

▷ **地球という生命体**
ラブロック（James Lovelock, 1919-）によって提唱された「ガイヤ理論」では，地球と生物が相互に関係し合い環境を作り上げていることをから，地球を巨大な生命体とみなされている。ガイヤ（γαια）とは，ギリシャ神話に登場する大地の女神である。

表3-2　道徳指導内容の第3の視点

小学校第1学年及び第2学年	小学校第3学年及び第4学年	小学校第5学年及び第6学年	中学校
(1)　生きることを喜び，生命を大切にする心をもつ。	(1)　生命の尊さを感じ取り，生命あるものを大切にする。	(1)　生命がかけがえのないものであることを知り，自他の生命を尊重する。	(1)　生命の尊さを理解し，かけがえのない自他の生命を尊重する。
(2)　身近な自然に親しみ，動植物に優しい心で接する。	(2)　自然のすばらしさや不思議さに感動し，自然や動植物を大切にする。	(2)　自然の偉大さを知り，自然環境を大切にする。	(2)　自然を愛護し，美しいものに感動する豊かな心をもち，人間の力を超えたものに対する畏敬の念を深める。
(3)　美しいものに触れ，すがすがしい心をもつ。	(3)　美しいものや気高いものに感動する心をもつ。	(3)　美しいものに感動する心や人間の力を超えたものに対する畏敬の念をもつ。	(3)　人間には弱さや醜さを克服する強さや気高さがあることを信じて，人間として生きることに喜びを見いだすように努める。

出所：『小学校学習指導要領解説　道徳編』（2008）の「付録5」における「道徳の内容」の学年段階・学校段階の一覧表，視点3より作成。

（西村日出男）

Ⅱ　ESDと関連する環境教育

1　貧困・人口（開発教育から）

1　開発教育のパースペクティブ

　開発教育には，現在，4つの意味内容が付与されている。これは開発教育の歴史そのものにほかならない。

　開発教育は，第2次世界大戦後，1950年代，イギリスなどで旧植民地諸国の貧困の現状に「同情し，贖罪的な意味で」寄付を募ることから始まった。しかし世界的には，1970年代に国連などにおいて，発展途上国の貧困と開発の課題が人類共通の課題として認識されるべきであり，発展途上国の経済的・社会的自立のための援助や国際協力への理解をすすめることが重要であるとされた（**ユネスコ1974年「国際教育」勧告**）。1980年代には，開発教育は，南北問題および，開発途上国の貧困な開発問題への構造的な理解が中心的な課題とされた。1990年代に入ると，貧困と開発の課題がグローバル化し，先進国のくらしと途上国の現状や課題とを結び付きをわかりやすく理解することが重要だとされ，イギリスなどから参加型学習などの学習方法が紹介され，多くの教材開発が試みられた。現在（2000年代）は，地球的課題は，先進国・途上国を問わず，地域に集約してあらわれているのだから，むしろ私たちの足元から持続可能な社会づくりの課題として，文化や人権，環境や開発，社会参加やネットワークなどを考えていくべきであるとされている。

　このような経緯を見ると，開発教育が，発展途上国の開発問題や南北問題学習といった狭い意味から，広く地球的な課題を取り上げ，先進国と途上国との関係，そしてさらに，社会の持続可能性の観点から「地域や足元」のくらしを見つめ，そこから世界へと視野を広げていこうとする**パースペクティブ**の変容が見えてくる。まさに，開発教育が持続可能な開発のための教育（ESD）へと架橋していった足跡を見てとることができる。

2　貧困・人口・環境の連鎖

　「貧困（Poverty）・人口（Population）・環境（Environment）（以下，PPE）がそれぞれの問題の原因となり結果となる相互連関性については，ユニセフが早くから指摘していた（ユニセフ**『世界子供白書』**1994年版）。

　例えば，貧困のために子どもの死亡率が高いと，労働や老後の保障のために多くの子どもが必要になる。逆に人口が増えると，失業や低賃金労働が増え，

▷ユネスコ「国際教育」勧告
正式名称「国際理解，国際協力及び国際平和のための教育並びに人権及び基本的自由についての教育に関する勧告」（1974年ユネスコ総会採択）

▷パースペクティブ
視野や視点と訳されるが，世界を見る窓，社会の見方・考え方，世界観などをふくむニュアンスを含む概念として用いている。

▷『世界子供白書』
ユニセフが1980年に開始し1985年から毎年報告している世界の子どもの現状。栄養不良，安全な飲み水，幼児死亡，ORT（経口補水療法），基礎教育，女性，感染症，少年兵，児童労働，リーダーシップ，参加などのテーマを特集している。

社会サービスの負担が増える。また、貧困のために目先のニーズを満たそうとして長期的な環境の保全が疎かになると、土壌浸食、塩害、洪水などの環境の悪化のために、収穫、雇用、所得が減る。さらに人口が増加すると、土地の酷使、土壌浸食、過剰放牧、森林の過剰伐採など、さらなる環境の悪化を招く。農薬、肥料、灌漑水の使用の増加は塩害や漁場の汚染を招く。このようなPPEの悪循環が、社会的分裂、政治的不安定、難民や移民の増加を招く。逆に不安定な条件がPPEに影響を与え、貧困や環境悪化を招く。

ユニセフは、これらに対し、保健と栄養、教育（特に女子教育）、家族計画の改善の重要性を説き、PPE問題の解決に前進できるとする。例えば、保健と栄養が改善されれば子どもの死が減り、家族計画が容易になる。子どもたちも学校に行くことができる。子どもが少ないと、養育に多くの資金や時間を割ける。人口増加の緩和は失業率の低下につながり、環境への負担が高まるのを防ぐことができる。逆に、繁栄と安全が健康を改善し、家族計画の利用を増やし、子どもの教育の機会を増やし、健全な環境を維持しやすくなるからだ（改善をもたらす循環）。

3 先進国と発展途上国の相互依存

ユニセフの指摘は、PPEの3元連立方程式を解くことを世界に知らしめたものだが、ユニセフ自身も指摘しているように、PPEの悪循環は、発展途上国だけの問題ではなく、先進国が実施する政府開発援助、世界銀行などが途上国の債務政策として実施する構造調整、自由競争・市場原理を優先した貿易など先進国のあり方と深く関連している。図3-3は、有名な**貧困のワイングラス**（『人間開発報告書』1994年版）を示すものだが、世界人口の20％が80％の富を独占し、残りの80％の人びとが20％の富を分かち合っていることを示すものであり、PPEが発展途上国の国内問題ではなく、先進国との不平等な相互依存や格差の解決の問題であることを教えている。すなわち、先進国（私たちの足元）における環境や開発のあり方を改善しようとする試み（持続可能な開発のための教育）が必要とされる所以である。

（藤原孝章）

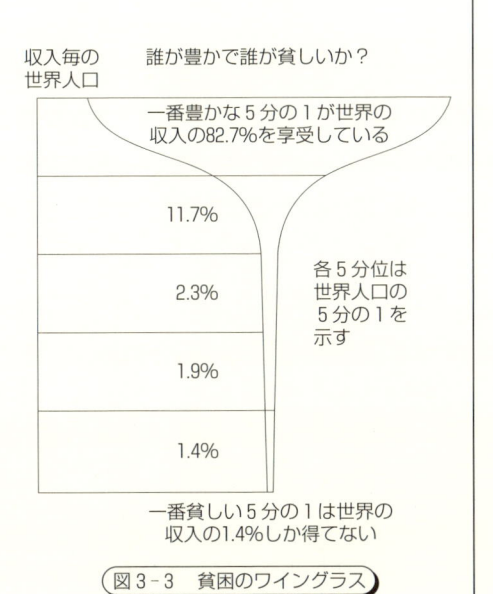

収入毎の世界人口　誰が豊かで誰が貧しいか？

一番豊かな5分の1が世界の収入の82.7％を享受している

11.7％

各5分位は世界人口の5分の1を示す

2.3％

1.9％

1.4％

一番貧しい5分の1は世界の収入の1.4％しか得てない

図3-3　貧困のワイングラス
出所：『人間開発報告書』1994年版より作成。

▷**貧困のワイングラス**
世界人口と富（所得）を5つに階層化して、その不平等な相互依存と格差の現状を「ワイングラス」に例えたもの。わかりやすい図解のため、『世界がもし100人の村だったら』（2000年、マガジンハウス）の物語と同様にインパクトがある。

▷**『人間開発報告書』**
国連開発計画（UNDP）の刊行物。「開発」のあり方を、経済的指標だけではなく、貧困を、「選択の機会の剝奪」ととらえ、教育、保健・医療、ジェンダーなどからも見ていくことから「人間開発」とされる。

参考文献
開発教育研究会編（2009）『身近なことから世界と私を考える授業』明石書店
田中治彦（1994）『南北問題と開発教育』亜紀書房
田中治彦編（2008）『開発教育：持続可能な世界のために』学文社
日本国際理解教育学会編（2012）『現代国際理解教育事典』
山西優二・上條直美・近藤牧子編（2008）『地域から描くこれからの開発教育』新評論

Ⅱ　ESDと関連する環境教育

2　平和・人権（平和・人権教育から）

❶　21世紀のキーワードとしての「平和・人権・環境」

「戦争は最大の環境破壊である」「戦争は最大の人権侵害である」どちらも，様々な場面で語られる言葉であり，また，「21世紀は人権の世紀」とも，「環境の世紀」とも語られてきた。確かに，「平和・人権・環境」は，常に取り組むべき教育課題のキーワードとして並列的に述べられ，また教育実践のテーマとしても掲げられていることが多々見られる。本項では，改めて「平和・人権」とともに「環境」が語られてきた経過を振り返りながら，21世紀の教育課題として，これらの教育活動を推進していく上での視点を提起しておきたい。

❷　世界人権宣言と人間環境宣言，そして「環境権」

「平和の基礎が人権尊重であること」を明記したのは，1948年12月10日の第3回国際連合総会で採択された**世界人権宣言**である。この宣言は，全世界で約6000万人にのぼる犠牲者を出し，しかもその多くが「民族浄化」の名の下や植民地政策下での虐殺，無差別攻撃や空襲，そして原爆投下などによる一般市民の犠牲が多数であった第二次世界大戦の惨禍を承けて採択されたものである。このことを受け，前述の「戦争は最大の人権侵害」という視点から，特に学校現場では，平和教育と人権教育が関連づけられて取り組まれてきた。

そうした教育活動に「環境問題」が加わるまでの国内外の動きに触れたい。まず国内では，1960年代に入って「四大公害病」が大きな問題となり，企業経営優先による環境破壊が人命を奪う現実が突きつけられた（⇨1-Ⅰ-2）。例えば水俣病の推定患者数は2～3万人にのぼり，とりわけ，胎盤を通じて胎児段階でメチル水銀に侵された患者の存在は，社会に大きな衝撃を与えた。こうした公害被害者の救済と企業や国の責任の明確化を求めた訴訟の中で，憲法第13条の「幸福追求権」，第25条の「生存権」を根拠とした**環境権**が，新しい権利，人権として認知されてきた。一方，国際的には，1972年にストックホルムで開催された国際連合人間環境会議で採択された人間環境宣言がある（⇨1-Ⅰ-1）。この宣言は，「豊かな環境で生きることは権利」であり，「環境を保護し改善することは，すべての政府の義務である」とした。また，ベトナム戦争でアメリカ軍が使用した**枯れ葉剤**が，森林や農地などの環境破壊に留まらず，50万人の子どもを含む200万人に甚大な被害をもたらした事実が明らかになり，

▷世界人権宣言
世界人権宣言の前文は，次の言葉で始まっている。「人類社会のすべての構成員の固有の尊厳と，平等で譲ることのできない権利とを承認することは，世界における自由，正義及び平和の基礎であるので，人権の無視及び軽侮が，人類の良心を踏みにじった野蛮行為をもたらし，言論及び信仰の自由が受けられ，恐怖及び欠乏のない世界の到来が，一般の人々の最高の願望として宣言された」（外務省仮訳）

▷環境権
1960年代の空港騒音や水俣病などが公害として認知され訴訟が起こされていく中で，1967年に「公害対策基本法」が成立し，「健康で快適な環境のもとで暮らす権利」として，「環境権」が主張された。1993年には，「環境基本法」が制定され第3条には，「現在及び将来の世代の人間が健全で恵み豊かな環境の恵沢を享受するとともに人類の存続の基盤である環境が将来にわたって維持されるように」適切に環境保全がなされなければならないと規定されているが，「環境権」そのものは，法制化された権利

未来を担う子どもたちを育成する上で、「平和・人権」に加えて「環境」も、取り組むべき重要な教育課題として、実践が進められていくようになった。

③ 平和・環境・人権を一体的にとらえて学ぶESDの提唱

こうした経過を経て、1992年リオ・デ・ジャネイロでの国連環境開発会議で、「将来世代のニーズを満たす能力を損なうことなく、現在の世代のニーズを満たす社会づくり」を目指す「持続可能な開発」を進める「アジェンダ21」が宣言され、そのための教育の推進を求めて国連は、2005年から2014年を「持続可能な開発のための教育（Education for Sustainable Development）の10年」と定め、貧困、紛争、環境破壊や人権といったあらゆる問題を包括的に解決するために、各国が実施計画を策定し行動することを求めた（⇒1-I-4）。これを受け日本政府は、2005年2月に関係省庁連絡会議を設置し、2006年3月に**国内実施計画**を定めた。ここでは、これまで実践されてきた環境教育、平和教育、人権教育等をつなぎ総合的な教育活動として取り組むことを提起し実践を求めている。

以下に「平和・人権・環境」を一体的にとらえるための関係概念図を私案として示した。「環境」には、「生活環境」「経済環境」なども想定できるであろうが、この図では、対立的概念が明確な5つの観点をおき、これらが満たされない状況を「破壊的状況」とし、満たされた状態を「平和的状況」とした。そして、それと対応するものとして、「人権侵害」と「人権尊重」を置いた。これは近年、「戦争の無い状態」は単なる「消極的平和」に過ぎず、「安全」「公平」「自由」「平等」などの「人権が尊重されている状態」でありかつ、「健康で文化的生活」「精神的豊かさ」などの「よりよい環境での生存の保障」をも含めた「積極的平和」を構築することが求められていることを意図して示した。ESDの実践を、個別課題の学習に留まらない総合的な学習活動として進めていくために、目標を設定する際や学習内容を構成する上で、また子どもたちの概念イメージを形成していく上での参考にしていただきたい。

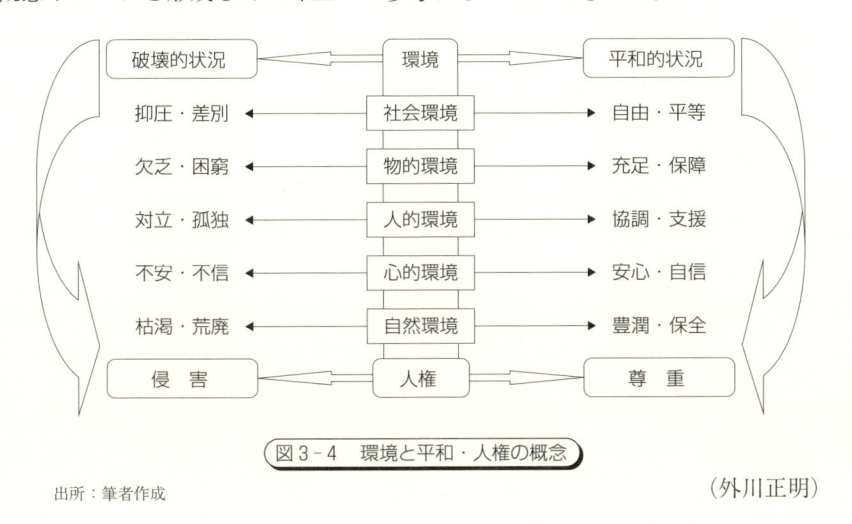

図3-4 環境と平和・人権の概念

破壊的状況	環境	平和的状況
抑圧・差別	社会環境	自由・平等
欠乏・困窮	物的環境	充足・保障
対立・孤独	人的環境	協調・支援
不安・不信	心的環境	安心・自信
枯渇・荒廃	自然環境	豊潤・保全
侵害	人権	尊重

出所：筆者作成

（外川正明）

とはなっていない。

▷**枯れ葉剤**
1965年にベトナム戦争に介入したアメリカ軍は、1975年の敗退までの間に、ベトナム解放戦線の兵士が身を潜めている森林の枯死や、彼らの支配地域の農地の破壊を目的に、枯れ葉剤を大量に散布した。この薬剤に含まれていたダイオキシンは、ベトナムの人たちに甚大な健康被害を及ぼしただけでなく、多数の二重胎児・結合胎児や無脳症胎児等をうみだすとともに、アメリカ帰還兵にも、同様の被害が現れ、今日もなお、その責任が問われている。

▷**国内実施計画**
2006年3月30日に制定された『我が国における「国連持続可能な開発のための教育の10年」に関する実施計画』では、以下のように記述されている。「ESDにおいては、問題や現象の背景の理解、多面的かつ総合的なものの見方を重視して体系的な思考力（systems thinking）を育むこと、批判力を重視して代替案の思考力（critical thinking）を育むこと、データや情報を分析する能力、コミュニケーション能力の向上を重視することが大切です。また、人間の尊重、多様性の尊重、非排他性、機会均等、環境の尊重といった持続可能な開発に関する価値観を培うことも重要です。」

参考文献
桜井厚・好井裕明編（2003）『差別と環境問題の社会学』新曜社
阿久澤麻理子・金子匡良（2006）『人権ってなに？』解放出版社

Ⅱ ESDと関連する環境教育

3 食料・健康（食農教育から）

1 食農教育とは

　食農教育は作物や家畜などを育てる農的体験を通じて自ら食べ物を生産し，それを食べる体験を通して，生き物を育てる行為や食事の行為が人間にとって持つ意義や生きることの本質などについて，子どもたちに考え理解させる教育のことである。従来は農業の学習を通じて農業自体を学習させたり人格を育てたりすることを目標とする農業教育と，食事や食物の栄養の学習を通じて食や食生活の意味・あり方や栄養摂取などを学習させる食教育（食育）とそれぞれで学習していたが，食と農とは車の両輪のように教育として切り離せず，両者の指導を通じて理解できることも多く，別々の学習よりもより大きな教育効果を期待できるとの見解から，食農教育が注目されるようになった。

2 食農教育の意義

　朝食を抜いて登校するなど，最近の子どもたちは食に関心が薄くぞんざいな食べ方をしているとの指摘が学校現場でなされる[41]。実際，この40年間で私たちの食生活が大きく変化するとともに，食農教育や食育が給食の時間などで実践される学校が増えてきている。これには食育基本法が制定され，栄養教諭が新設されてこの職の先生が各学校に配置されたことも背景としてある。
　栄養補給，食の安全など食の本質を突き詰めると，食材の生産現場である農業にたどり着く。健全な栽培・飼育のもとでこそ作物や家畜は安全で栄養豊富な食材になりうる。食は人間の生命・生存を保証するもので，その食を保証するものの1つが栽培・飼育である。子ども達が「生きること」を学習する上で，食と農（栽培・飼育）をセットで学習することは大いに意義がある。
　動物の食べ物はほとんどが他の生き物（動植物）であり，自分の生命は他の生命の犠牲の上に保たれていることを子どもたちが認識することは，自分自身や他人の生命がいかに大切であるかを知ることにつながる。他人を傷つけたり自ら生命を絶つ行為は，これまでに食した他の生き物の生命すべてを無駄死に追いやる行為となり，いかに罪深いことかを認識させるのに，食と農の体験的学習の教育効果は相当に大きいのであり，生命を知る学習として，道徳での学習に劣るものではない。

▷1　朝食を抜いて登校する子ども達は小・中学生で5〜7％，高校生で約12％である。朝食をきちんと食べる子ども達に比べて，学力の低下や学習意欲の減退，体温の低下などが懸念されている（農林水産省（2010）など）。

3-Ⅱ-3 食料・健康（食農教育から）

③ 食農教育の実践と学校給食

　食農教育は学校給食と関連が深い。現在，小・中学校の学校給食において，米飯の出る日が週5日のうち，日本全体で平均3日以上となっている。このため副食も和風メニューの割合が高まっている。給食に地元産の食材を使用する学校が，高知県，千葉県，長野県，滋賀県などで見られるようになり，今後拡大するものと予想される。これは子ども達に新鮮で安心な給食を安く提供したいとの思いに基づく。子どもたちは給食の時間に，今食べている食材がどこでどのように作られたかを栄養教諭や地元の農家から説明を受け，教室での給食から畑などの生産現場を見つめる教育が展開される。高知県の小学校のように学校農園で栽培した野菜を給食に供することで，食と農を体験的に連携させている学校もある。

　学校給食や学校農園は食農教育の場として，これからさらに活用されることが増えるであろう。

④ 食農教育と環境教育

　人間が食料を得るために現在も狩猟・採集を繰り返していたら，現在の人口を保つことはできない。**食物連鎖**を考慮すると，特定の種が増えすぎることはその食料となる**生物の絶滅**または消滅を意味し，延いては自らの絶滅をもたらすからである。他の生物の生存を窮地に追い込むことは，自らの存在を危うくさせることにつながることも，食と農（栽培・飼育）の学習から子ども達が理解する好機となる。これは地球の構成員としてあらゆる生物が共存できてはじめて，人間も地球で健やかに生きていけることを子ども達が理解することであり，地球全体の環境保全の重要さを根本から理解することにつながる。

▷2　文部科学省の2007年度版の調査によると，全国の学校給食で米飯を提供する学校は週平均3.0回で，4回以上が高知県，3回が千葉県，京都府，宮崎県など32府県，3回未満が北海道，東京都，愛媛県など14都道府県となっている。

▷**食物連鎖**
生物AがBに喰われ，BがCに食われ，CがDに喰われる，のように捕食の連鎖が生じることを言う。連鎖の段階数は通常，5，6段階あると言われる。ここでは物質の受け渡しとともに，エネルギーの受け渡しも行われる。

▷**生物の絶滅**
ある生物種が何らかの理由により進化の途上で滅びることを言う。不利な環境や他種との生存競争によりある地域から閉め出される場合（消滅）もある。（『生態学事典』築地書館より）

（参考文献）
　金丸弘美（2006）『子どもに伝えたい本物の食』NTT出版
　上岡美保（2010）『食生活と食育：農と環境へのアプローチ』農林統計出版
　田中葉子ほか・NHK取材班（2007）『それでも「好きな物だけ」食べさせますか？』NHK出版
　農林水産省（2010）『平成21年度　食料・農業・農村白書』

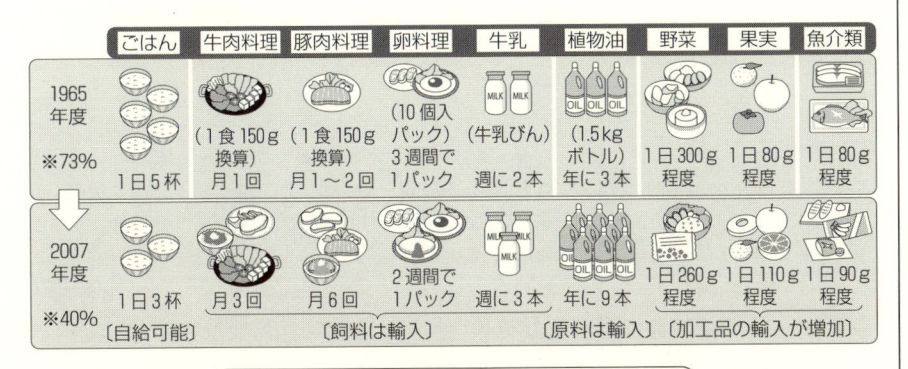

	ごはん	牛肉料理	豚肉料理	卵料理	牛乳	植物油	野菜	果実	魚介類
1965年度 ※73%	1日5杯	(1食150g換算) 月1回	(1食150g換算) 月1～2回	(10個入パック) 3週間で1パック	(牛乳びん) 週に2本	(1.5kgボトル) 年に3本	1日300g程度	1日80g程度	1日80g程度
2007年度 ※40%	1日3杯	月3回	月6回	2週間で1パック	週に3本	年に9本	1日260g程度	1日110g程度	1日90g程度
	〔自給可能〕	〔飼料は輸入〕				〔原料は輸入〕	〔加工品の輸入が増加〕		

図3-5　1人当たりの食事の内容と食料消費量の変化

（注）※は供給熱量ベースの総合食料自給率
出所：農林水産省（2010）

（土屋英男）

Ⅱ ESDと関連する環境教育

4 民主主義（シティズンシップの教育から）

① シティズンシップ教育と環境教育の接近

シティズンシップとは，参加型の民主主義を支える市民が備えるべき資質や能力のことである。近代的シティズンシップは，個人の自由と共同体の共通善の関係から，主たる4つの構成要素（権利，義務，参加，アイデンティティ）のかかわりを中心に論じられることが多い。また，シティズンシップ教育においては，知的で教養豊かで賢明な市民性を育成するのみならず，能動的・積極的・活動的な市民性（**アクティブ・シティズンシップ**）の育成が重視されている。

近年，環境教育が「持続可能な開発のための教育」（ESD）として語られる機会が増えるにつれ，環境教育における市民性，即ちシティズンシップが注目されるようになった。なぜなら持続可能性は，環境のみならず人権・平和・民主主義など，シティズンシップと密接な関係を持つ概念を含んでいるからである。一方，シティズンシップ教育の側においても，環境はシティズンシップのあり方を規定する重要な要素であり，環境について考えることを通してシティズンシップ教育を充実させることができるとの認識が育ちつつある。

② 環境教育における「シティズンシップ」の視点

2008年，日本学術会議は「**環境教育に関わる提言**」をまとめたが，提言は，「地球的規模の環境問題は，市民一人一人が様々な主体と協働して解決に向けて英知を結集しなくては解決できないという側面がある。専門家の養成とともに，普通の市民がこの問題について正確な知識を持ち，解決のための行動を起こすことが求められている」と述べるとともに，「『より良い環境づくりの創造的な活動に主体的に参画し，環境への責任ある態度や行動がとれる市民』の育成が環境教育のねらいである」と述べ（傍点：筆者），環境教育における市民的視点の必要性を強調した。

一方，海外においては，北米最大の環境教育ネットワークである北米環境教育学会が，「**環境教育に関するガイドライン**」の中に，環境教育によって子どもたちに身に付けさせたい知識や技能の1つとして「個人的な責任と市民としての責任」を挙げている。そこでは，環境に対する態度であり価値である「責任」に着目するとともに，「個人としての責任」と，「市民としての責任」をしっかりと結び付けようとしている。

▷**アクティブ・シティズンシップ**
英国「シティズンシップ教育諮問委員会報告書」（1998）は，シティズンシップ教育の柱（ストランド）として，「政治的リテラシー」「社会的・道徳的責任」「コミュニティーへの関わり」の3つを挙げるとともに，基礎的な要素（エレメント）として，知識（と理解），価値（と性向），技能（と才能）の3つを挙げ，アクティブ・シティズンシップを育成するためには，単なる知識のみならず，価値や技能を同時に育成し，これらを強固に関連づけることが重要であると指摘した。

▷**環境教育に関わる提言**
日本学術会議提言「学校教育を中心とした環境教育の充実に向けて」平成20年（2008年）8月28日日本学術会議環境学委員会環境思想・環境教育分科会, p. 4,

▷**環境教育に関するガイドライン**
正式名称は「環境教育における卓越性：学習のためのガイドライン（K-12)」（最新版は2010年版）。「個人的な責任と市民としての責任」を除く他の3つの柱（ストランド）は「発問，分析と解釈のスキル」「環境のプロセスとシステムの知識」「環境問題の理解と焦点化のスキル」（⇨3-

3 シティズンシップ教育における「環境」の視点

　市民としての資質（市民性）を育てる教育としてのシティズンシップ教育においても「環境」は重要な要素である。デレック・ヒーターはシティズンシップを，実質としての地位，機能としての情緒と能力の3つに分け，地位の重要な構成要素の1つに「環境」をあげた。

　図3-6の要素群を「環境」を中心に再構成すると，**図3-7**が描ける。図3-7からは，環境に関するシティズンシップは，認識，地位，情緒，能力の四層構造でとらえることができる。従来の環境教育では，第1層（認識）や第4層（能力）についての学習はさかんに行われてきたが，それらの間にある第2層（地位）や第3層（情緒）についての学習が不足していた。シティズンシップ教育は，まさにこれらの第2層や第3層に注目することにその特色がある。

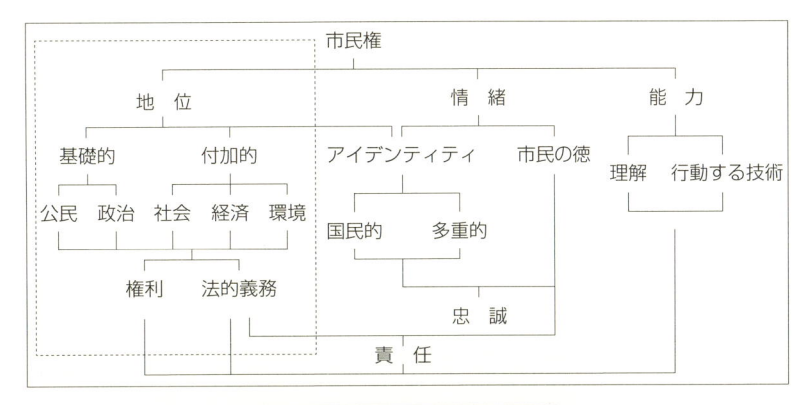

図3-6　シティズンシップの構造
出所：ヒーター（2002）より

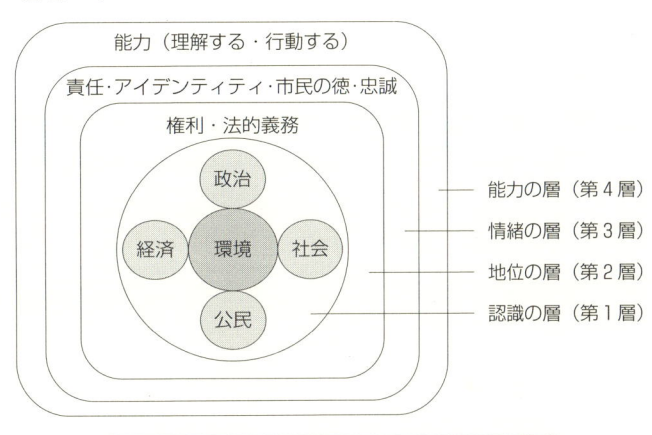

図3-7　環境を中心とするシティズンシップの構造
出所：筆者作成

4 新しい環境シティズンシップの構想

　これまで，シティズンシップは伝統的に「自由主義」と「共同体主義」（市民共和主義）の枠組みから論じられてきた。自由主義的シティズンシップでは，個人の権利が重視されるがゆえに，自己の権利の主張に対する穏健，他人の権利の主張に対する寛容や，自己の権利主張と他者の権利擁護についての自己批判などが大切にされた。一方，共同体主義的シティズンシップでは，市民の共同体への義務が重視されるがゆえに，共同体への参加や，他の成員に対する信頼，成員相互間の互恵性などが尊重された。しかし，いずれも互恵的な「契約」の観念に基づいている点では共通していた。それに対して，これからの新しいポスト［自由主義・共同体主義］的環境シティズンシップにおいては，旧来の契約観念に基づかない，未来世代や途上国の人々，およびもの言えぬ動物や自然に対する市民の主体的な責任や，配慮，共感や想像力こそが重視されるべきではないかとの議論がなされている。

（水山光春）

（Ⅲ-1）。

参考文献

QCA (2007) *The National Curriculum for England, Citizenship Programme of Study*, QCA

DfEE & QCA (1998) *Education for citizenship and the teaching of democracy in schools.*, QCA

デランティ, G. (2004)『グローバル時代のシティズンシップ：新しい社会理論の地平』日本経済評論社

ヒーター, D. (2002)『市民権とは何か』岩波書店, pp. 195-258

第3部 環境教育の周辺領域

Ⅲ 外国の環境教育

1 アメリカの環境教育

1 教育改革と環境保全の動向

アメリカの環境教育にとって，1970年の環境教育法の制定の他に（⇨1-Ⅰ-1），1980年代後半の**スタンダードに基づく教育改革**，また**北米環境教育学会**が開発した環境教育に関するガイドラインには注目しておく必要がある。

アメリカ合衆国連邦政府は，1990年「全米教育目標」を公表し，1994年には「2000年の目標・アメリカ教育法」を制定する中で，学校における教科の教育内容等のスタンダードづくり（標準化）を進めた。それまで教育内容やカリキュラム等については学校や教師の裁量が大きく，教育の多様性が認められてきたが，学力の水準が一定ではないという問題を含んでいたことから，国をあげて教育改革が進められた。この教育改革は教科以外の教育，例えば環境教育にも影響をもたらし，教科で教授される内容との整合性や適応が迫られた。

一方，同時期には（1980年代後半から1990年代）環境問題に対する強い懸念が国際的に広がり，国連ブルントラント委員会報告（1987年），そしてリオデジャネイロでの環境と開発に関する国際連合会議（⇨1-Ⅰ-1）の開催（1992年）に至り，地球や地域の環境問題に対する強力な改善策の必要性が認識されるようになった。こうした経過から，環境教育の重要性が認識され，その進展を望む声も大きくなった。

こうした社会的・国際的動向の中，1990年代半ばより環境教育の専門家や教師の集団である北米環境教育学会が中心となり，前述の各教科のスタンダードづくりという国家的な教育改革の取り組みに適合した環境教育で学ぶべきガイドラインが開発されてきた。またこの時期には，従来から開発されていた優れた環境教育プログラムも促進されることとなった。

2 北米環境教育学会が開発した環境教育に関するガイドライン

北米環境教育学会は1990年代の半ばごろから，多くの環境教育の専門家と教師の協力を得ながら環境教育に関する様々なガイドラインを開発・公表してきた。その1つである「環境教育における卓越性：学習のためのガイドライン（K-12）」は，環境教育の考え，教育方法，教育内容を知る上で参考となる資料である。このガイドラインはベオグラード憲章やトビリシ勧告（⇨1-Ⅰ-1，1-Ⅱ-7）の精神を踏まえ，幼児から高校生までを対象に，環境教育で身につ

▷**スタンダードに基づく教育改革**

「教育の優秀性に関する全米審議会」が報告した「危機に立つ国家」（1983）がこの教育改革の契機となっている。その後，「全米教育目標」が設定され，スタンダードによる教育改革が進められた。教育改革については，松尾（2010）を参考に。また環境教育と教育改革の関係を論じた論文として，荻原（2009）も参考になる。

▷**北米環境教育学会**

環境教育の専門家やそれに関心をもつ教師，行政担当者などで構成される北米の学術団体で，英語標記はNorth American Association for Environmental Education（略してNAAEE）という。「環境教育における卓越性：学習のためのガイドライン（K-12）」のみならず，その他のガイドランも北米環境教育学会のwebサイトで読むことができる（http://www.naaee.net/）。

ける知識，技能などが4つに整理されている。「問題の発見，分析，説明する技能」「環境のプロセスやシステムに関する知識（科学と社会に関する知識）」「環境問題の知識とそれに対応する技能」「個人および市民としての責任の認識」の4つに分けている。環境にかかわる知識にとどまらず，問題解決能力，主体的判断の能力，評価能力など環境教育で育成される範囲の広さが理解できる。

またこの環境教育で学ぶべきガイドラインでは，その学習内容と連邦政府が認めたスタンダードとの適応を整理しており，作成意図の1つである教育改革への対応が見てとれる。北米環境教育学会は，この他にも環境教育のための指導者養成，教材開発，学校外での教育実践に関するガイドラインを作成している。

3 州レベルでの環境教育

アメリカの場合，州ごとに教育施策が異なり，また学習の内容や計画が学校や教師に任されていたこともあり，教育内容に多様性が存在する。しかし，教育改革以降，カリキュラムなどの学習内容についてはスタンダードに準拠する傾向が強まっている。各州は全米レベルの各教科スタンダードを参考にしつつ，それぞれのアプローチで州独自のスタンダードを開発した。つまり州における環境教育も教育改革以降に定めた州のスタンダードとの関連を明瞭にすることが必要になってきている。例えば，ウィスコンシン州公教育局は各教科（国語，数学，理科，社会科など）のスタンダードに対応した環境教育スタンダードを作成・提示しているし，カルフォルニア州は，州環境局の協力を得ながら州の教育スタンダードに対応した環境教育カリキュラムのモデルを作成し，具体的な教材の作成を行っている。

4 民間団体による環境教育プログラム・カリキュラムの開発

1970年代から民間団体によって環境教育プログラム開発が進められていた。森林をテーマにした**プロジェクト・ラーニング・ツリー**，また自然学習プログラムである**プロジェクト・ワイルド**など，優れた環境教育プログラムがこれまで開発され，普及している。

プロジェクト・ラーニング・ツリーは，森林や樹木をテーマに，人と環境の相互関係を学ぶ環境教育プログラムで，プロジェクト・ワイルドは陸生や水辺の野生生物を学ぶことによって，環境保全を理解することをねらったプログラムである。またこれら学習プログラムも教育のスタンダードとの整合性を図ってきている。この他にジョセフ・コーネル氏によって考案された自然環境学習プログラムの**ネイチャーゲーム**も普及している。

（樋口利彦）

▷**州レベルでの環境教育**
ここで事例として上げたウィスコンシン州とカリフォルニア州の環境教育の情報については以下のそれぞれのウェブサイトを参照。
http://www.dpi.state.wi.us/
http://www.calepa.ca.gov/education/eei/

▷**プロジェクト・ラーニング・ツリー**
森林や樹木をテーマにした環境教育のプログラム。詳細についてはERIC国際理解教育センターのウェブサイトを参照のこと。http://www.eric-net.org/index.html

▷**プロジェクト・ワイルド**
自然環境の理解を進めるための学習プログラムで，詳細は公園財団のウェブサイトを参照のこと。(http://www.prfj.or.jp/business/human/)

▷**ネイチャーゲーム**
いろいろなゲームを通して，自然の仕組みを学ぶ環境教育プログラム（⇨3-I-1）。詳細は日本ネイチャーゲーム協会のウェブサイトを参照のこと。(http://www.naturegame.or.jp/)

参考文献
荻原彰（2009）「アメリカにおける学力重視の教育改革と教育改革に対する環境教育の応答及び日本の環境教育への提案」『環境教育』19(1), pp. 129-138.
松尾知明（2010）『アメリカの現代教育改革』東信堂

第3部　環境教育の周辺領域

Ⅲ　外国の環境教育

2　中国の環境教育

① 急激な工業化と急増する消費

　中国では，1978年以降の改革開放路線のもとで著しい経済成長を実現した。しかし，工業化の進展に伴う大気や水の汚染や，それらに由来する健康被害の報道はあとを断たない。また，急激な経済成長にともなった消費の拡大によるごみの急増は，各地でごみ焼却施設の建設反対運動やごみ埋立場不足問題を引き起こしている。自動車の生産・販売台数ともに世界一となり，今後大気汚染問題が一層深刻になることも容易に予想できる。それらに加え，さらに水不足，黄砂，森林劣化などが加わり，中国は環境危機大国になっている。
　2009年には「循環型経済促進法」が施行されたが，中国の環境の改善には，法的規制や技術革新とともに，環境教育による環境保護意識の向上が不可欠である。

② 上級学校から始まった環境教育

　中国では1972年の国連人間環境会議を受けて73年に第1回全国環境保護会議が開かれた。会議後に，北京大学を皮切りに主要大学に続々と環境保護専攻が開設されて，環境保護の専門要員が養成されていった。中国の環境教育は環境問題に対して実際に対策を実行する人たちの環境意識を高め，問題処理能力を身につけさせるところから始まった。
　90年代になると環境教育が徐々に中等教育段階に及んでいった。しかし，上級学校から環境教育が始まったこともあって，科学的な要素が色濃い学習内容であった。今日では自然との触れ合いや参加体験を重視する環境教育も増えてきたが，現地調査や実験で得られた結果を，極力科学的に分析して，最終的に政策に反映させていくというタイプの環境教育も依然活発である。

③ 小中高における環境教育の浸透

　1996年3月，1996年-2000年の第九次五カ年計画のスローガンの一つに"環境保護の宣伝と教育を十分に実施して，国民全体の環境保護意識を高める"ことが掲げられ，同年12月に《全国環境宣伝教育行動綱要（1996-2010年）》が公布された。そこには小・中学校では活動科の時間を活用して環境保護活動を実行し，全国的に「**緑色学校**」を作るようにという指示が盛り込まれており，大

▷**緑色学校**
学校をあげて環境保護活動に取り組み，成果を上げた学校に対して各地方の環境保護局が認定したもの（日本環境教育学会，2007）なお，2011年4月に《全国環境宣伝教育行動綱要（2011-2025年）》が公布され，その中で「環境友好型学校」という名称が登場したことから，徐々に「緑色学校」に替って「環境友好（型）学校」を認定する動きが始まっている。

▷**中小学環境教育実施指南**
《実施指南》は，多くの教科科目で環境教育項目を浸透させることや総合実践活動の中で環境教育を実施するほかに，地方課程や校本課程に環境教育科目を単独で設けることを想定しており，小中高の各学校段階別に環境教育としてどのような内容を取り扱うべきかを明記し，また，活動方法についても具体的に提案している（黄・諏訪，2007）

▷**基礎教育課程改革**
その骨子は，従来の詰め込み一辺倒の知識伝授型の教育から脱却して，学習者主

学から始まった環境教育を高校から中学へ，中学から小学校へと広げていく上で重要な役割を果たした。

2003年3月には《中小学生環境教育専題教育大綱》を発表し，全国すべての学校で環境教育の時間（小中学校は年に12時間，高校は年に8時間）を設けて，「専題」すなわち環境に関する特定のテーマについて学習することを求めた。さらに同年11月に**《中小学環境教育実施指南（試行）》**を公布して，環境に対する知識，態度と価値観をはぐくむように求めた。

上記のような環境教育実施の指示を学校で受け入れることを可能にしていたのは，2001年に公示された《基礎教育課程改革綱要（試行）》であった。**基礎教育課程改革**によって日本の「総合的な学習の時間」に似た「**総合実践活動**」が導入されたことと，それまでの「国家編成カリキュラム」と「地方編成カリキュラム」に加えて「学校編成カリキュラム（校本課程）」が公認されたことで各学校では環境教育を導入しやすくなった。しかし，中央と地方，都市部と農村部では大きな格差があり，専題教育大綱や環境教育実施指南の趣旨に沿った授業がなされてない学校が少なくない。

④ 活発化する環境NGOの活動

現在中国には3000以上の環境**NGO**があるといわれているが，このうちNGOとして正規の登録手続を行った団体は少なく，流動的で継続性がないこと，専門性が低く，信用力が低いことなどの課題も指摘されている。

しかし，2011年に広州大学で開催された「2011中華環境NGO持続可能な発展年会」には，全国300以上の環境NGO代表のほか，メディアや企業も多数参加し，緑色経済の推進などについて熱気ある議論が展開されたという。冒頭で触れた様々な汚染問題やごみ処理問題等でも環境NGOの関与が増えており，中国の環境教育の普及・浸透においても，今や学校や**青少年科技館**とともに環境NPOが貢献しはじめている。地域密着型の環境NGOはこれまでも「緑色学校」の推進に貢献し，また「緑色学校」の拡大が地域密着型の環境NGOを新たに生み出す機運を作り出してきた。

⑤ 今後の課題

中国は持続可能な発展を基本的な国家戦略に据えており，経済発展によってより多くの資金を環境教育に投入できるようになっている。資源節約型，環境友好型の社会，緑色成長や緑色GDPなどの理念もかなり浸透してきている。

しかし，どのようにして格差を縮小し，全国民に質の高い均一の環境教育を提供していくのか，どのようにして環境教育の指導者不足問題を解決していくのか，どうしたら学校における環境教育を有効に展開できるのかといった，今後の環境教育が直面している難題も少なくない。

（諏訪哲郎）

導の創造性を育む教育に転換させるもの（諏訪ら，2008, pp. 14-15）。

▷**総合実践活動**
従来の「学級・少年先鋒隊・共青団活動」，「科学技術・文化・体育活動」などが，「総合実践活動」という名称で統合され，活動の内容や時間配分の自由度が高まった。「総合実践活動」の教材集を見ると，環境に関する内容が2～3割を占めている（諏訪ら，2008, pp. 119-152）。

▷**（中国の）NGO**
日本では国際的に活動するものを非政府組織NGO (Non-Governmental Organization) と呼び，非営利組織に対してはNPO (Non-Profit Organization) と呼ぶ傾向がみられるが，中国では日本のNPOに相当するものをNGOと称することが多い。

▷**青少年科技館**
改革開放路線を歩みはじめた1980年代前半に，中国の具体的な目標として掲げられた「科学技術の近代化」の一環として設立されたもので，「環境保護」も科技館内での指導科目の1つとなっている。科技館の教師と学校の教師が連携して環境教育の普及に当たっていることも多い。

参考文献
黄宇・諏訪哲郎（2007）「中国の《中小学環境教育実施指南》の背景，内容と展望」『環境教育』17(2)
諏訪哲郎ら編（2008）『沸騰する中国の教育改革』，東方書店
日本環境教育学会「特集 東アジアの環境教育実践」『環境教育』18(1)

第3部 環境教育の周辺領域

Ⅳ 関連する諸科学

1 土木学・建築学

1 土木・建築と環境

「建築学」とは，主として家屋やビル，さらには，それらが連なる町並み等のいわゆる建築物にかかわる学問である。そして「土木（工学）」とは，道や川，空港や港，等の私たちの文明社会をかたちづくっている公共的な**社会基盤**にかかわる学問である。つまり，建築や土木は，私たちが暮らす「生活・文明環境」そのものをかたちづくり，その上で，その環境を維持，管理，運用ための学問である。

したがって，様々な人間環境にかかわる土木や建築を題材とする教育は，様々なかたちで環境教育となる。

2 土木・建築で「生活環境をかたちづくる」

日本人の約65パーセントが暮らす「都市部」の生活環境は，その大半が土木・建築によって形作られたものである。さらに，それ以外の人々が暮らしている都市以外の生活環境も，その多くの部分が土木・建築によってつくられている。

こうした土木・建築の取り組みが不十分であれば，私たちの生活環境は著しく劣化する。典型的なものが，土木が整備する上下水道システムとそれに接続する建築物の水利用システムであり，これが不完全であれば都市・地域における水循環が著しく劣化し，その都市・地域は大きな衛生問題，公害問題を抱えてしまう。例えば，上下水道システムが不完全な開発途上国の国々の都市の川や土は，深刻な衛生問題・公害問題を抱えている。

私たちが普段，歩いたり自動車や自転車で利用している「道路」についても，自然の土地を締め固め，適切に舗装し，それを適切に維持，管理することで保たれている。道路が整備されなかったり，その維持管理が不適切であれば，少し雨がふるだけで足下が「ぬかるんで」しまい，まともな通行ができなくなるばかりでなく，衛生的にも大きな問題を抱えることとなる。上下水道と同じく，道路の整備が不十分な開発途上国では，未だに劣悪な移動環境と衛生環境に苛まれている都市があちこちで見られる。

この様な日本の上下水道システムや道路の有り様や，開発途上国のその様子などを教示することで「自分たちの環境をきちんと整えないと，まともなくら

▷**社会基盤**
私たちのくらしをその根底で支えている，道路，橋，上下水道，電力・エネルギーシステム，港，空港，堤防・ダム等の様々な施設。英語ではインフラストラクチャーであることからしばしば，略して，「インフラ」とも呼ばれる。あるいは，「社会資本」と呼ばれることもある。

▷**砂防ダム**
山の土砂は，雨が降ること

しができなくなる」という当然の知識を理解させ、それを通じて「だから自分たちで自分たちの環境を整える取り組みをしなければならないのだ」という責任感を教えることが可能となる。つまり、とりわけ上下水道や道といった社会基盤の学習・学習（つまり、「土木学習」）は、公民的資質・シティズンシップや社会形成力の涵養にとって、最も基本的な授業となり得る。

③ 土木で「自然環境・生活環境をまもる」

土木の取り組みの中に「治山」や「治水」の取り組みがある。「治山」とは、山が崩れないように植林をしたり、**砂防ダム**をつくったりする営みであり、治水とは、大雨が降ったときなどに「洪水」を防ぐために**ダム**をつくったり堤防をつくったりする営みである。こうした治山や治水が不十分であれば山が崩れたり洪水が起き、私たちがつくってきた家や建物、農地や公園などの全てが無茶苦茶に壊れてしまう危険が生ずる。こうして壊れたものを元通りにするためには何億円、何十億円、場合によっては何兆円もの膨大なオカネが必要となる。また、モノが壊れるだけでなくたくさんの人々が死んでしまうこともある。さらに自然環境も大きく乱れたくさんの動物が死んでしまうことにもなる。だから、治山や治水の土木の営みが不十分であれば、生活環境を守れなくなるばかりか自然環境も大きく壊してしまうことになる。こうした内容を教示することで、道や上下水道の教育と同様に、公民的資質や社会形成力が涵養されることが期待されることとなる。

④ 土木・建築で「地球温暖化」を食い止める

地球温暖化を促進すると言われているCO_2は、私たちの様々な活動で生ずる。エアコンを使ったり、移動時にクルマを使うことでCO_2が出てくる。ここで、夏はスグに暑くなり冬はスグに寒くなるような住環境では、自ずとたくさんのエネルギーが必要となり、大量のCO_2が出てしまう。だからできるだけ夏は涼しく冬は暖かく暮らせるような建築物を建てることは、地球温暖化対策の点からも重要である。またより抜本的には、私たちが自動車やバス、電車等の交通手段で移動する度に大量のCO_2を排出してしまうが、こうした移動の距離を短くすれば、CO_2は大幅に削減できる。こうした移動距離は「都市の構造」――つまり、家がどこにあり、お店がどこにあり、職場がどこにあるのか――に直接依存する。最も理想的な都市の構造は、小さくまとまった「**コンパクトシティ**」であるが、こうした都市の構造は、土木・建築が取り扱う「都市計画」に依存している。例えば生徒が暮らす都市や地域を題材に、どうするともっと地球温暖化防止の視点から望ましい都市・地域になるか、を考えさせることで、より抜本的な地球温暖化対策を教えていくことができる。

（藤井　聡）

で少しずつ下の方へと流れ出ている。これが過度に進行すると下流側での農業等の社会活動に支障が生ずる場合があるので、土砂の流出を防ぐために、山間部に砂防ダムが造られる。特に、大雨などの時に一気に土砂が下流に流れ出る「土石流」が危惧されるケースでは、これによって下流側に大きな災害がもたらされる場合があるが、砂防ダムによってこれを堰き止める役割も果たす。

▷**ダム**
川を堰き止めたくさんの水をためておくためのもの。これによって、たくさん雨が降ったときに、一時に大量の水が下流側に流れ出て、洪水になってしまうことを防ぐ。また、水を貯めておけば、雨が降っても降らなくても、毎日、水を使うことができるようになる。

▷**コンパクトシティ**
最近の都市は、自動車交通の進展に伴って様々な施設が郊外に拡がってしまい、移動する距離が長くなってしまった。最近ではこうした点を反省し、都市の色々な施設をもっと、中心部や駅前などに「まとめて」行くことが重要視されており、その際に理想とされる都市のかたちが「コンパクトシティ」である。

参考文献
藤井聡・唐木清志・工藤文三・池田豊人・岡村美好・緒方英樹・高橋勝美・谷口綾子・日比野直彦・堀畑仁宏・原文宏・松村暢彦(2010)『土木』と『社会科教育』の連携の意義と可能性」『土木学会教育論文集』2, pp. 39-44

Ⅳ 関連する諸科学

2 地理学

1 地理学の語源と近代地理学の確立

　地理学（geography）の語源は，古代ギリシャ時代の geographia（geo「土地」＋graphia「記載する」）という語で，地球とその住民に関することを記載する，という意味であった。19世紀になって地理学は学問としての体系をほぼ整えたとされているが，その中心は**フンボルト**と**リッター**であった。近代地理学は，系統地理学と地誌学（地域地理学）の2つの分野に分けることができる。近年は，日本の地理教育，歴史教育の源流として，フンボルトやリッターと同時代のアメリカの地理学者**モース**と**グッドリッチ**も注目されている（田部，2008）。

2 系統地理学と地誌学

　系統地理学も，自然地理学と人文地理学に大別できる。フンボルトはおもに自然地理学の，リッターは人文地理学の学術体系をほぼ確立した，と言われている。自然地理学，人文地理学ともにフィールドワーク（巡検）を実施し，実地調査を重視するのが特徴である（日本地誌研究所，1973：白井，2006）。

　自然地理学は，自然事象の配列，分布といった空間的関係や地域的特色の解明に関心を持ち，研究分野としては，地形学，気候学，生物地理学，土壌学，水門学などに分けることができる。自然地理学の諸分野は，地球科学の影響を受け，その中でも時に生態学や気象学，地質学などと連携されることが多い。

　人文地理学は，人間の存在や人間活動のあり方といった人文事象を事象別に考察し，その地域的特色や空間的関係を明らかにしようとする。研究分野としては，政治地理学，経済地理学，文化地理学，人口地理学，歴史地理学などに分けることができる。人文地理学は，歴史学・社会学・経済学をはじめとする諸科学の影響を受け，それらの知識ならびに隣接分野の理論の十分な理解が要求される学問である。

　地誌学は特定地域における地域的性格を科学的に明らかにしようとする分野で，特定事象に注目して記述する動態的地誌と，事項を網羅的に記載する静態的地誌に分けることができる。対象地域の規模により，世界地誌，各国地誌，地方地誌，郷土地誌に分けることが多い。

▷**フンボルト**（Alexander von Humboldt：1769-1859）
近代地理学の基礎を育てたドイツの地理学者。ベルリンに生まれ，ゲッチンゲンで学び，鉱山監督官として数年間勤務したのち，1799-1804年にわたって，アンデス北部を中心に，中・南米の探検を行い，多くの調査，特に植物生態と物理的環境との関係を明らかにし，自然地理学の基礎をつくった。その後，中央アジア・シベリアなど短い旅行を試みた他は，主としてパリに住んで著述に専念した。「Kosmos」1～5巻（1845-1862）は彼のライフワークである。

▷**リッター**（Carl Ritter：1779-1859）
フンボルトとともに近代地理学の基礎を育てたドイツの地理学者。ベルリンに生まれ，ゲッチンゲンで学ぶ。1807年，フンボルトに出会い，地理学への指向が明確になった。全19巻の大著を遺した。第1巻はアフリカ，2～19巻はアジアであり，次にアメリカが予定されていた。

▷**モース**（Jedidiah Morse：1761-1826）
アメリカ建国期の地理教育

3 環境と地理学

「環境」は，地理学では最も重要な学術用語の1つである。学術用語としては「人間生活に影響を与える，周囲を取り巻く外的諸条件の総和」という意味である。各地域で見られる特色のある性格は，それぞれの地域が有している自然環境によって決定される，とする論が「環境決定論」である。

例えば，灘地区で醸造業が盛んなのは，灘地区の水が良いためである，というように自然環境が地域的特色を生みだす唯一の条件と考えるのが環境決定論である。このゆきすぎの地理学思想は，フランスのブラーシュによって「環境可能論」として修正された。環境可能論とは，地域的特色は，可能な限度において人間自身が自由に選択した結果生じたものである，という概念である（日本地誌研究所編1973）。

4 新学習指導要領における地誌とESDの重視

2008（平成20）年に刊行された『中学校学習指導要領解説社会編』（文部科学省）では，日本の諸地域及び世界の諸地域の地誌が改訂のポイントになっている。その中で，日本の諸地域は動態地誌的な手法で学習するように見直された。ここでは，それぞれの地域の特色ある事象を中核として，それを他の事象と有機的に関連づけて，地域的特色を動態的にとらえさせることとした。

また，新学習指導要領は，まったく新しい内容として，小・中・高等学校において「持続可能な社会」の学習を全面的に盛り込んだ。動態的地誌の中核の1つである(エ)「環境問題や環境保全」においては，「持続可能な社会の構築のためには地域における環境保全の取り組みが大切であることなどについて考える」と指示している。例えば，TK社の中学校社会科地理的分野の教科書では近畿地方を「環境保全の視点を中心にして」扱っている。ここでは環境を自然環境だけでなく，町なみなどの歴史的な環境を含めて広くとらえていることが特徴である。

「持続可能な社会」の学習は，「ESD」（持続発展教育）として，さらに積極的な導入が図られている。ESD（持続発展教育）を推進する市民ネットワーク団体ESD-Jによると，ESDとは，「社会の課題と身近な暮らしを結びつけ，新たな価値観や行動を生み出すことを目指す学習や活動」である（http://www.esd-j.org/）。

地理学は本来，「環境」にもっともアプローチしやすい学問である。しかし，地理教育は必ずしも環境教育に積極的に取り組んできたとは言えない。地誌学習は地理教育の柱であり，その中に「持続可能な社会」という環境教育の概念を入れることにより，未来志向の地理教育にシフトすることができる（田部ほか，1997：田部ほか，2009）。

（田部俊充）

の中心人物であり，ニューイングランドの会衆派教会牧師として活躍しながら，『易しい地理』(1790)，『米国万国地理』(1805)などの地理書・地理教科書を執筆した。モースは「アメリカ地理学の父」と評価されている。

▶グッドリッチ（Samuel Griswold Goodrich：1793-1860）
1830年代から1850年代にかけてのアメリカ地理教育成立期の中心人物であり，『学校地理の体系』(1830)，『地理にもとづくパーレー万国史』(1837)など多くの地理書・地理教科書等を執筆した。明治初期の日本で世界認識の教科書として福澤諭吉が紹介したのが『地理にもとづくパーレー万国史』であり，日本においては『パーレー万国史』として広く普及した。

参考文献

白井哲之（2006）「地理学の諸分野」「系統地理学習と地誌学習」日本地理教育学会編『地理教育用語技能事典』帝国書院，pp. 12-13

田部俊充・寺本潔・岩本廣美・池俊介編（1997）『レッツ！環境授業：日常の授業の中でだれもができる実践をめざして』東洋館出版社

田部俊充（2008）『アメリカ地理教育成立史研究：モースとグッドリッジ』風間書房

田部俊充・田尻信壹編（2009）『大学生のための社会科授業実践ノート』風間書房

日本地誌研究所編（1973）『地理学辞典』二宮書店

Ⅳ　関連する諸科学

3　経済・政策学

① 環境経済学からみた環境問題

　環境経済学における環境問題は，ある「排出物」が周辺の環境質の水準を引き下げ，その結果として，人間および人間以外に対して何らかの被害を引き起こす問題として理解することができよう。この排出物は一定の排出源から排出されるが，こうした排出源は民間企業だけでなく，政府機関や消費者の場合もある。また，これらの排出源は，それぞれ種々の原材料を取り込み，様々な技術を用いて生産ないし消費されるが，その過程で残留物が発生する。そして，これら残留物が廃棄物となり，それがどのように処理されるかということが環境に影響することになる。

　こうした排出物は一箇所からのみ排出されるものとは限らず，幾つかの排出源から流れ出て混合されるものでもある。複数の汚染源からの排出物が混合される場合，排出総量をどれだけ削減しなければならないかが判っていても，その排出削減量を異なる排出源でどのように割り当てるかという問題が生じる。このとき，それぞれの排出源はできるだけ他の排出源に削減分担を押し付けようとする誘因を持ち，すべての排出源が同様に考えるなら，汚染管理は深刻な問題に直面する。こうした削減の分担や誘因について研究し，それをいかに効率的・効果的に行うかを考えるのが環境経済学の役割であると言えよう。

② 社会的費用と私的費用の乖離としての環境問題

　厚生経済学者のA.C.ピグーは，鉄道機関車の火の粉が沿線の森林を焼失させる例を用いて**外部不経済**の存在を主張した。彼は，当時の蒸気機関車が出す火の粉によって引き起こされる森林の焼失の費用が鉄道会社の私的費用に算入されていないため，競争市場での鉄道運賃が低くなっていると指摘する。つまり，このとき，運賃は社会全体を考慮したときの社会的限界費用よりも低くなってしまうのである。そして，消費者はこうした森林焼失の費用が含まれていない安い運賃によってそれを過大に消費する。結果的に森林は過剰に焼失してしまい，環境問題が発生することになる。これは経済学において「市場の失敗」として認識されているが，彼はこれを社会全体の費用（社会的費用）と企業の私的費用の乖離としてとらえ，その乖離した分の税金（ピグー税）を課税しなければこの問題は解決しないと考えた。

▷**外部不経済と環境問題**
たとえば，繊維をつくる工場の生産活動で河川の水質が汚染され被害が発生したとする。この被害は，繊維工場がなかったら生じなかった不利益であるから，この生産に伴う機会費用である。ところが，企業の計算する限界費用にこの被害の機会費用が含まれていなければ，生産量は社会的に最適な量にくらべて過大になり被害が発生する。このような市場の外部における不経済が環境問題であると言えよう。

▷**効率的な資源の配分**
環境問題を経済学的に考察するとき，それは大きく2つに分けることができる。それは，資源経済学と環境経済学である。資源経済学とは，経済学の諸原理を応用して資源について考える経済学の一分野である。つまり，資源経済学は，生産および消費といった経済システムにおける原材料の供給源としての自然環境や，資源の効率的な配分について研究する。これに対して環境経済学は，経済活動が自然環境の質に及ぼす影響

3 外部不経済と効率的資源配分

経済学においては，環境問題は「外部不経済」の問題としてとらえられるが，外部不経済は，環境破壊に対する費用（社会的費用）が市場の価格決定において考慮されないとき，市場の外部における不経済として生じる。

図3-8の横軸はある財の生産量を，縦軸は価格を表す。環境政策が実施されていない市場では，私的限界費用（PMC）と社会的限界便益（SMB）の交点 E_m が市場均衡であり，このとき価格は P_m，生産量は Q_m になり，過剰な生産（$Q_s - Q_m$）が環境破壊を引き起こす。このように，外部性が存在すると，市場は**効率的な資源の配分**に失敗する。他方，社会的な費用が考慮されている（内部化されている）市場の均衡点は，社会的限界費用と社会的限界便益の交点 E_s であり，社会的に最適な価格は P_s であり，最適な生産量 Q_s が導かれる。こうした，効率的な生産量ないし効率的な資源の配分を実現するためには，**対費用効果分析や費用便益分析**などの経済学的な分析方法を用いて考える必要がある。

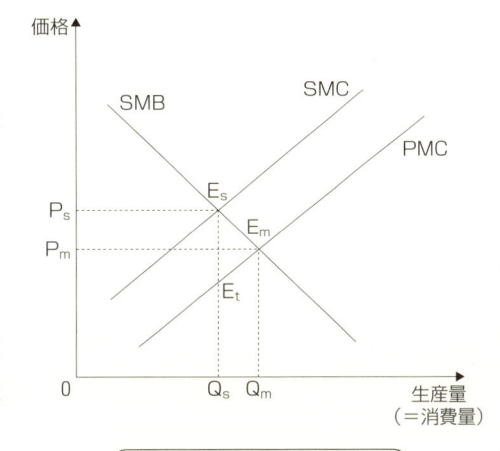

図3-8 外部不経済と環境問題
出所：筆者作成

4 公共財とその共同管理

環境という財は，市場で取引されないという意味では公共財と同じである。そこで，環境問題を考察する視点として，環境資源を私的財および公共財として扱う考え方が存在する。このような公共財の性格については，G・ハーディンによる「コモンズの悲劇」（1968年）において論議され，社会的に注目された。ハーディンによるとイギリスの放牧地（コモンズ）は，明確な所有権が設定されていないため，無制限な利用が許されている。ゆえに，それを利用する牛飼いたちが合理的に行動する限り，自分たちの家畜をできるだけ多く放牧し，結果的に牧草地は再生不可能な不毛の地になってしまうというものである。

彼はこうした「コモンズの悲劇」を解決するために，共有地を使用権，排他権が明確である私有地か公有地にすることや，地域住民に対する教育の必要性を求めた。しかし，こうしたハーディンの結論は，実際に持続的な資源利用，管理を続けてきた伝統的コモンズがあることについて言及しておらず，現在では資源の所有という視点からだけでなく，地域住民が暗黙にあるいは契約によって共同管理するという観点からの意見が重視されつつある。 （天野雅夫）

を研究する。
▷**対費用効果分析と費用便益分析**
環境経済学における分析の手法として考えられるのが，対費用効果分析や費用便益分析である。対費用効果分析とは，同じ費用で効果がどれほど異なるかを評価するものである。また，費用便益分析とは特定のプロジェクトや政策について生じるすべての便益と費用を測定し集計し比較する。こうした分析は環境や公共財のような市場で取引されない財や産出物にかかわる政策決定などに関して行われる。

参考文献

植田和弘・落合仁司・北畠能房・寺西俊一（2000）『環境経済学』有斐閣ブックス。

宇沢弘文・茂木愛一郎編（1998）『社会的共通資本』東京大学出版会

C．D．コルスタッド（2001）『環境経済学入門』細江守紀／藤田敏之監訳，有斐閣

鈴木龍也・富野暉一郎編（2006）『コモンズ論再考』晃洋書房

J．スティグリッツ（2000）『公共経済学（上・下）』藪下史郎訳，東洋経済新報社

B．C．フィールド（2002）『環境経済学入門』秋田次郎・猪瀬秀博・藤井秀昭訳，日本評論社

室田武編（2009）『グローバル時代のローカル・コモンズ』ミネルヴァ書房

室田武・三俣学（2004）『入会林野とコモンズ』日本評論社

山下詠子（2011）『入会林野の変容と現代的意義』東京大学出版会

Ⅳ 関連する諸科学

4 社会学

1 社会学と教育，地域社会と教育に関する議論

環境教育と社会学というテーマを議論する前に，社会学と教育の関連について簡単に述べておこう。教育に関する社会学的研究には教育社会学という領域があり，そこでは主に学歴社会の問題，子どものいじめ，教師の多忙化，ジェンダーと教育の関係など「教育問題」の研究がなされてきた。また，地域社会や家族・学校との連携の重要性が再認識されるようになり，地域社会と戦後日本の学校教育体制の乖離という状況の修正を試みようとする動きと，すでに進行してしまった地域社会と学校との乖離をより進化させようとする動きをそれぞれとらえる議論がある。だが，このような地域社会と学校との関係性の議論は数としてはそれほど多くはなく，しかも教育をめぐる社会学の議論は，地域社会と教育内容を連携させた議論を展開する教育地域社会学やコミュニティ教育学という一部の領域のみであり，環境教育を題材とした社会学的研究において，教育実践の内容を議論することはほとんどない。もちろん，環境教育の実践に対して関心を持つ環境社会学や地域社会学も，地域における環境教育の実践を事例研究として取り上げ，その教育実践を一定程度は評価している。だが，分析の焦点は，環境教育の実践を担う主体やその構造，ネットワーク，活動の影響や効果にある。このような学びの内実を問わずに，学習の重要性を主張する態度は社会学側の課題であろう。

2 「for としての環境教育」に向けた社会学の役割

社会学が教育の内実にあまり関心を向けない理由は，主に教育カリキュラムを議論する教育学との棲み分けがあるという点だけではない。常識に挑戦し，物事を相対化した視点を提供し，社会現象の「変化」に着目する学問である社会学は，特に制度化された学校教育のコンテンツに対しては，実践自体は「大事だが『ひねり』がなくて退屈」といった評価をしがちなのである。では，社会学は環境教育に不要なのだろうか。

環境教育を「環境問題について（about）教えることではなく，『人と人，人と自然，人と地域，人と文化，人と地球との関係性の再構築』にむけて（for）の教育であり，『過去に学び，今を知り，未来を創る』教育」とするならば，社会学的な視点は，制度内教育の内容を批判的に検討し，「about の教育」か

▷1 小内透（2007）「変わる学校と地域社会の関係」大久保武・中西典子編『地域社会へのまなざし』文化書房博文社
▷2 岡崎友典（2004）『家庭・学校と地域社会：地域教育社会学』放送大学教育振興会

▷3 小澤紀美子（2008）「学校教育における環境教育の実践と課題」『環境情報科学』37(2), pp. 24-29
▷持続可能な開発のための教育（ESD）
持続可能な社会の構築のために，環境・開発や貧困，平和，人権，ジェンダー，保健衛生などの問題の解決に向けた教育。参加型の学習手法を特徴としているため，伝統的な知識伝達型の教育手法のあり方を問うことにもなる（⇨ 1-Ⅰ-4）。

ら「forの教育」のためのコンテンツを提供できるのではないかと考えられる。それは社会科教育で典型的な，過去に社会で起きた出来事をどのように意味づけるかを重視する教育のあり方（＝「aboutの教育」）から脱却し，環境について（about）学ぶことに加えて，環境のために（for）主体的な実践的な資質を育む「体験学習」を重視した「先」を見通す教育を指す。その意味では，**持続可能な開発のための教育**（ESD）にも近い。その1つの事例を以下に紹介する。

③ 社会学の教育実践への貢献：水害経験・記憶を次世代に伝える水害学習

水害が生じた直後は，水害への関心は高まるものの，一般的には水害の危険性の理解は薄いのが現状である。その一方で伝統的な水防組織が弱体化し，地域社会における水害への対応力の強化が求められている。その中で，身近な日常の暮らしの中の水環境や住民生活を見つめ直し，水と人々の生活のかかわりを再生するための試みを環境社会学などの研究者とともに続けてきた「子ども流域文化研究所」は，川や水の親水性という点だけではなく，水害のような水の恐ろしさとそのつきあい方を知ることが，自分たちの生活と水，川とのかかわりをより近くするのではないかと考え，「三世代交流型水害史調査」を実施してきた。具体的には，水害当時の古写真や資料の収集し，現地調査や水害体験者の話を元に，地域社会での水害ワークショップや，総合的な学習の時間を用いた水害学習を実施し，地域の人々や子ども自身が過去の水害経験や記憶を学び，「未来の」水害への実践的な対応力を養う試みを行ってきた。

平成になり，教科書から「風水害」の記述が一時消えたが，1995年の阪神・淡路大震災以降，「災害」として再認識され，2010年版小学校新学習指導要領では，小学校3，4年生の社会科に「地域社会における災害及び事故の防止に関する内容」として盛り込まれた。公平にカリキュラムを作る立場からすると，水害（災害）は発生しやすい地域とそうでない地域があるため，災害教育は制度内教育になじまないとか，三世代交流型水害史調査の実践は，学校教育ではなく「社会運動」の現場で行うべきだという本書の編者の意見がある。だが，将来的に水害の被害があまねく人々に降りかかってくる可能性や，**災害教育のパラドックス**を考えれば，制度内教育として，環境教育の1つである水害学習は，重要な意味を持つし，先の批判は的はずれである。

かくして三世代交流型水害史調査は，「for」としての環境教育実践，ESD実践そのものであり，環境教育の実践に寄与した社会学的な実践ととらえることができる。それは，現実を相対化し新たな視点を提供しながら，教育にかかわる制度的，構造的課題を指摘し，その解決策を模索する社会学的研究の教育に対する実践例として，環境教育と社会学の関係を考える1つの教材となるであろう。

（西城戸誠）

▷ 4 小坂育子（2007）「見えなくなった身近な水環境を見えるようにする社会的仕組み：三世代交流型水害調査研究への展開」『環境社会学研究』13, pp. 71-77

▷ 5 川面なほ（2007）「水害から地域の環境をみる」石川聡子編『プラットフォーム環境教育』東信堂

▷ 災害教育のパラドックス
防災訓練などが典型例であるように，災害に関心がある人が訓練に参加し，本来，防災訓練に参加すべき人は災害に関心がないために，訓練には参加しないという現象のこと。

（さらなる学習のために）

岩崎信彦・田中泰雄・林勲男・村井雅清編（2008）『災害とともに生きる文化と教育：〈大災害〉からの伝言』昭和堂

川面なほ・西城戸誠・武田一郎（2006）「水とかかわる地域を学ぶ(2)：宇治川・水害学習の実践記録」『京都教育大学環境教育研究年報』14, pp. 29-48

西城戸誠・川面なほ・武田一郎（2006）「水とかかわる地域を学ぶ(1)：宇治川・水害学習の実践記録」『京都教育大学環境教育研究年報』14, pp. 11-28

西城戸誠・川面なほ・石川誠（2009）「災害環境教育の展開とその評価：宇治川の水害学習実践を事例として」『教育実践研究紀要（京都教育大学教育学部附属教育実践総合センター）』9, pp. 11-18

西城戸誠（2010）「『三世代交流型水害史調査』による水害学習と地域社会・学校教育」『環境社会学研究』16, pp. 48-64

Ⅳ 関連する諸科学

5 倫理学

① 環境倫理思想史の概略

○人間の立場からの環境倫理：自然保全・保存と動物の権利

人間の権利と責任の立場から自然を「保全」すべきか（G. P. ピンショー），原生林それ自体を「保存」すべきか（J. ミューア）について対立した議論がなされてきた。このような人間の立場（**人間中心主義**）に対して，**人間非中心主義**からの反論が起こり，自然の内在的価値の根拠付けに関して検討されてきた。

次に，「動物の権利」をめぐって，ある種の動物は人間と同じように感覚を持ち苦痛を感じる。その意味で動物も人間と同じように権利を持つとし，倫理的配慮が必要である，という主張がある（P. シンガー）。彼は苦痛を受け虐待される動物実験や工場畜産を批判して，動物解放運動のきっかけを与えた。

○生命中心主義から生態系中心主義へ：固有価値と生態系，土地倫理

生命中心主義（P. W. テイラー）は，すべての生命が「固有価値」を持ち，それぞれの生命体が幸福を追求する可能性がある。したがって，固有価値を有する生命や自然を尊重するという道徳的態度や行動が生じると考える。

また，動物解放論や生命中心主義のような視点からは，生態系，原生自然，生物多様性，稀少種，絶滅危惧種などの保護に関して生物と環境のつながりについて十分に説明できない。そこで「生態系中心主義」の考え方が登場する。したがって，生物や動植物の全体が関係する「土地」という共同体（A. レオポルド）や生態系（J. B. キャリコット）の健全さが道徳的価値を持つとする。

以上の権利や固有価値などは環境倫理学の理論から考察されたものである。

○環境的正義の思想と環境プラグマティズム―公平性と実践性

これに対して公平性や実践性の観点から，まずR. グーハは，第三世界の立場から，具体的な環境について不正義の問題を取り上げ，それは，多くの国々で公害となって現われ，それは社会的・人権的差別による場合が多いことを指摘する。この「**環境的正義**」の思想は，格差を生じさせた政策や経済によって，公害や環境破壊の被害が地域住民の差別された人々（多くはマイノリティ）に生じがちであることや，資源の配分の不公平さ，さらに環境についての政策決定や情報開示が十分でないなどの，不正義を正し予防することを求めている。

次に，近年では環境倫理の理論を，環境問題の具体的な解決に向けて活動している市民活動家，環境政策立案者，NGO/NPOなど，広範なネットワーク

▷**人間中心主義・人間非中心主義**
初期の環境倫理は，保全主義などの人間中心主義の立場と，「保存主義」などの人間非中心主義の立場の対立からはじまっていると言えよう。人間非中心主義の中には，生命中心主義や生態系中心主義などの考え方が含まれる。しかし，人間中心主義も人間非中心主義もテーゼ（定立）とアンチテーゼ（反定立）の二元論の上で議論が行なわれ，二元的な思考構造から脱出していないと考えられる。

▷**環境的正義**
アメリカでは多くの場合，差別されたマイノリティ（アフリカ系，先住民，メキシコ系など）の居住地域の近くに有害廃棄物処理場などが立地され，地域住民の健康をむしばみその生活を破壊している。環境便益と環境リスクの社会的な分配を問題とし，社会内部やさらには南北問題にみられるような支配と抑圧のパターンを正義論（社会正義，分配の公平性など）の視点から問題にする。人種差別や性差別，階級などの社会構造を問いただす思想として分岐し発展している。また女性の差別・抑圧と自然破壊との関係を批判的に検討するエコフェミニズムの思想も多様に展開されている（⇒ 1-Ⅱ-6 ）。

に具体的に組み入れることが主張されている。つまり，環境倫理学が実践的な哲学（環境プラグマティズム）であることが要求されている。実践性については人間の立場に立つ考え方であっても，人間の利他的感情や共感によって自然や動植物の立場にたてること（J. B. キャリコット），また「世代間倫理」については過去の世代に恩義を感じ次の世代に健全な環境を残そうとする具体的な思いが行為に影響するという考え（K. S. シュレーダー＝フレチェット）もある。

② 環境における関係的価値と実践的徳性

倫理学の理論的原理や公平性・実践性の概念から離れて，関係的価値や徳性の環境倫理も考えられる。

○多様な関係性と生態系の全体性

ディープ・エコロジー思想（A. ネス）は，人間と自然，環境と生命などの対立する二元性を，関係的・全体的立場からとらえる。例えば，自然は森と川と海から成り立っているとしよう。自然を全体的にとらえるなら，森と川と海を別々なものととらえるのではなく，それぞれを結び付けている「水」による1つのシステム的な生態系の関係性と考えらえる。そして「生態系の全体性」は，"結びつく関係自体"が価値の多元性である。複雑で多様な関係的価値が紡ぎだす全体像は，個別の多元的な規範となろう。

○価値体験と「徳」倫理の教育

ところで教育哲学者のE. シュプランガーは精神的覚醒の重要さを主張する。価値の世界へ導入することが人間の教育において大切なことは，学校生活の中で，子どものときから実体験を重ねることである。そしてもっとも感動的な経験は心の「底から揺り起こすような」体験となり心に刻みつけられ，「持続的」なものとなる。環境教育における「原体験」である。このような精神の覚醒は徳育の第一歩である。地域文化や個人的経験の個々の価値体験は，「徳」倫理を通じて地域社会の共通の倫理的枠組みとなり環境倫理を形成する。

③ 徳の教育としての環境倫理

生物の多様性や稀少種の保存，自然への愛情・畏敬・感嘆の念，そして生命の尊重・ケア・共感などの個別の「徳」は，人間の成熟度に応じてより身に刻まれて「生きる指針（人生観）」と「環境を見る眼（世界観）」となって普遍化されていく。その意味で，環境倫理は，厳密で理論的な原理である必要はなく，環境問題が起きている現場を共有し，政策にもコミットできる"ゆるやかな全体論"と，反対者を排除しない"対話による合意形成"や地域環境の歴史によって築かれてきた"安定した相対性"の上に，「徳を有する人間」を育てるソフトな教育の規範と考えてよいであろう。

（谷口文章）

▷世代間倫理
この概念には現在世代と未来世代との世代間の資源分配の公平性を問う問題があると同時に，裕福な工業国と発展途上国で生活している貧しい人々や権利を剥奪された人々との社会的・経済的格差，健康格差の問題をも含む世代内の資源分配の公平性（世代内倫理）の問題が併存する。

参考文献

小原秀雄監修（1995）『環境思想の系譜3 環境思想の多様な展開』東海大学出版会

加藤尚武編（2009）『環境と倫理——自然と人間の共生を求めて』有斐閣アルマ

デ・ジャルダン，J. R.（2005）『環境倫理学：環境哲学入門』新田功ほか訳，人間の科学新社

シュプランガー，E.（1993）『教育的展望：現代の教育問題』村田昇・片山光宏訳，東信堂

シュレーダー，K. S.＝フレチェット（1993）『環境の倫理』京都生命倫理研究会訳，晃洋書房

シンガー，P.（2011）『動物の解放』戸田清訳，人文書院

ドレングソン，A.／井上有一編（2001）『ディープ・エコロジー：生き方から考える環境の思想』井上有一監訳，昭和堂

レオポルド，A.（1997）『野生のうたが聞こえる』新島義弘訳，講談社学術文庫

IV 関連する諸科学

6 医 学

1 医学とふたつの環境

　医学の父と言われる**ヒポクラテス**は，食べ物に関する知識や調理術について考えることが医学の始まりであるという。彼は，風や水の地域特性や汚染状況，季節の変化を考慮した治療を説き，環境が健康におよぼす影響の重要性を指摘した。食物をはじめ大気や水，病原体や汚染物質，衛生環境といった「外部環境」と，ひとそのもの，つまり体を構成する組織や臓器などの構造物やそれらを機能的に調節する神経系，体液やホルモンといった生理機能の「内部環境」は相互に密接に関係し，ひとの健康に影響する。

　コレラの場合を例えに考えると，コレラ菌で汚染された水（外部環境）を飲んでひと（内部環境）はコレラに罹る。そして感染者のコレラ菌を含む糞便が，充分な下水処理設備（これも外部環境と言える）がなく消毒もされず川などに流されると，さらに人々のコレラ菌への感染の機会が増え，悪循環が繰り返されてコレラが蔓延する。開発途上国では，こうして多くの抵抗力のない乳幼児などが重症な下痢で死亡している。このように「外部環境」と「内部環境」の「ふたつの環境」が共に健全でなくては，ひとの健康は保てない。

2 医学と環境問題

　医学と今ある様々な環境問題は，すべてといって良いほど関連が深いが，特に喫緊の問題である水質汚染，地球温暖化，生物多様性について取り上げる。

○水質汚染

　成人では体の水分の10%を失うと健康を損ない，20%で死亡すると言われている。このため成人は1日に約2.5Lの水分摂取が必要とされるが，世界では安全な水が得られず，病原体や化学物質で汚染された水が原因で命を落とす者も多い。日本でも高度経済成長時代に公害による水質汚染がおこった。その1つである水俣病は，工業廃水中の有機水銀が**生物濃縮**により魚介類に蓄積し，それを摂取したことでおこる中毒性神経系疾患である。水銀に限らず産業の発達により，農薬，医療廃棄物，放射性廃棄物などによる水質汚染は，世界規模で起こっている。このような水質汚染は，化学物質中毒症の増加だけでなく，人類に不可欠な安全な水そのものの確保を困難にし，生存を脅かす可能性がある。

▷ヒポクラテス
紀元前460年ごろ古代ギリシャの生まれ。医師となり諸国を遍歴しながら各地の病人の状態を仔細に記録し，自然治癒力を生かし治療した。観察による克明な記録は医学を経験的，科学的なものとなし，呪術的要素や観念的なものから解放した点から医学の祖ともいわれる。

▷生物濃縮
分解を受けにくく生体内にとどまりやすい性質がある化学物質が，生態系で補食―被食の関係を経てより上位に位置する生物の体内に凝縮され蓄積し，高濃度になっていく現象。

○地球温暖化

　地球温暖化の人体への直接的影響として，熱中症が増加することがあげられる。熱中症では体温が異常に上昇し，頭痛，吐き気，けいれん，めまい，意識障害をおこし，高齢者などは日常生活中でも重症化して死に至ることがあり，近年その数は増加している。また間接的影響として，病原体を媒介する蚊が増え，マラリアや日本脳炎などの流行や，水中でのコレラ菌などの増殖が盛んになり水媒介性感染症が増えると考えられる。ただし病気の蔓延は，気温だけでなく，媒介動物の生態の変化や衛生環境の整備状態などとも関係する。

○生物多様性

　生物多様性は生態系・種・遺伝子の多様性の面から語られることが多いが，生物多様性からの恵み（生態系サービス）の観点も重要である。医薬品は抗生物質をはじめ，自然からの恵みで成り立っているものが多い。そのため多様性の減少は，現存の医薬品生産量を減少させ，新しい医薬品開発の機会をなくす可能性がある。一方，激しい医薬品開発競争のため，先住民族が伝統的に使用していた薬草を先進国企業が特許化することで独占し，乱獲で生物多様性減少に拍車をかけている。さらに，企業がそこから得た利益を現地住民に配分しないことは，**バイオパイラシー**（生物的海賊行為）と呼ばれ問題視されている。

3　医学と環境教育

　環境教育の大切な視点に，身近な現場の環境から学ぶことがあげられる。身近な現場とは，ひとの生活空間である**バイオリージョン**であり，家庭であり，そのひと自身である。医学もまた，ひととそのひとが暮らす地域という身近な環境を課題とする学問である。この共通点から医学と環境教育の関係について考える時，医学を基にした内部と外部の「ふたつの環境」に関する環境教育という新しい視点が見えてくる。

　従来の環境教育では，「環境についての教育」「環境の中での教育」「環境のための教育」の3つのアプローチがあると言われるが，ここでの環境は「外部環境」という意味合いが強い。しかし環境には「内部環境」であるひとを含んでおり，環境教育においても，人体の不思議を科学的にとらえ，慈しむ医学の視座が必要である。これを欠けば環境問題の解決は，人間の存在価値を危うくし，環境教育を学ぶ楽しさは半減する。「内部環境」の健康が，様々なつながりの中で成り立っていることに気付き，身近な「外部環境」であるバイオリージョンの状態を自らが深く観察することが重要であり，その過程を通して「ふたつの環境」を豊かで，公正，適切に調和させる当事者として行動する力を養う「ふたつの環境のための教育」が必要である。そしてこの環境教育の担い手として，今まで環境教育に携わってきた教育者や，地域社会のリーダーはもちろんのこと，医学的知識の豊富な医療従事者のより一層の関与が期待される。　（松田　聡）

▶バイオパイラシー

生物学（bio）と海賊行為（piracy）の合成語で，非工業文化の現地において数世紀にわたり使用されてきた生物資源，生物製品や製法に対し，原住民の許可を得ることなく私有化し，補償もなく収集や流用，不正行為をおこなうこと。ニガウリやインドスに抗糖尿病作用があることはインドで伝統的に知られていたが，米国が自国企業に対し，これらの植物を糖尿病治療に利用することに特許権をあたえたことはその代表例といわれている。

▶バイオリージョン

生命（bio）と地域（region）の2語を組み合わせた造語。自然が作りだした生物的，地質的に特性のある地域がそれで，河川流域などが代表的なバイオリージョンである。バイオリージョンの歴史や風土，食糧，エネルギー，産業などを有機的に結び付け，持続可能な地域社会を目指すバイオリージョナリズム（生命地域主義）という考えがある（⇨1-Ⅳ-8）。

参考文献

梶田昭（2003）『医学の歴史』講談社学術文庫

中川米造（1984）『環境医学への道』日本評論社

バーロウ，M.／T.クラーク（2003）『「水」戦争の世紀』集英社新書

"Managing the health effects of climate change" *The Lancet* 373. pp. 1693-1733, 2009

ヴァンダナ・シヴァ（2005）『生物多様性の保護か，生命の収奪か』奥田暁子訳，明石書店

IV 関連する諸科学

7 農学

1 農学とは

　農学とは，主に生物的**自然**を対象とする食料等の生産学的側面と，農政や農業経済など人文学的側面とが総合化された科学技術学と考えられている。環境教育は特に前者の生産学的側面で，農学とつながりが強いと考えられる。すなわち生物生産（農業）において目的物をできるだけ良質かつ大量に得るためには，その農業生物が能力を最大限発揮できる環境を，生産者たる人間が整え用意してやる必要があり，そのためには自然環境の活用や何らかの働きかけが必須であるからである。ただし，農業生産物をとりまく社会・経済的状況や農家の経営への配慮も当然要求される。

2 農学と環境

　農学の対象である農業はその性質上，自然環境の影響を大きく受ける。水田から発生するメタンガスやウシの口から出るアンモニアガスなどが気温に与える影響など，環境へのマイナス面と見なせる影響もあるが，総体としての環境保全・創出効果など評価できる側面も多い。その例として水田農業や林業では，水を貯蔵することによる洪水防止機能，地下水かん養機能，土壌流出防止機能，気候緩和機能が，畑では周囲の里山と一帯となって生物多様性保全機能が，農耕林地全体では良好な景観形成機能，酸素供給・大気浄化機能，保険休養・安らぎ機能がそれぞれ認められており，農業研究はこれらの環境保全，環境創出についての学習・研究とつながりが深い。

　農地や林地の維持はそれ自体が，河川や海洋の水文環境や，そこに棲む生物の生育に大きく影響を与える。林地や水田に降った雨は浄化されて余分な成分や土砂が除かれると同時にフルボ酸などの成分が付与されて河川や海に排水される。河川や海ではプランクトンが増え，魚介類や海草（藻）類を涵養する。農林業を通じて農林地を健全に保ち活用することは，周囲の水文環境を健全に保ち，引いては水産業の安定的な発展につながる。

3 農業学習の環境学習への展開

　したがって，子ども達にとって**農業（栽培・飼育）学習**を環境学習に拡張発展させることはさほど難しくはないはずである。

▷**自然**
自然界は，植物，動物，微生物で構成する生物を対象とする世界と，それ以外の非生物を対象とする物理的，化学的な世界とに大別される。両者は単独で存在するのでなく，互いに関連し合って存在する。

▷1 日本における農学は，明治以降にドイツからもたらされた。この頃から近代にかけて日本の農学の発展に寄与したのは，横井時敬，新渡戸稲造，野口弥吉などがいる。

▷**農業学習**
現在の学校教育では小学校の1，2年生で生活科の中で栽培・飼育の学習が必修で教えられている。中学校ではこれまで技術科の中で栽培が選択的に教えられてきたが，2012年度より栽培だけでなく家畜飼育，漁業，林業を加えた生物育成として，必修化された。

3-Ⅳ-7 農　学

　学校での栽培・飼育学習も，花壇で美しい草花を咲かせるといったことだけでなく，大気・地下水の浄化や土壌の生物圏の活性化，緑陰による校内温度環境の穏和化，環境の緑化による生徒への視覚的な良い影響，動物との触れ合いによる心的環境の健全化（アメニティ）やストレスの軽減など，学校内やその周辺地域の環境保全，環境創出の効果が期待できるので，農業学習にとってはこの視点から学習題材に事欠かない。

　最近は小・中学校の校舎の屋上・壁面緑化，屋上水田，ゴーヤなどの栽培によるグリーンカーテンづくりなどで，栽培活動を通じて校内の気象・自然環境をより快適化しようとする積極的な環境創出を試みている学校も増えてきた。また，学校グラウンドの芝生化や学校ビオトープ作りには直接子ども達が参加する場合もあり，そこでは植物を食べる虫を引きつけ，その虫をねらって他の昆虫や野鳥を校舎の周りに集め，これら野生動物と子ども達が接触する機会が増す効果や，芝生化した校庭で子ども達が安全にのびのびと思いっきり体を動かせる効果も期待できる。こうした活動は子ども達が主体的に参画できる環境創出活動そのものであり，自分たちの手で学校の気象・自然環境を変えられることを子ども達が認識できる唯一の教育機会である。

　校内での植樹も同様，子ども達の手で容易に実践できる。その効果は数十年後に発揮されるが，これらの学校環境創出は未来の後輩達への環境プレゼントとなることを，彼らに理解させる指導を通じて，良い環境は世代間で引き継がれるべきものであるという，環境教育で最も大切な概念の1つを子ども達に体験的に認識させることができる。こうした活動が，学校から地域へ，そして国から世界へと拡がることが，地球環境問題解決に向けての「環境市民」育成への地道な第一歩となろう。

▷芝生化
校庭の芝生化はこれまで多額の費用と時間がかかり，完成後の管理も手間がかかることで拡がりが見られなかった。最近，より廉価で確実に芝生化でき，その過程に子ども達も参加できる，いわゆる鳥取方式が開発され，2009年度までで全国約400校の校庭の芝生化が行われるに至った。

図3-9　農業，森林，水産業の多面的機能

出所：農林水産省「平成21年度　食料・農業・農村白書」

（土屋英男）

参考文献

　土屋英男（2010）『子ども達の心を耕す農業体験学習への期待』「魅力ある農業・農村体験学習――中学生・生物の生育環境編」（社）全国農村青少年教育振興会

　松尾孝嶺（1974）『環境農学概論』農山漁村文化協会

第3部　環境教育の周辺領域

Ⅴ　市民として行動する

1 自然環境を守るまちづくり

1 川の自然を守る

　まちを構成する重要な要素としてそのまちを流れる河川がある。筆者が住む京都市には鴨川という川が流れている。市民が河川敷でジョギングをしたり，休憩したり，日向ぼっこをしたりのんびりくつろぐ憩いの場として重要な都市機能を受け持っている。中洲の草地には**カヤネズミ**などの小動物の巣，キジ等の野鳥の巣もたくさんある。市民や市民団体（**鴨川を美しくする会**など）が河川中のごみを掃除し，工場や家庭からの排水を流さないように行政と協力啓発し，水質浄化に努力してきたことにより，ゲンジボタルの幼虫が捕食する**カワニナ**も徐々に増加し，美しい自然状態の河川が戻ってきた。

　しかし，河川を管理する行政が，数年に1回，河川のところどころに自然にできた中州の土や植物をその生態系ごと大型ブルドーザーを導入して一網打尽に破壊してしまう。これは，一部市民のトビケラやカゲロウの成虫が洗濯物につくなどの苦情を重く受けとめたり，あるいは治水上の理由による。自然保護団体が抗議しても聞く耳をもたない。かりにこれが貴重な**ニホンカワウソ**や**オオサンショウウオ**が棲息でもしているのであれば話は別かもしれないが，普通の雑草や野鳥が住んでいるだけでは行政は耳をかさない。行政が行うこれらの公共工事にいつも市民は目をむけるべきである。最近では川に**親水性機能**をもたせるため川面まで降りることができるように階段をつけたり，三面側溝を一部自然に近づけたりもしている。

2 公園の自然を守る

　次に大事な都市機能として公園がある。京都には真ん中に京都御所という緑地が

▷**カヤネズミ**
Micromys minutes　体長6cm 尾の長さ7cm 体重7～8gという日本で一番小さいネズミ。表面はオレンジ色腹は白色，河川敷などの草原でイネ科の雑草などで球形の巣をつくる。

▷**鴨川を美しくする会**
1964年11月20日に設立された住民団体で，鴨川のクリーンハイク，鴨川での納涼などを47年にわたり実施。鴨川の水質浄化，河川敷の清掃等地道に行っている。

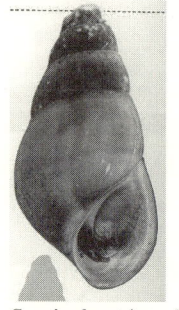

▷**カワニナ**
Semisulcospira libertine　細長い巻貝で，貝殻の先端部は往々にし欠けていることが多い。ゲンジボタルの幼虫のエサになることで知られている。川底をはい回り石や落ち葉に生えた付着藻類を食べる。

▷**ニホンカワウソ**
Luta lutra Nippon　イタチ科。1979年に高知県で最後の姿を視認された後は絶滅したと思われる。

▷**オオサンショウウオ**
Andrias japonicas　全長は

図3-10　カヤネズミと巣
出所：畠佐代子撮影・全国カヤネズミネットワーク

図3-11　中州のしゅんせつ
出所：筆者撮影

図3-12 アオバズクの親子
出所：『京都御苑の自然』より

あり，京都御苑という国民公園になっている。都市のヒートアイランド現象を緩和するにも有効な緑地である。動植物にとっても貴重なビオトープ環境になっている。夏には**アオバズク**が飛来し，雛をかえしてかわいい姿を市民にみせてくれるなどバードウォッチングのメッカとなっている。園内には多数の種類のキノコも観察できるなど市民にとってはかっこうの自然観察ポイントでもある。その他の都市公園も，ビオトープとビオトープをつなぐ回廊の役目を持っている。できればムササビなどの飛翔小型動物が木から木に飛び移れるような回廊性を持たせるように配置を検討すべきである。

3 街路や屋上の自然を守る

つぎに大事なインフラとしては緑豊かな街路がある。そこを歩く人々に緑陰をあたえるだけでなく，都市のヒートアイランド現象を緩和したり，ドライバーにはゆとりをあたえるなど精神的効果もある。幹線道路の路側帯に密生して樹木を植えれば，騒音の遮音効果や大気汚染ガスの吸着効果もある。路面についても**透水性舗装**を路面に使

図3-13 親水性機能を備えた河川
出所：筆者撮影

用することで，騒音の逓減と雨水の表面流失の増加を抑え，地下浸透させることで地下水の増加に寄与することができる。

都市の建築物の屋上を緑化することやヘチマやゴーヤ等のつる性植物を植えて緑のカーテンを作ることもまた都市ヒートアイランド現象の逓減と，温暖化防止対策にも寄与し，緑化作業に参加する市民の精神的緩和作用も見込まれる**園芸療法**効果も期待される。小学校や中学校でのビオトープ制作も子どもたちの情操教育や自然教育に大きな効果が期待される。子どもたち自身やその保護者，教員が一体となって校庭に池を掘り，水をため小魚や水生生物を放し，水草を育てることによって自然の面白さ，楽しさを体験することができる。最近は環境省が中心になって「いきものみっけ」の調査をおこない全国規模での動植物の分布調査をしている。京都市も独自に「京都市版いきものみっけ」の冊子をつくり小学校毎に学校周辺の生き物マップを作り，そのコンテストなども行っている。このことが子どもたちに身近な自然環境の大切さを認識させることにつながっている。

（板倉 豊）

1mを超えるものあり，世界最大の両生類である。国指定の特別天然記念物であるが河川の途中にダムが建設されたり河川の護岸がコンクリート化されることで移動や産卵場所が確保できず絶滅危惧種となっている。

▷**親水性機能**
従前は危険な水際に近づけないようにフェンスや土手などで遮蔽されていた水辺にアプローチしやすいように階段を設けたり，対岸にわたれるように飛び石を設置するなど人々が水辺で遊べるように護岸を改良したもの。

▷**アオバズク**
Ninox scutulata 全長29cmほどのフクロウより小型のフクロウ科の夏の渡り鳥。平地や山林の林，社寺林，屋敷林の大木のうろに営巣する。

▷**透水性舗装**
通常の道路の路面舗装はコンクリートやアスファルトなどの水分を透過させない材料を使用するが，微小な孔のあるポーラス材を多用すると表面から水分を吸い込むことで，排水路に大雨時の急激な流量負荷をあたえず，地下水脈に水を供給でき，騒音も孔から吸収されるなど環境にやさしい舗装となる。

▷**園芸療法**
園芸を通して心身の状態を改善する療法。

参考文献

刈田敏三（2010）『新訂水生生物ハンドブック』文一総合出版

京都府（2003）『京都府レッドデータブック（普及版）』サンライズ出版

第3部　環境教育の周辺領域

V　市民として行動する

2　人に優しい交通システム

1　交通環境学習

　私たちは普段の生活の中で、毎日、色々なところに移動している。学校へ行くのにも仕事に行くのにも、買い物に行くのにも、全て「移動」することが必要だ。もし私たちの移動が全て昔のように「徒歩」だけなら、大量のエネルギーも使わないし、地球温暖化の原因と言われるCO_2を大量に排出することもない。しかし、現代社会では、私たちは徒歩の範囲を遥かに超える空間を移動している。したがって必然的に私たちは、電車やバス、そして「自動車」が必要としているのだが、それらはいずれも、たくさんのCO_2を排出する。

　私たちが選ぶ交通手段の種類によって、排出する二酸化炭素は大きく異なる。**図3-14**に示す様に、自家用乗用車（以下、簡便にクルマと略称）を利用すると、バスの3倍以上、鉄道の8倍以上ものCO_2を排出することになる。だから、

　　　　　　　　　　　　　　　　　　　　　　自家用乗用車　168
　　　　　　　　　　　　　　　　　　　　　　バス　51
　　　　　　　　　　　　　　　　　　　　　　鉄道　19

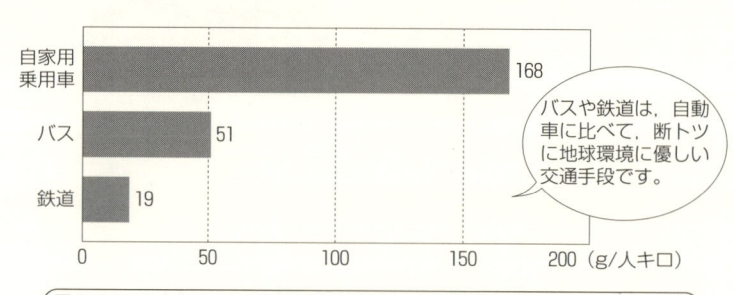

（バスや鉄道は、自動車に比べて、断トツに地球環境に優しい交通手段です。）

図3-14　1人を1キロ移動するたびに排出されるCO_2の重さと、交通手段

出所：国土交通省ホームページ

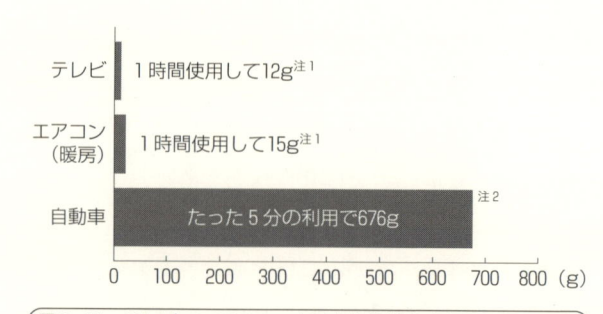

　テレビ　1時間使用して12g 注1
　エアコン（暖房）　1時間使用して15g 注1
　自動車　たった5分の利用で676g 注2

図3-15　テレビ、エアコン、自動車から排出されるCO_2の重さ

（注）　平均旅行速度：35.3km/h（平成17年度道路交通センサス、国土交通省）、燃費：10km/ℓ ガソリンの二酸化炭素排出係数：2.3kg・CO_2/ℓ で試算

出所：チャレンジ25キャンペーンホームページ「うちエコ！」サイトより

電車やバスは,「環境に優しい」一方,クルマは「環境に望ましくない」と言える。

しかも,移動以外の様々な活動の中でも,「クルマを利用する」という行為はとりわけ大量のCO_2を排出することが知られている。図3-15に示したように,僅か5分間クルマを使うだけで,テレビやエアコンを1時間つけっぱなしにするよりも40倍から50倍もの大量のCO_2を排出する。だから,私たちが普段のくらしの中でできるだけクルマを使わないようにすることが一番効果的な環境に優しい行動(**環境配慮行動**)だと言える。こうした交通にかかわる内容を教えていく環境教育は,「交通環境教育」と言われている。

❷ モビリティ・マネジメント教育

一方,環境という視点も含めつつ,多面的に「交通」の問題を取り上げる教育は,「モビリティ・マネジメント教育」と言われている。ここに,**モビリティ・マネジメント**とは,文字通り「モビリティをマネジメントすること」を表している。ここに「モビリティ」は「移動や交通」を意味し,「マネジメント」は「いろいろな工夫を重ねながら,少しずつ状況を改善していく取り組み」を意味している。つまり,「モビリティ・マネジメント」(以下 MM)とは,「1人ひとりの移動や,まちや地域の交通の在り方を,工夫を重ねながらよりよいものに改善していく取り組み」を言うものである。

こういう MM は,「自動車からの転換」を促して環境問題や渋滞の改善を図ろうとするものが多い。具体的には,人々に図3-14や図3-15の情報を提示しながら自動車からの転換を呼びかけたり,バスや新しい交通システム(例えば,LRTやBRT等)を導入したりするものなどが多い。

こうした MM の取り組みを題材するのが,「MM 教育」である。MM 教育については,エコロジー・モビリティ財団から『MM 教育のすすめ』が出版されているが,その中では①地域の公共交通の役割やそれを誰が支えているかを学習するもの,②「クルマ社会」の問題を考え,それを解決して行くには1人ひとりがクルマの使い方を見直すことが必要である,ということを実践的に学習するもの,③交通のことを踏まえながらまちづくりを考えるもの,④モノの流れを題材とするもの,等が挙げられている。

図3-16 富山市のLRT(セントラム)

これらの教育によって,交通を通して地域や社会を理解するとともに,1人の公民として何をすべきかを考え,実践させることを通じて,公民的資質,社会形成力の涵養を目指すのがMM教育のねらいである。

(藤井 聡)

▷**環境配慮行動**
テレビやエアコンを消す,リサイクルに出す,シャワーの時間を短くする,クルマ利用を減らす,といった「環境に優しい行動」を意味する(⇨ 1-Ⅳ-3)。

▷**モビリティ・マネジメント**
その主旨は本文に記した通りだが,交通の行政では「一人一人のモビリティ(移動)が,社会にも個人にも望ましい方向に自発的に変化することを促す,コミュニケーションを中心とした交通政策」と,一人一人の意識の変容を重視して定義されている。

▷**LRT**
ライト・レールウェイ・トランジットの略称。いわゆる路面電車と同様のものだが,車両が高性能となっている点が特徴。日本では,富山市などに導入されている(図3-16参照)。

▷**BRT**
バス・レールウェイ・トランジットの略称。通常のバスと異なり,バス専用のレーンを走るのが特徴。バス車両は,複数車両が連結されることも多い。ジャカルタやクリチバなどの海外のいくつかの都市で導入されている。

参考文献
モビリティ・マネジメント教育「教育宣言検討委員会:モビリティ・マネジメント教育のすすめ」(http://www.mm-education.jp)

藤井聡・谷口綾子(2008)『モビリティ・マネジメント入門:「人と社会」を中心に据えた新しい交通戦略』学芸出版社

V 市民として行動する

3 市民が選ぶ自然エネルギー

① 自然エネルギーとは

　自然エネルギーは，太陽の光や風，水など枯渇しない資源を利用するエネルギーで，温室効果ガスや大気汚染物質をほとんど排出しないもので，地球温暖化対策の有力な手段の1つである。ほぼ同義語として「再生可能エネルギー」という語が使用されている。主な自然エネルギーは，太陽光，太陽熱，風力，小水力，バイオマス（生物資源），地熱などがある。化石資源が偏って存在しているのに対して，自然エネルギーはどこにでも存在していることが大きな特徴である。小規模・分散型でもあるため，市民が地域単位で所有するのに適している。自然エネルギーの普及は，化石燃料依存からの脱却，地域の活性化，新しい産業・雇用の創出などにつながる。

② 世界の自然エネルギー普及

　最近の自然エネルギーの普及は目覚ましいものがあり，米国やEU等の先進国のみならず，途上国での普及も加速している。また世界的に自然エネルギーへの投資，関連産業の急成長も同時に起こっている。急成長に貢献している中心的な政策が，「固定価格買い取り制度」である。この制度はFIT（Feed in Tariff）と呼ばれ，自然エネルギーで発電された電力は電力会社が一定額で買い取る制度であり，その財源は電気料金に上乗せして賄うものである。設置者が一定期間で投資費用が回収できるため，誰もが設置できるという制度である。

③ 市民の取り組みの現状

○市民共同発電所

　市民が共同して自然エネルギー設備を設置する「市民共同発電所」の取り組みが，1994年に宮崎県ではじまり，1997年に滋賀県で設置された後，全国にひろがってきている。1つのモデルとなっているのが「きょうとグリーンファンド」によるおひさま発電所である。同ファンドは，2000年に活動を開始し，保育園・幼稚園などに16基のおひさま発電所を設置してきた。地域と密着した活動に特色があり，一口3000〜5000円程度の寄付を募り設置していく方法で，寄付募集中，設置時，設置後に地球温暖化や省エネなどの教育活動を行っている。おひさま発電所設置場所の園児やその家族，保育士，地域の人を巻き込んだ波

▶固定価格買取制度(Feed in Tariff)
自然エネルギーからの電力を安定した価格で買い取ることを補償する法制度。デンマーク，ドイツ等で導入され，自然エネルギー増加の効果が実証された。他のヨーロッパ諸国や途上国でも導入が進んでいる。

○菜の花プロジェクトとBDF

地域での活動が広がっている例に「菜の花プロジェクト」がある。滋賀県で廃食油を回収してせっけんをつくる活動から，廃食油を軽油の代替燃料として利用する活動と仕組みづくりに発展した。菜の花の栽培，菜種油の使用と回収，BDF化という循環が成り立つ取り組みとなっている。2001年に菜の花プロジェクトネットワークが設立され，活動が全国に広がっている。

京都市では，地域の人々が積極的に協力してんぷら油を回収している。それが，BDF燃料として，ごみ収集車や一部の市バスに利用されている。他の地域でも，商店街，温泉地などで，BDFの回収・活用の取り組みが広がっている。

○木材・木質資源の活用

木材の活用も自然エネルギーの利用である。木は成長するときにCO_2を吸収しているので，森林の成長速度以内で利用すれば「再生可能」であり，大気中のCO_2濃度を高めることにはならない。薪や炭は古くから利用してきた木質資源である。林業の残材，製材の端材等を利用した木質バイオマスを発電や熱に利用する取り組みが進められ，林業振興，化石燃料の削減につなげている地域がある。

○小水力の利用

ダムを造らないで，自然に影響を与えない範囲での水力利用も自然エネルギーである。日本は山が多く急峻で降水量が多い。そのため水力が利用できる可能性は大きい。農山村や比較的大きな都市でも河川，水路があり，これらをくまなく利用すれば有力な発電や動力エネルギー源になる。

4 今後に向けて

自然エネルギーの種類は豊富で市民が取り組むことが可能で普及させる手段も多様である。家庭に設置したり，地域で異なる主体が連携しながら設置することもできる。地域の資源を地域の人々が活用できる温暖化対策である。

今後，化石燃料が枯渇に向かい，その価格も高騰する傾向にあることから，一層自然エネルギー活用が進むはずである。自然エネルギーの燃料は，ほぼ無料であったり，あるいはこれまでコストを払って処分していたものである。利用のための設備導入や利用環境の整備に追加的なコストがかかるが，使用時のコストは安く，CO_2も排出しない。また，雇用を生み，あらたな産業促進にもつながる。日本でもようやく2012年7月に自然エネルギーを促進するFITが施行され，普及のための基盤が整った。この制度を活かして，市民・地域による市民・地域のための自然エネルギー普及を進めることが，地球温暖化対策と地域の活性化を両立させ持続可能な**低炭素社会**の構築につながる。　　(田浦健朗)

▷ **BDF（バイオ・ディーゼル燃料）**
生物由来の燃料であり，軽油の代替としてディーゼルエンジンに使用される。菜種油や廃食油から作られるものが多い。バイオ・エタノール燃料は，サトウキビやトウモロコシなどを発酵させてつくり，ガソリンと混合して使用することができる。

▷ **低炭素社会**
化石燃料に依存しないで，社会活動や経済活動を行うことができ，地球温暖化の原因となる二酸化炭素（CO_2）の排出が極めて少ない持続可能な社会。

参考文献

環境エネルギー政策研究所編（2012）「自然エネルギー白書2012」七つ森書館

きょうとグリーンファンド（http://www.kyoto-gf.org/）

菜の花プロジェクトネットワーク（http://www.nanohana.gr.jp/index.php）

和田武・新川達郎・田浦健朗他（2011）『地域資源を活かす温暖化対策』学芸出版社

さらなる学習のために

植田和弘・梶山恵司編著（2011）『国民のためのエネルギー原論』日本経済新聞出版社

大島堅一（2010）『再生可能エネルギーの政治経済学』東洋経済新報社

倉阪秀史編（2012）『地域主導のエネルギー革命』本の泉社

V 市民として行動する

4 行政の取り組みと市民との協働

1 パートナーシップは時代の要請

　社会を構成する主体は市民のほか，企業，行政など様々である。これらの主体は「セクター」という言葉で区別される。それらが持っているお金や情報などの資源も質量ともに多様である。持続可能な社会を創りだすためには，現在の社会経済の仕組みを根本から見直していくことが求められている。そのような影響力を持った市民活動を展開していこうとすれば，市民単独の活動にとどまらず，セクターの壁を越えて取り組むパートナーシップ（Partnership）が必要になってくる。

　パートナーシップは，英語の原義では組合や企業連合を指す。一方で日本の社会活動の分野では，立場の異なる組織や人が，目的を共有しながら，対等な関係で，それぞれの得意分野を生かしながら連携し，相乗効果を創出する活動を指すことが多い。

　市民にとって最も身近な行政は自治体である。ここ10年ほどで自治体行政におけるパートナーシップの位置づけは高まりを見せている。かつて，行政は市民や企業よりも上の存在であり，公の仕事はすべて行政に任せておけばそれで良いという意識が根強かった。しかし，近年少子化や地域産業の疲弊などを通して財政難が常態化している状況にありながら，住民のニーズはますます多様化している。行政任せや「お上」意識も薄らぎ，自治体行政だけで住民1人ひとりにきめ細やかなサービスを提供することが困難になってきた。そこで，先駆的な自治体ではいち早くから住民とパートナーシップで行政施策をすすめてきた。

2 行政の計画をパートナーシップで策定する

　かつて行政の計画は，行政職員や民間のコンサルタントが内部での議論のみで内容をつくってしまうのが一般的であった。しかし環境保全は役場の中だけでできるものではなく，住民や事業者を含め地域の**ステークホルダー**が一丸となって取り組んでいく性質のものである。行政だけでつくった計画は，理想的なことが書かれていても「画に描いた餅」では実現可能性が低い。そこで，計画の策定にあたり公募で策定委員を募り，公募委員，行政職員が議論を重ねながら一から計画をつくっていくというスタイルが広がりを見せている。普段い

▷**ステークホルダー**
利害関係にある者のこと。主に企業，行政，市民・NPOなどを指して使われる。

っしょにならない人々が集うのだから、最初はうまく進まないこともある。しかし、わがまちの環境をよくするという目的を共有できれば、些細な差異は問題にはならない。むしろ多様性は活動を推進するエネルギーになる。

京都府福知山市では、公募委員18人、市内の事業者・団体からの12人、若手の市職員11人が策定組織「ふくちやま市民環境会議」をつくり、2001年度から2年半かけて**環境基本計画**を策定した。会議は計79回にも及んだ。完成した計画書は「環境の環づくりをめざして」と題し、26の**リーディング・プロジェクト**をもち、福知山の目指す将来像もその情景が目に浮かぶようなユニークなものに仕上がった。しかし、計画の策定がゴールではなく、計画に書いたことを実際に実現する必要がある。計画の実行段階も引き続き行政と市民のパートナーシップで取り組むため「福知山環境会議」が立ち上がった。地元の里山や河川環境の整備や保育園、幼稚園、学校、公民館、児童館などでの**緑のカーテン**活動など、パートナーシップだからこそできる活動を展開している。策定時、市民と行政が対等の立場で、試行錯誤しつつもとことん議論するプロセスを踏んだからこそ、メンバーのモチベーションを高め、継続的な活動が可能となった。

❸ パートナーシップがもたらす好循環

多くのパートナーシップ活動に共通して言えることは、活動を通して、行政と市民双方が信頼関係を深め、自立して活動できる力を獲得しつつあることである。率先して活動するためには、思いだけでなく合意形成や組織の運営法、**ファンドレイジング**などのスキルも必要である。その意味で、パートナーシップ活動は環境保全に取り組む市民を育てる場にもなる。さらに、多様な主体が参画することは活動に幅や豊かさをもたらす。活動する当事者自身がその活動の豊かさを実感し、楽しむことができる。楽しさが活動を継続させ、発展させる好循環をもたらす。

❹ パートナーシップ　今後の課題

「パートナーシップ」という言葉が普及した反面、その名のもとにNPOが行政の安価な下請けに陥っていることもある。NPOも活動費ほしさにそのような関係に妥協してしまう場合もある。しかしパートナーシップの本質は、双方が対等性と緊張関係を保ちつつ単独では出せない相乗効果を創出することである。相乗効果が期待できない場合は関係を解消すべきである。お互いの目的に共有し、パートナーシップ関係構築の必要性と条件をよく確認しあう必要がある。同時に、活動の効果を定期的にモニタリグし、評価・改善しつづける仕組みが求められている。

（風岡宗人）

▷**環境基本計画**
主に国や地方自治体の環境保全に関する基本的な計画のこと。多くの場合、自治体の環境部局が案を作成し、パブリックコメントなどの意見募集を経て、審議会や議会で審議されて策定される。

▷**リーディング・プロジェクト**
計画に基づいて取り組むプロジェクトの中で、特に重要なものを指す。リーディング・プロジェクトを設定することで、多くの課題に優先順位を付けて取り組むことが可能となる。

▷**緑のカーテン**
朝顔やゴーヤなど蔓性植物を建物の壁面にはわせることで、直射日光を遮り、葉からの蒸散による気化熱で建物の温度上昇を抑える手法。

▷**ファンドレイジング**
社会からの寄付や会員からの会費、助成金、企業や自治体からの委託費など、活動資金を集めること。市民やNPOにとって、非営利であっても活動のための運転資金は不可欠である。しかし安定的な資金獲得ができている場合は少なく、大きな課題とされている。

参考文献
環境首都コンテスト全国ネットワーク＋財団法人ハイライフ研究所編著（2009）『環境首都コンテスト――地域から日本を変える7つの提案』学芸出版社

Ⅴ　市民として行動する

5　ものに頼りすぎない豊かな暮らし

① 自然の摂理が育むこころ

　環境教育は，環境問題を工業社会の弊害と見てその抑制に努めるための教育ではなく，新たな**豊かさや幸せ**を求める美意識や価値観を育む教育と位置付け，幼少期に自然の摂理に基づいて体験的に授けることが肝要である。

　筆者は**紙誌**で「40年かけて森を造った人」とか「未来の方から微笑みかけてくる生き方をした人」と評されることがある。それは1944年の夏から翌年の夏にいたる1年間の体験の賜物である。父の結核と戦争のせいで兵庫県西宮から京都嵐山，小倉山の麓に疎開し，戦争の熱気に翻弄されないがゆえに**七変人**と呼ばれた人たち（伯母もその1人）と豊かな自然に出会い，美意識や価値観を一転させられた。この体験とその成果について考えてみたい。

② 境遇の一転とその後の足取り

　1938年夏，筆者は豊かな給与所得者の下に西宮で生まれた。戦争激化にともない，やがて一家は伯母を頼って疎開し，母が農業で一家を支えることになり，生活が一変した。そこは常寂光寺や落柿舎を含めて16軒の村であった。父は闘病8年後の1949年にめでたく社会復帰することができたが，畑は放棄され，やがて荒地になった。筆者はこの約3000㎡の荒地の再開墾に18歳から手をつけ，工業デザインを学ぶために進学した20歳から植樹も始めた。

　その後，大阪の伊藤忠商事に就職して独身寮に入ったが，週末は帰宅して**循環型の庭**づくりに取り組み，翌年荒地の一角に小さな家を建てた。

　17年後，神戸のアパレル会社，ワールドに転職するが，週末は庭仕事に取り組み続けた。職場では創造性が求められる仕事に知恵を絞り，余暇時間は創造的に身体を駆使する二重生活である。やがて工業社会には**罠**が隠されているように見て取るようになり，転職8年後にサラリーマン生活に終止符を打ち，庭づくりに傾注しながら著作活動にも手を着けた。

　1986年春，創出した庭をエコライフガーデンと自称し，開放した。2年後に『ビブギオーカラー　ポスト消費社会の旗手たち』（朝日新聞社）を著し，工業社会が輩出したホワイトカラーやブルーカラーに甘んじずポスト消費社会に備える多彩な人になろう，と呼びかけた。その後『このままでいいんですか　もうひとつの生き方を求めて』（平凡社，1992）などを上梓した。

▷**豊かさや幸せ**
工業社会は，自然を破壊したり資源を枯渇させたりしながら，より高価なモノを持ちたいとか競争に勝ちたいなどといった相対的な豊かさや幸せ感を蔓延させた。他方，水や空気がきれいとか生物多様性に富むとかいったアメニテイを愛でるそれら，つまり全ての生き物や未来世代とも共感できる絶対的なそれらもある。

▷**紙誌**
朝日新聞99.6.2夕刊（関西版を除く），雑誌『自休自足』Vol. 2, 03夏号など

▷**七変人**
子どもを子ども扱いせず，話をキッチリ聴いて得心できるまで付き合った。夏から毎日水で行水をすると，冬も寒く感じないと諭すなど，ハッと自力本順に目覚めさせた。

▷1　（社）京都市保育園連盟『八瀬野外保育センター紀要』第34号で詳述

▷**循環型の庭**
古人の知恵と近代科学の成果を組み合わせることによって，自分たちが出す生ごみや尿尿などの有機物を肥料として野菜や薪などを産出したり，落葉樹の蒸散力などを生かして冷暖房効果を求めたりする近代的な庭。

▷**罠**
万人共有の「欲望」をコピー（複製のモノやコト）の

③ 幼児体験の賜物

　子どもの頃，疎開地で筆者は，野山で採取した野イチゴ，ヤマグリ，あるいは蜂の子などで腹を満たし，喉が乾くとイモリなどが棲む小川などの自然水で潤した。伯母は秋に，吊るし柿を作り，皮も干した。その皮を石臼で粉に引き，母にサツマイモをドロドロに煮てもらい，「善哉もどき」を作った。母は晩秋，野良小屋に深い穴を掘ってサツマイモを越冬させ，冬は筆者に麦踏みをさせて，子どもの体重は麦が喜ぶ重さだと諭した。翌春，伯母は山菜摘みに私を誘い，村の掟を教えた。この掟を村人は厳守していた。

　小学校に入り，私は友だちを真似て花壇を作ったが，ヒマワリの種は小さいので背が高くなることを知らずに手前に撒き，後部のパンジーなどを陰にして見えなくする失敗をした。次の友だちは別荘守りの息子であった。その庭でカクレンボをして道に迷った。その頃，野良小屋で三匹の子ネコを見つけて可愛がったが，翌朝には毛を少し残してすべて消え去っていた。おそらく母猫が食べたのだろう。夏休みの間に敗戦を迎えた。

　振り返れば，山の幸や自然水が，1人でも生きて行けそうだと私に気付かせた。麦踏みで，踏みつける麦の立場まで気になり，自分の存在や気概に目覚めた。伯母が作った「善哉もどき」で創意工夫する尊さを知り，山菜摘みや野良猫事件で自然の摂理に気付き，山菜とりで掟を厳守する人と村を愛する心を育んだ。花壇作りで一年の計が，植樹では百年の計が必要だと気付かされた。カクレンボをした庭で，「こんな庭が欲しい」と願った。夏休みが明け，社会が一変していたことを知り，驚愕。逆に不変であった自然の摂理と七変人に安堵している。やがて，都会から繰り出したハイカーが山菜を根絶やしにした。

　筆者は，ねだれば何でも買い与えられる生活が育んだ「三つ子の魂」を，疎開から敗戦にいたる1年間の体験でリセットされたわけだ。そして二度と同じことを繰り返さない自然の中で，二人として同じでない人間も，等しく自然の摂理を尊ぶべきだと気付かされた。この美意識や価値観が，コピーで消費をそそる工業社会を欲望の解放システムだと見抜かせ，その破綻を予見させ，オリジナルを創造する喜びに人間の解放を見出す次代を夢見させている。職場結婚した妻は，いつしか専業主婦のかたわら創作人形作家となっていた。

　豊かさや幸せ観は人様々だが，筆者は2大別して見ている。同時に，人間特有の潜在能力を顕在化できたときに，私たちは自己実現を実感し，その時に人間は最上の豊かさや幸せ感に浸ることができると見ている。逆に，自己実現しえない欲求不満に陥ると，浪費や環境破壊にかかわりがちになるのではないか。その分かれ道の選択に，幼児期体験がおおいに影響するように思う。つまり環境教育は，日々の生活に左右され易い課題であり，自然の摂理に目覚め易い幼児期に望ましきそれらを体験的に授ける意義を教えている。

　　　　　　　　　　　　　　　　　　　　　　　　　　（森　孝之）

消費でそそり，オリジナルを個別的に創造できる人間特有の潜在能力を阻害させ，「人間の解放」に目覚める機会や機運を見失わせている。

▷ビブギオーカラー
ヴァイオレットのVからレッドのRに至る虹の頭文字（Iはインディゴ）を連ねたVIBGIORに，衿のカラーを連ねた造語。

▷村の掟
ゼンマイは1つの株に3本は残して採れ，タラの芽は3旋回以降に出た芽は採るな，あるいは上流から順に活かす小川の水の使い方など，持続可能な生き方を可能とする約束ごとを主とする文化。

参考文献

アコム経済研究所編（1994）『日本の知識人80人に聞く　私の少年・少女時代』誠文堂新光社

佐田智子（2001）『interviews　季節の思想人』平凡社

森孝之（2000）「創造の庭　エコライフガーデン」農文協編『日本的ガーデニングのすすめ　農のある庭』農山漁村文化協会。

森孝之（2001）『庭宇宙パートⅡ　循環する庭』遊タイム出版社

森孝之（2010）「自然の摂理に導かれて」（社）京都市保育園連盟編『八瀬野外保育センター紀要』第34号，八瀬野外保育センター運営委員会。

V　市民として行動する

6　環境NGO／NPO

1 NGO/NPOとは

　NGO（Non-Government Organization：非政府組織）／NPO（Non-Profit Organization：非営利組織）は，それぞれに「どのような社会のあり方を目指すのか（ビジョン）」，そのために「自分たちはどのような役割を果たすのか（ミッション）」を明確に持ち，活動している。

　行政や企業では対応しにくいような特定の対象や地域のニーズと思われることでも，その背景には社会としての問題が潜んでいることがある。あるいは，社会の誰もが関係するにもかかわらず，あまりに大きすぎて認識されにくい問題（環境問題など）もある。それらを顕在化させ，根本的な解決のために社会システムの変革を促すところに，NGO/NPOの大きな役割がある。

　特定非営利活動法人（NPO法人）として法人格をもつ団体が多いが，ほかの法人格（公益財団法人や社団法人等）を持つ団体もあれば，法人格は持たない団体もあり，組織形態は様々である。

2 活動分野・テーマ

　環境NGO/NPOの活動は，森林保全，水，大気，ごみ，エネルギーなど単一のテーマを扱う活動から，それらを総合的にとらえて，ライフスタイル，気候変動，地域づくりといった切り口の活動まで幅広い。こうしたテーマのもと，普及啓発，実践活動，調査研究，政策提言などに取り組んでいる。例えば，以下の例があげられる。

・環境問題に関するセミナーや講演会の開催
・自然体験教室，自然観察会等の開催
・国内外における特定の地域の環境保全のための活動
・環境教育・学習ツールやプログラムの作成・普及
・地域における環境活動を担う人材の育成
・自治体や国への政策提言と具体的な実行
・企業・経済活動の環境負荷低減を促進する活動　　など

　NGO/NPOは，上記のような活動内容を各団体単体で行う場合もあれば，NGO/NPO間のネットワークで，あるいは行政・企業・国とのパートナーシップで取り組むこともある。ネットワークやパートナーシップは，社会的な課

▷KES
KESは京都から発信された環境マネジメントシステムの規格。中小企業をはじめとして様々な事業者が環境改善活動に参画することを目的として策定された

題を解決するための手法の1つである。概してNGO/NPOは，非常に限られた財源と人員で活動しているが，各主体が知恵や経験等を持ち寄り，互いの得意分野を活かして取り組むことで問題解決の力を大きくし，解決へのスピードを速めることが可能となる。

③ 環境NGO/NPOの活動例

前述の通り，環境NGO/NPOの活動は多岐にわたる。ここでは，環境教育の分野において，市民が参加する活動をごく一部であるが紹介する。

○中小企業の環境活動をコーディネート：京のアジェンダ21フォーラム

京のアジェンダ21フォーラム（以下，フォーラム）では，KES登録企業などを対象に京都環境コミュニティ活動（KESC）を実施している（⇨2-Ⅷ-2）。複数の中小企業がチームを組んで小学校への出前授業，ソーラーパネルを設置した保育園等での環境学習，森林保全活動などを行っている。

このうち，小学校への出前授業を行うチームでは，環境教育の実践経験がなかった業種の異なる企業が1つのプログラムを作り上げ，小学校で実施するために，フォーラムでは環境NGO等にプログラムづくりのコーディネーター派遣を依頼した。その教育効果は子どもたちに対してだけでなく，参加した社員にとってもコミュニケーションや環境問題への意識向上等において効果が高い。中小企業が地域コミュニティの一員として環境保全に取り組む例と言える。

○地域行事を入り口にした環境配慮行動の促進：NPO法人環境市民

環境市民（⇨2-Ⅷ-3）では，2006年から地域の伝統行事に環境の視点を盛り込むことを提案した「エコ地蔵盆プロジェクト」を進めてきた。取り組みの視点やヒントを環境市民が提案し，その具体化は各町内会の担当者とともに地域の事情にあわせて考え実践している。複数の取り組みのうち，特にごみ減量については，各町内会の住民自らが考案・実践して成果を出している。環境教育プログラムも実施し，地域行事を通じた日常生活での環境配慮行動の実践を促している。

④ NGO/NPO活動に参画しよう

NGO/NPOの現場では，多くのボランティアが活動しており，いずれの団体においても欠くことのできない大きな力となっている。ぜひ，地域で活動しているNGO/NPOにコンタクトをとり，その活動に加わってほしい。活動に積極的に参画することで，市民として環境問題とどのように向き合い，解決のためにどのように行動すれば良いのかを，そこに集う仲間とともに学び，実践することができる。その過程はまぎれもない環境学習・環境教育の機会であり，環境配慮型社会をつくる力となる。

（内田香奈）

2013年4月末現在全国で約4200の事業者が登録している。審査・登録は，NPO法人KES認証機構が行っている。(http://www.keskyoto.org/kesinfo/)

▷エコ地蔵盆プロジェクト
京都で夏に行われる「地蔵盆」は，各町内が子ども達のために工夫を凝らして様々な企画をしている。そこでのごみ減量の取り組み，景品等の環境配慮を提案する取り組みである。環境市民の活動としては2012年で終了しているが，地域での取り組みが継続されている。事例など，詳しくは環境市民のウェブサイトを参照されたい。(http://www.kankyoshimin.org/modules/activity/indes.php?content_id=14)
NPO法人環境市民(http://www.kankyoshimin.org/)
京のアジェンダ21フォーラム (http://ma21f.jp/)

（さらなる学習のために）

特定非営利活動促進法や特定非営利活動（NPO）法人格をもつNPO/NGOについては，以下が参考となる（ただし，環境分野に限定しない）。
内閣府NPOホームページ (http://www.npo-homepage.go.jp/)
・全国の環境NGOの概要を知るには，以下が手がかりとなる
『環境NGO総覧』独立行政法人環境再生保全機構平成21年〜23年にかけて全国を8ブロックにわけて順次調査をしている。ウェブサイトでの検索・閲覧も可。(http://www.erca.go.jp/jfge/ngo/html/main.php)

第3部 環境教育の周辺領域

V 市民として行動する

7 公正貿易（フェアトレード）と環境問題

1 フェアトレードの発展と定義

途上国の小規模生産者の貧困削減を目指して，NGOや教会の主導で多様な発展を遂げてきたフェアトレードであるが，1989年に国際オルタナティブ・トレード連盟（現在の世界フェア・トレード機構（WFTO））が設立され，世界で共有すべきフェアトレードの原則・目標・定義などが整備された。

WFTOはフェアトレードを，「対話・透明性・尊敬に基づいて，貿易におけるより大きな公平さを追求する交易パートナーシップである。社会的に排除された，特に南の生産者や労働者に対して，「**よりよい交易条件**」を提供し，彼らの権利を保障することによって，持続的発展に貢献する」と定義付けている。

その「貿易におけるより大きな公平さ」「よりよい交易条件」について，WFTOは最重要原則の1つ「持続的で公平な交易関係」の中で，生産者が持続的な生計を維持できる（経済・社会・環境面についての日常的な健全さのみならず，将来の改善を可能にする），すべての生産コスト（自然資源保全のコストを含む）と将来の投資の必要性に配慮する，と説明している。

2 フェアトレードの価格形成

97年に設立された国際フェアトレードラベル機構（Fairtrade International；FLO）は，「フェアトレード」商品の国際認証制度を確立した。その認証基準を満たせば，世界共通の**国際フェアトレード認証ラベル**（図3-17）を商品に貼付できる。上記の「よりよい交易条件」を具体化する，交易条件の認証基準については，小農民生産の場合，長期の安定した取引関係，代金の一部の前払い，の基準に加え，下記の2つの価格形成の基準が規定されている。

●最低価格の保障

生産者が生産・生計を維持できる最低価格を保障する。国際価格が降下しても，生産者はそれに翻弄されず，**セーフティネット**を得られる。

●フェアトレード・プレミアムの支払

地域社会の開発（教育，医療，農業生産性・品質の改善など）のために利用される奨励金（生産者組織が民主的に管理）を支払う。生産者の社会・経済・環境条件が改善する。

▷**よりよい交易条件**

交易条件とは，一般的には一国の輸入品と輸出品の交換比率（輸出品1単位と交換できる輸入品の単位数）のことである。そのため「よりよい交易条件」とは，輸出品価格の上昇や輸入品価格の下落による一国の貿易の有利化のことを指す。しかしフェア・トレードの「よりよい交易条件」とは，途上国の生産者による販売価格の有利化を目指すものである。

▷**国際フェアトレード認証ラベル**

FLOの国際フェアトレード基準は，食品についてはバナナ，カカオ，コーヒー，生鮮果物・野菜，はちみつ，フルーツジュース，コメ，スパイス・ハーブ，砂糖（さとうきび），茶類，ワイン用ぶどう，ドライフルーツ，ナッツ・脂肪種子，豆類，キノア，フォニオなど，

図3-17 FLOの「フェアトレード」ラベル

表3-3 「フェアトレード」コーヒーの最低価格とプレミアム

(セント/ポンド)

コーヒー豆の種類	普通豆最低価格	有機豆割増	フェアトレード・プレミアム
水洗式アラビカ	140	プラス30	プラス20
非水洗式アラビカ	135	プラス30	プラス20

出所：FLOホームページ

3 フェアトレードによる環境保全

フェアトレードにとって，「よりよい交易条件」，特に持続的生産・生計を可能にする最低価格の保障が最重要であり，その最低価格には環境保全面のコストも含まれているようである。それに加えて，化学肥料・農薬使用の最少化や土壌・水資源の保全に努めるという環境開発面の認証基準もある。

ただし例えばコーヒーを事例とした場合，FLOが定める世界共通の最低価格（表3-3）が，世界中の産地における持続的生産・環境保全を保障するとは思えない。また環境開発面の認証基準は，使用最少化や資源保全の努力目標であり，有機JAS規格のような不使用を義務付けるものではない。

しかし同じくコーヒーの場合，直射日光に弱いことから，日陰樹（シェイド・ツリー）の下での栽培が一般的である。特に山中における栽培の場合，森林を完全に開墾せずに疎林として残し，その高木・中木を日陰樹として活用している。環境保全的な土地利用・生産方法として注目されている，「**アグロ・フォレストリー**」に近い。

ところが2000年代前半，コーヒー価格が市場最安値水準まで暴落し，コーヒー栽培を断念する生産者が増えた。その結果，日陰樹も伐採され，森林破壊が進んでしまった。つまりコーヒーのフェアトレードは，最低価格に環境保全コストを十分に含まなくても，生産さえ持続させることができれば，環境保全に貢献するのである。

4 新しい品質・消費者

欧米と比較して，日本ではフェアトレードの普及が大きく遅れている。例えばアメリカでは全コーヒーの約3.5％がフェアトレードであるが，日本ではレギュラー・コーヒーの0.5％にも満たない。

生産者からの高価格での購入の結果，できる限り直接的な取引により流通コスト削減に努めても，フェアトレード商品の小売価格は高めになってしまう。

今後の普及は，高価格であっても，生産者の持続的な生産・生計，そして環境保全に貢献できるという「新しい品質」が上乗せされていると見なし，フェアトレード商品を積極的に購入する，共生の価値観やライフスタイルを持つ「新しい消費者」の増加にかかっている。

(辻村英之)

非食品については綿，花・植物，木材，スポーツボールなどに備えられている。

▷**セーフティネット**
社会保障制度のような，最低限の生活水準を保障するために張り巡らす「安全網」のこと。

▷**アグロ・フォレストリー**
同一の土地を，林業と，農業・畜産業・水産業が，同時に，あるいは，交代で利用し，産業の幅広い組合せで，土地面積あたりの総生産量を増加させる持続的土地利用形態（内村悦三（2000）『実践的アグロフォレストリー・システム』国際緑化推進センター）。

参考文献

佐藤寛編著（2011）『フェアトレードを学ぶ人のために』世界思想社

辻村英之（2012）『増補版 おいしいコーヒーの経済論：「キリマンジャロ」の苦い現実』太田出版

長坂寿久編著（2009）『世界と日本のフェアトレード市場』明石書店

渡辺龍也（2010）『フェアトレード学：私たちが創る新経済秩序』新評論

第 4 部

環境教育の実践事例

I 学校での実践事例

1 小学校における実践の成果と課題

▷環境教育指導資料
学校における環境教育の基準を示すもので，環境教育を積極的に推進していくための基本的な考え方や指導展開等について解説するとともに，各教科，道徳，特別活動及び総合的な学習の時間における実践事例，家庭や地域との連携，社会教育施設等との連携を図った実践事例を取り上げ，環境教育としての視点や事例活用に当たっての留意点等を明確にしたものである。小学校編は，1992年に最初文部省から出され，2007年に改訂され国立教育政策研究所教育課程研究センターから出された（⇨ 1-Ⅱ-7 ）。

▷生きる力
平成8年の中央教育審議会の答申で［生きる力］をはぐくむことを提言され現在も続いている。「いかに社会が変化しようと，自分で課題を見つけ，自ら学び，自ら考え，主体的に判断し，行動し，よりよく問題を解決する資質や能力」，「自らを律しつつ，他人とともに協調し，他人を思いやる心や感動する心など，豊かな人間性」，そして，「たくましく生きるための健康や体力」を重要な要素として挙げた（⇨ 3-Ⅰ-5 ）。

1 学習指導要領と環境教育指導資料

　環境教育は特定の教科だけでなく多くの教科にかかわる教育課題であるので，担任教師がほとんどの教科を1人で受け持っている小学校では比較的取り組みやすく，これまでにも多くの実践が行われてきた。

　1998年の学習指導要領の改訂で2002年度から総合的な学習の時間が始まり，例示された教育内容の中に「環境」が記された。また，「**生きる力**」を育成することが指導要領で提唱された。これは環境教育を実践する上で，大きな追い風になった。これらは2011年度から実施されている現行の学校カリキュラムにおいても変わってはいない。また，環境教育の基本的な考え方は，環境教育指導資料［小学校編］に整理され，環境教育のねらいとして以下の3点が挙げられている。

　1）環境に対する豊かな感受性の育成
　2）環境に関する見方や考え方の育成
　3）環境に働きかける実践力の育成

　小学校の環境教育ではこの3つのねらいを設定し，総合的な学習の時間を中心に，各教科・道徳・特別活動等の中で，それぞれの特性・地域の特性に応じ，また，相互に関連させながら学校教育全体の中で実施されている。

2 小学校における実践とその成果

　実際に小学校で行われている環境教育活動には，どんなものがあるだろうか。

表4-1　小学校における環境活動の分類

1）自然体験型
　自然体験活動から地域の自然を知り，地域自然を保全する活動につなげていく。
2）郷土学習型
　郷土の自然を見直し，郷土文化から地域環境を考えていく。
3）環境美化型
　学校や地域の美化活動から地域美化に対する意識を高める。
4）ごみ・リサイクル型
　ごみ拾い・リサイクル活動から自分たちの生活を見直す。
5）学校改造型
　学校の環境を改善していくことで主体的に環境改善していく大切さを理解する。
6）環境調査型
　地域環境調査や国際的な調査に参加することで環境保全の意識を高める。

出所：筆者作成

児童振興財団は1992年度から10年間，「環境教育賞」を実施し，小中学校の環境教育の優秀な実践事例を集めている。その活動を分けると，**表4-1**の6つに分類される（飯沼，2002）。

しかし2000年頃を境に活動内容に変化がみられるようになった。多くの学校ではこれら6つに当てはまる活動が多いが，活動を総合的に組み合わせ総合的な学習として学校ぐるみで行う事例や，インターネットを活用し国際交流や情報教育に絡めてグローバル教育として実践する事例，開発教育などの視点を盛り込みESDとして実践する事例などが増えてきた。

また，学校だけでなく，地域やNPO・企業などと協働したり，地域づくりに学校が参加したりしていく事例などもあり，もはや学校の中だけで環境教育を行うのではなく，学校外との協働で地域作りを含めて実践していく傾向にあると考えられる。

内容だけでなく，環境教育の教育方法も変化しつつある。かつてはトーク＆チョーク（前で教師がしゃべり児童は前を向いて聞く）中心の授業が多かったが，答えが明確でなく自分たちで行動を考えていく環境教育では，グループワークやワークショップなどの参加型の手法が多く使われるようになった。

3 小学校における環境教育の課題

2008年の指導要領の改訂により総合的な学習の時間が大幅に減らされた。前述のように小学校の環境教育は，総合的な学習の時間を中心に展開されてきたことを考えると，環境教育はやりにくくなったと言える。また，総合的な学習の時間においても，あくまでも事例の1つとして「環境」の言葉が入れられているにすぎない。

このような中，日本環境教育学会をはじめ，環境教育関係者の中には「環境教育の制度化」を目指す動きがある。総合的な学習を中心とする環境教育は，学校裁量として，カリキュラム作りも学校ごとに行われるので，学校間に差が生まれるのは当然であろう。全ての小学校である程度以上の環境教育を行っていくためには，制度化（教科にする・総合的な学習の中で内容を例示ではなくするなどの方法がある）は必要であろう。

しかし裏を返せば，現在の環境教育は教師の裁量で自由な実践研究ができる状態にあり，環境教育の制度化（教科化）が現場の自由な研究・考え方を阻害しないようにすることが大切である。

また，学校における環境教育を見直す視点として，環境教育「教育内容の環境化」「教育方法の環境化」「教育施設の環境化」「人間関係の環境化」という4つの**「教育の環境化」**で学校自体を見返していくことも必要であろう。

（飯沼慶一）

▶教育の環境化

飯沼ら（1999）は，環境教育 Environmental Education を「教育の環境化あるいはエコロジカル化」という言葉に置き換え，環境教育成立のために教育改革の必要性を述べた。それをもとに「エコスクールワークショップ」を行い，学校における「教育の環境化」を整理した。

「教育内容の環境化」→社会的な問題（個人の価値観を問う内容）を扱う。
「教育方法の環境化」→トーク＆チョークからの脱却 体験型・ワークショップ等
「施設の環境化」→効率を求めない施設・地球に優しい施設
「人間関係の環境化」→みんなで話し合う・作り上げる 上下関係のない人間対人間の付き合い

参考文献

飯沼慶一（2002）「小学校における環境教育の実践と課題」川嶋宗継・市川智史・今村光章編著『環境教育への招待』ミネルヴァ書房，pp. 202-203

飯沼慶一・市川智史・有馬進一・原子栄一郎・藤本勇二・佐藤真久（1999）「日本における「エコ・スクール」像：エコ・スクールワークショップより」（日本環境教育学会第10回大会 研究発表要旨集）

国立教育政策研究所教育課程研究センター（2007）『環境教育指導資料［小学校編］』pp. 15-16

原子栄一郎（1999）「教育の環境化あるいはエコロジカル化」（日本環境教育学会第10回大会 研究発表要旨集）

第4部　環境教育の実践事例

I　学校での実践事例

2　中学校における実践の成果と課題

❶ 「こどもエコクラブ」とともに15年

「こどもエコクラブ」とは，環境庁（現・環境省）が後援し，（財）日本環境協会内に全国事務局がある組織である。環境問題に関して何かアクションを起こしたいと考えている全国の幼・小・中・高のこどもたち約18万人（平成21年度）が登録して活動している。サポーター（多くは大人）さえいれば活動内容は自由で，環境問題解決のための熱気が伝わってくる集団である。

筆者はこれまで3つの中学校で15年間「こどもエコクラブ」を結成し，サポーターを務めてきた。「エコ・ECO・○○中・探検隊」（略して「エコ隊」）と称し，1000人を超える中学生をサポートしてきた。①環境にやさしい活動をしている企業等の探検，②**環境家計簿**の普及と実践，③校区内の省エネ・環境美化活動である。選択社会科の受講生が即「エコ隊員」という位置付けで活動してきたが，「隊員」を中核集団として公民と地理の授業づくりもしてきた。

❷ 「エコ隊」とともに公民・地理の授業づくり

①「なぜ**再生紙**ノートは割高なのか」というテーマで，公民分野経済単元の授業づくりをした。古紙を集める，古紙を溶かす，古紙を漂白する……，の過程は，バージンパルプから紙をつくるよりコスト高になる。当然価格も上がる。そこで「それじゃ安いノートしか買わないの？」と揺さぶりをかけてみる。日常の消費行動と環境保全とのジレンマを追究させる授業である。

②「(仮称) 市川市マイバッグ推進条例, 是か非か」というテーマで，**ディベート**の授業をおこなった。レジ袋を減らし，ごみの減量を図り，焼却処理に伴なうCO_2やダイオキシンの削減を達成するために買い物袋（マイバッグ）を奨励する。持参すればポイントがたまり持参しないと罰則まである。日常生活を

▷**環境家計簿**
環境先進都市を目指す自治体を中心に，1990年代から相次いでつくられた。日常生活において，電灯をこまめに消す等の省エネ対策や，レジ袋をもらわないなどの廃棄物対策によって，CO_2の排出を少しでも減らすことを目的にしている。環境のために良い活動のCO_2換算表が付いている（⇨ 2-I-2）。

▷**再生紙**
古紙を集め，大量の水で溶かし，界面活性剤で脱墨し，漂白した糊状のものを漉いて再び紙にしたもの。バージンパルプ製紙に比べ一般にコスト高になる。

▷**ディベート**
「○○については△△にすべきである。」という論題に基づいて，肯定・否定の両派に別れ討議すること。肯定・否定の論拠を客観的に判定し，ジャッジが勝敗を宣告することが多い。

▷**地産地消（千産千消）**

表4-2　「エコ隊員」の登録数

H8	市川八中	55人	H13	大洲中	59人	H18	市川六中	72人
H9	市川八中	77人	H14	大洲中	72人	H19	市川六中	74人
H10	市川八中	94人	H15	大洲中	75人	H20	市川六中	38人
H11	大洲中	39人	H16	大洲中	78人	H21	市川六中	67人
H12	大洲中	81人	H17	大洲中	68人	H22	市川六中	67人

出所：筆者作成

反映するだけに保護者も巻き込んで議論が白熱した公民の授業となった。環境家計簿の実践の中にマイバッグも含まれるため関心が高まった。

③「地産地消の意義」を考えるため地理の授業づくりをした。「**地産地消**」を千葉県では「千産千消」と表現している。例えば食品に関しては，千葉県の地元で採れた安心・安全な食べ物を推奨しようという動きが盛んになっている。授業の準備過程で「エコ隊員」が，できるだけ多くの友人に日常の食生活の中の「千産千消」度の調査を依頼した。スローフードとファストフードの比較もできて，地理単元と**食育**の合体のような授業構成に発展した。

④「海面上昇で三番瀬が消える」というタイトルで地理の授業を行った。三番瀬とは奇跡的に東京湾に残された**干潟**である。千葉県浦安市・市川市・船橋市にまたがっており，高度経済成長時に埋め立ての危機にあったが，近年，開発の凍結が決定した。しかし地球温暖化の進展による海面上昇が続くと，丸ごと水没するという予測がある。「エコ隊」で数度実地調査をし，水没予想範囲を想定したビデオ教材を作成し，身近な地域の調査の複合単元で活用した。

3 環境認識と活動の格差

「エコ隊員」を環境問題の学習中核者集団として，15年にわたり社会科環境学習の授業づくりをしてきた。下表にある通り，「隊員」には環境認識の向上や環境改善活動への高い貢献が見られた。しかし公民や地理の授業を通して一般生徒への普及を図っても，認識や活動の達成率向上には常に一定の限界が存在した。この「格差」を埋める手立てを開発しない限り，日本は真の環境（教育）立国にはなりえないと思われる。

ただし希望はある。「子どものライフヒストリーを創造する社会科教育：こどもエコクラブ卒業生の足跡調査を考察して」という拙論で明らかにしたのだが，「エコ隊」卒業生の実社会における環境改善活動には目を見張るものがある。エコ関連の業種に就業した者，環境NPOに関わる者，日常のエコ活動に邁進する者。中学校時のエコ活動は，その後の人生を変える力がある。

表4-3 「エコ隊員」と一般生徒との認識・活動の格差
(単位：%)

環境認識・環境改善活動の内容	エコ隊員の達成率	一般生徒の達成率
ごみの分別方法について言える	93.8	42.8
市民マナー条例の内容を言える	95.7	55.6
千産千消の内容について言える	92.1	50.5
地球温暖化の原因が理解できる	99.2	72.1
ごみの分別を実践している	90.4	61.1
クリーン作戦等に参加している	88.7	23.4
エコを意識した買い物をしている	82.5	21.2
環境家計簿に協力・実践している	95.4	55.3

出所：筆者作成

（竹澤伸一）

▷地産地消
大量生産・大量消費の傾向に抗して，地場で生産された「生産者の顔の見える食品等」を率先して消費していこうという運動。千葉県では「千産千消」という語呂合わせのもと，全県を挙げて推進している。

▷食育
人間生活における「食の意味」を色々な角度から追究させる試み。学校教育では，生活科，社会科，家庭科，総合的な学習の時間等で扱われることが多い。特に子どもの偏った食事，朝食抜き，個食……等の実態から食育の重要性が指摘されている。

▷干潟
沿岸部に見られる遠浅の地形。一日のうちで潮の干満により陸になったり海になったりする。幼魚や稚貝の生育環境として「命のゆりかご」と呼称されることがある。ラムサール条約の登録湿地として注目を集めるところがある。

（参考文献）

環境省こどものページ
(http://www.env.go.jp/kids/)

こどもエコクラブのページ
(http://www.ecoclub.go.jp/)

(財)日本環境協会のページ
(http://www.jeas.or.jp/)

（さらなる学習のために）

環境省発行の『環境白書』および『こども環境白書』，さらに各都道府県・市町村発行の『環境白書』を取り寄せ，学習のための視点を得る努力をすることをおすすめする。

第4部 環境教育の実践事例

Ⅰ 学校での実践事例

3 高校における実践の成果と課題①

1 高校における実践事例

○学校設定科目「環境科学」における授業実践

大阪府立伯太高等学校の東照晃（理科）が，前任の大阪府立貝塚高等学校にいた時の実践である。

東は，"Act locally think globally"をコンセプトに，教師が地域と学校をつなぐコーディネーターであると規定して活動をすすめ，学校がある泉州地区の，地域と連携した授業を模索してきた。

具体的活動を紹介する。貝塚市にある自然遊学館に協力を依頼して，授業中に生徒を引率してビオトープのヤゴ観察を実施した。また，近木川の水質調査に取り組み，近木川水系の水質を総合的に把握してきた。

さらに，里山の生きもの調査では，地域の老人から聞き取りをして，里山の昔のくらしの知恵と環境の関連を生徒と共に学んだ。人権教育とのかかわりで，その典型として原田正純の水俣学を模範として取り入れ，「貝塚まちづくり」も目標にしている。大阪府貝塚市のESDの主要メンバーでもある。

その他に，東は，人権教育でも長年にわたり実践に取り組んできた。近年では生物多様性と人権を統合して「いのちの教育」に進んでいる。

○部活動による環境調査活動

大阪府立港高等学校の平井俊男（理科）による実践である。

平井は，前任校の柏原東高校から継続して，学校が位置する地域の環境調査を理科クラブやパソコン同好会の生徒とともに手がけてきた。

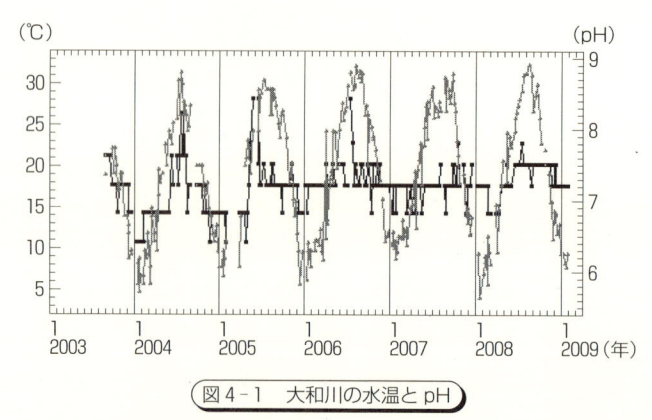

図4-1 大和川の水温とpH

出所：平井俊男作成

▷学校設定教科・科目
高等学校では，学習指導要領に示されている教科・科目の他に，必要に応じて学校ごとに教科や科目を設定できる。「環境科学」の他に「生命科学課題研究」「国際理解」「ボランティア活動」などの事例がある。

▷ESD
Education for Sustainable Development の略。「持続可能な開発のための教育」と訳す（⇨1-Ⅰ-4）。日本の組織としてESD-Jがあり，各自治体にESDが組織されて地域の活動をしている。ESD-Jのホームページには，次のような解説がある。「ESDとは，社会の課題と身近な暮らしを結びつけ，新たな価値観や行動を生み出すことを目指す学習や活動です」
（http://www.esd-j.org/j/esd/esd.php）

柏原東高校では，大和川の芝山橋を測定地点として，大和川の水質調査を7年間実施した。川の水を採取して気温・水温を測り，その場で簡易水質検査試験紙アクアチェックを用いて，総硬度，総アルカリ度，窒素濃度，pHなどを測定した。考察した例は，季節変化に伴う水温変化とpHの変動，その原因としての水中の植物の光合成量の関係がある。グラフでは，水温△とpH□の変化が重なっている。すなわち，水温上昇とともに光合成量が増加して水中のCO_2を吸収し，その結果としてpHの値が増加する（アルカリ性に傾く）。

港高校に異動した平井は，安治川の水質に及ぼす海水の影響を調べている。

二つの高校での生徒と平井の活動は，校内の文化祭での発表はもちろん，校外では日本水環境学会での発表やGLOBEの取り組みにも積極的に参加して，生徒たちの活動に対する自信を高めるように仕向けている。

○竹炭焼き活動を中心とした地域環境教育

筆者が所属していた大阪府立北千里高等学校では，2000年に校庭に炭焼きの窯が設置されて，現在にいたるまで竹炭を焼く活動を続けている。

「竹炭焼き活動」という活動の題名であるが，炭だけを焼いているわけではない。炭焼きの活動が，生徒と地域の様々な人たちとの交流の出発点（プラットフォーム）になっている。炭焼きから派生した活動には，次のようなものがある。校庭の緑化活動，花壇の整備，竹炭を使った水質浄化の実験，水質検査法の体験，ため池の野鳥やプランクトンの観察と水質調査，公民館の親子科学教室での補助活動，吹田リサイクルプラザでの活動報告，北千里駅前の地域交流研究会への参加などである。

これらの活動を実施する時間帯は，理科や保健体育の授業時間に野外活動として竹切りや炭焼きを体験する，土曜日に科学部の活動として本格的な炭焼き活動に参加する，地域の集まりに出かけていって，様々な人と協同する，などである。

2 実践における課題

○学校に共通の悩み

他校の教員から出る質問は，「どれくらいの数の教員が協働しているか」「リーダーの教員が異動したらその活動はどうなるのか」である。これは小中高校に共通の悩みである。その取り組みが，研究指定を受けると一時的に盛り上がる。しかし，指定期間が終了したら関心が薄れていくという，同じ悩みを抱えるのではないだろうか。

○協働の組織づくりを

意識がある教員の個人的努力には限界がある。活動に賛同する同僚教員や父母，卒業生，地域の人材と連携して活動を盛りあげ継続することが望まれる。

（塩川哲雄）

▷ GLOBE
Global Learning and Observations to Benefit the Environmentの略。
(http://www.fsifee.u-gakugei.ac.jp/globe/about/index.htmlを参照)

参考文献

東照晃（2009）「学校設定科目『環境科学』における10年間の成果と課題」『環境教育』（日本環境教育学会）18(3)（通巻040），pp. 59-67

平井俊男（2007）「柏原東高校におけるグローブ事業」理化紀要（大阪府高等学校理化教育研究会）44，pp. 35-38

塩川哲雄（2002）「高等学校における地域での環境教育活動」『環境教育』12(1)（通巻023），pp. 98-104

さらなる学習のために

インターネットで活動がわかるものを紹介する。

「あおぞら財団」と大阪府立西淀川高校の協働
(http://www.aozora.or.jp/katsudou/manabu)
(http://www.osaka-c.ed.jp/nishiyodogawa/unesco.html)

和歌山県立向陽高校の環境科学科
(http://www.koyo-h.wakayama-c.ed.jp/gakka2.html)

大阪府立北千里高校の竹炭焼き活動
(http://tenbou.nies.go.jp/learning/repo/04.html)

第4部 環境教育の実践事例

I 学校での実践事例

4 高校における実践の成果と課題②

▷ユネスコスクール

1953（昭和28）年、国連の専門機関であるユネスコの加盟国の間で、国連及び関連機関の目的や理念、国際人権宣言に沿った教育の発展を促進するための計画の立案が決定され、15カ国33校が協同実験校に指定された。国際的には ASPnet 校（Associated Schools Project Network）と呼ばれ、わが国では当初、ユネスコ協同学校と呼ばれた。2008年、文部科学省は、ユネスコ協同学校を ESD 推進の拠点校と位置付け、同時にユネスコ協同学校をユネスコスクールと改称した。ユネスコスクールの学習の柱は、①地球規模の問題に対する国連システムの理解。②人権、民主主義の理解と促進。③異文化理解。④環境教育で、世界180カ国で約9000校がこれに加盟し、わが国でも2012年2月現在、369校の幼稚園・小学校・中学校・高等学校・大学がユネスコスクールに加盟している。

▷SSH（スーパーサイエンスハイスクール）

高等学校において先進的な理数教育を実施するとともに、高大接続のあり方について大学と共同研究を行い、また国際性を育むための取り組みを推進するために、文部科学省によって指定を

1 広島大学附属高等学校の環境教育の実践事例

　広島大学附属高等学校は1953年（昭和28）に、ユネスコパリ本部より日本で初めての「ユネスコスクール（国際的な呼称は ASPnet 校）」に指定され、以後半世紀以上にわたり、ユネスコの提唱する国際教育を推進してきた。2005年に「ESD の10年」が始まると、ユネスコは ASPnet 校を ESD 推進の拠点校と位置付け、本校も ESD 研究に着手した。また本校は2003年に文部科学省から「スーパーサイエンス・ハイスクール（SSH）」の指定を受け、2007年からは「『持続可能な開発』に創造的に取り組む科学者・技術者を育成する教育課程の研究」をテーマとし、SSH と ESD を車の両輪にしたカリキュラム開発に取りかかった。このような経緯から、2011年1月、本校生徒14名（理系10名・文系4名）と教師4名が、ドイツ・カールスルーエ市の ASPnet 校であるハイゼンベルクギムナジウムを訪問し、理系の生徒は、主に資源・エネルギー問題をテーマとした交流をもち、文系の生徒は、主に環境問題をテーマに交流を行った。以下、文系生徒の環境問題を中心とした交流について論じる。

① 交流の目的……生徒を環境先進国であるドイツに派遣することによって、現地の高校生にプレゼンを行い、またディスカッションを行うことによって、日本とドイツの環境政策の相違点を学ぶ。

② プレゼンのテーマ……訪問先のカールスルーエ市は第二次世界大戦の戦災によって街の多くを消失し、古い町並みを保存するかたちで「まちづくり」を進めたことに対比させて、広島県福山市で問題になっている「鞆の浦景観論争」をテーマに選ぶ。

③ 事前学習

　ア．鞆の浦で「景観論争」が起こった背景・原因について学習する。

　イ．鞆の浦でフィールドワークを行うための準備をする。→フィールドワークの意義や方法について広島大学の院生・学生より講義を受け、質問項目を決定し、調査用紙を作成する。

　ウ．鞆の浦でフィールドワークを行う。

　　a）一般の観光客や地域住民に対して、「鞆の浦の一部を埋め立て、橋を架けるべきかどうか」について聞き取り・アンケート調査を行う。

　　b）鞆の浦で町並み保存運動を行っている NPO 法人「鞆まちづくり工

158

房」の代表，松居秀子さんよりお話を聞く。
- エ．フィールドワークで得た資料をまとめ，ドイツでのプレゼンの骨子を作成する。
- オ．プレゼンの骨子が明確になるように，日本語でレポートを作成する。
  → 生徒それぞれが，「埋め立て架橋」に賛成なのか反対なのか，その理由はなぜなのか，また他にどのような解決方法があるのかを明確にする。
- カ．日本語で書いたレポートを英語に翻訳し，スピーチ原稿を作成する。
- キ．プレゼンで使用するパワーポイント資料を作成する。
- ク．英語でプレゼンを行うリハーサルを行う。

④ ドイツ環境学習交流の実際
→ 2011年1月19日～26日：ドイツ・バーデンビュルテンブルク州を訪問。
- カールスルーエ市→ハイゼンベルクギムナジウム本校（ASPnet校），カールスルーエ市役所緑化公園課，カールスルーエ交通連合
- ブルッフザール市→ハイゼンベルクギムナジウムブルッフザール分校，ブルッフザール城
- フライブルク市→リヒャルトフェーレンバッハ実業学校，ヴォーバンエコ住宅，ドライザム水力発電所，ドライザムシュターディオン，シュタウディンガー総合制学校（エコワットスクール），フライブルク市役所

⑤ 事後学習→研修に参加した生徒にレポートを書かせ，報告集を作成した。校内で，研修に参加しなかった同学年の生徒や，他学年の生徒に向けてのドイツ研修報告会を行った。また，本校の中等教育研究大会や，広島ユネスコ協会が主催した国際理解セミナーでもドイツ研修の報告を行った。

2 広島大学附属高等学校の環境教育の成果と課題

　町並み保存の立場から「まちづくり」を行ったカールスルーエ市や，環境首都と呼ばれるフライブルク市などを訪問し，生徒は「持続可能な社会」の雛形として，多くのことをドイツから学んだ。生徒の感想文の一部を紹介する。

　「環境対策に最も必要なことは，政治と経済と科学の結びつきだと思う。たとえ良い技術が開発されたとしても，社会に普及しなければ何の意味もない。その普及は，政治による法の改正や，私利私欲に走らず環境のことを考えた経済活動や，マスメディアの力によって成立するものである」

　この訪問の直後，東日本大震災が発生し，福島原発の事故を目の当たりにする中で，ドイツで学んだことを思い出した。環境・資源・エネルギー政策は，科学技術開発だけが進めばよいというものではなく，政治や経済がそれをどうコントロールするかという，チェックアンドバランスが非常に重要である。学校現場に置き換えると，理系や文系という枠組みを超えて，総合的な視野で，複眼で物事を見ることができる人間の育成が急務である。

（藤原隆範）

受けた高等学校。年間約1000万円の研究費が支給され，創造性や独創性を高める指導方法や教材の開発が行われている。理系のエリート校であるが，環境・資源・エネルギー問題など焦眉の急を要する問題は，理系だけでは解決できないため，文系の学習も併せて行うことが期待されており，SSH 指定校は概して ESD に前向きに取り組んでいる。SSH 指定校は2011年度が145校であったが，2012年度は178校に拡大された。

参考文献
広島大学附属高等学校（2011）『コア SSH 事業海外研修実施報告書』

ユネスコ教育推進委員会（2010）「2010 ESD 実践報告：ユネスコスクールとしての取り組み」広島大学附属中・高等学校『中等教育研究紀要』第57号所収

第4部　環境教育の実践事例

I　学校での実践事例

5　大学における実践の成果と課題

1 大学における2つの「環境教育」

　大学における「環境教育」は大きく2つに分けてとらえることができる。
　第1は，環境科学，環境学，環境研究の他，地理学や社会学等の「環境」に関連する諸科学を背景とした講義・演習等の環境問題や環境保全に関する教育である。大学は高等教育機関，すなわち小・中・高校の上に位置する「学校」である。小・中・高校における「環境教育」と同様に，「大学という『学校』における『環境』にかかわる『教育』」を「大学における『環境教育』」ととらえることができる。例えば「地球環境論」「自然環境論」「環境社会学」「環境経済学」などの，科目名に「環境」の2文字が含まれている「環境科目」が，これに相当する。科目名に「環境」の2文字がなくても授業内容に組み込まれているケースや，大学として独自のプログラムを作っているケースも含めると，この視点からの大学における「環境教育」は相当数の大学で実践されている。また，2011年には環境保全に資する人材（環境リーダー）の育成を促進するため，環境人材育成コンソーシアムという組織も作られている。
　第2は，環境教育学および環境関連諸科学を背景とした「環境教育そのもの」に関する教育である。「環境教育論」「環境教育概論」「環境教育入門」など，科目名に「環境教育」の4文字が含まれている「環境教育科目」が相当する。また，第1の区分と同様，科目名に「環境教育」がなくても授業内容に組み込まれているケースもある。これらは，大学生が将来，教員等の指導者となったとき，環境教育を実践できるよう「環境教育とは何か」を教えるもので，主に教員養成系の大学・学部で実践されている。ここではこの第2の区分，すなわち大学における「環境教育そのもの」に関する教育に焦点を当てる。

2 「環境教育科目」の開講概況

　教員養成系大学・学部における「環境教育科目」については，1989年の調査では国立大学20校で開講されていた（市川・今村，2000）。この数は北海道教育大学の5分校を別々に数えているので1校として数え直せば18校となる。
　近年，各大学のシラバスがインターネット上に掲載されているので，国立大学法人86校の2012年度開講科目についてウェブ検索を行ったところ，教育学部（学部改編等で名称が変わっている大学を含む）で見ると「環境教育科目」は24校

▷環境人材育成コンソーシアム
環境省「アジア環境人材育成イニシアティブ」の一環として同省の支援の下に，2011年3月7日に設立された産学官民連携プラットフォーム。詳細は，http://www.eco-lead.jp/ を参照。

▷シラバス
英単語は，教授要目，教授案の意味。日本の大学では，開講学期，開講曜限，担当教員，授業のねらい，授業概要，授業計画，評価方法などを記したものをシラバスと呼んでいる。

で開設されていた。教養科目での開講が7校，その他の学部での開講が9校であった。足し合わせるとのべ40校となるが，複数の学部・教養で開講している大学を整理すると33校であった。科目名を見ると，「環境教育」「環境教育論」「環境教育概論」「環境教育学」が多く見られた。

学部内のコース名（課程，専攻等）に「環境教育」が使われているものとしては，「茨城大学教育学部人間環境教育課程」「東京学芸大学教養系環境総合科学課程環境教育専攻」「滋賀大学教育学部環境教育課程」「和歌山大学教育学部総合教育課程環境教育プログラム」「島根大学教育学部学校教育課程自然環境教育専攻，人間生活環境教育専攻」「香川大学教育学部人間発達環境課程人間環境教育コース」「福岡教育大学教育学部環境情報教育課程環境教育コース」の7つが見られた。

3 「環境教育概論」の実践例

滋賀大学では共通教養科目として「環境教育概論」を開講しており，教育学部生必修となっている。講義は複数の教員で担当しているが，全15回の約半分（7回）を筆者が担当し，環境教育の理念と方法について講義している。

環境教育の目的に関しては，環境教育は持続可能な社会の構築を目指しており，その社会の主体者を育成することであるとする。目標（人間像）として，①環境や環境問題に関心・気付きを持つこと，②人間と環境とのかかわり・つながりに関する知識・理解を持つこと，③環境を大切にする態度・価値観を培うこと，④環境問題の解決に向かう技能を持つこと，⑤環境を保全する行動や生活ができること，の5つについて扱う。また，目指している持続可能な社会の社会像として，①人間による環境への負荷が低いこと，②循環を基盤とすること，③再生可能な資源・エネルギーを使用すること，④人間と他の動植物，人間と人間が共生・共存すること，の4つの視点について講義している。

環境教育の方法に関しては，①環境の中で学ぶ，②環境について学ぶ，③環境のために学ぶ，の3つの視点，参加体験型プログラムの考え方とふりかえりの重要性，について講義している。この科目は約280人の多人数，大教室での講義であるが，30分ほど室外へ出てネイチャー・ビンゴを行ったり，「ごみってなんだろう」というプログラムや**ダイヤモンドランキング**，環境クイズを行ったりして，参加体験型の授業実践に取り組んでいる。その他，「キャンパス気づき体験プログラム」をレポート課題にしたり，自宅の電気メーターを1週間あけて2回点検し，1日の電気使用量を調べレポートさせたりして，授業時間外でも環境や環境問題に関わる体験をさせるよう努力している。

なお，筆者の担当ではないが，環境教育概論では全受講生をグループに分けて調査艇に乗船させ，びわ湖の環境を学ぶ「湖上体験実習」を行っている。

（市川智史）

▷**ダイヤモンドランキング**
一人ひとりの価値観（優先順位）について話し合い，価値観や観点の多様性を学び合う手法。9つのモノ・コトを提示し，大切（重要）だと思う順に，1位のもの1つ，2位のもの2つ，3位のもの3つ，4位のもの2つ，5位のもの1つと，ダイヤモンドの形に並べ，お互いに並べた順やその理由について話し合う。「正しい順番はない」ことに留意しなくてはならない。

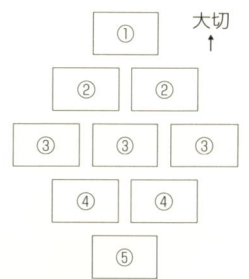

参考文献
市川智史（2007）「教員養成課程の多人数講義「環境教育概論」における参加体験型手法導入の試み」『環境教育』16(2), pp. 33-38
市川智史・今村光章（2000）「教員養成における環境教育カリキュラムの開発(1)：教員養成系大学・学部等における環境・環境教育科目」『滋賀大学教育学部紀要 Ⅰ：教育科学』50号，pp. 67-79

第4部　環境教育の実践事例

II　社会での実践事例

1　NPOにおける実践の成果と課題

1　環境レイカーズの環境教育10年のあゆみ

○環境レイカーズの発足

環境レイカーズは体験型学習法を元に幼児期から小中学校，さらに大人までの環境教育推進のため2001年4月に発足した。特に滋賀県の環境教育の推進役として，幼児期から小中学の学童期を対象とした環境教育，エコロジーキャンプ，指導者養成などを主催，委託の両面から実践している。

○主催事業（研究事業）

① 幼児期の自然体験型環境教育

のべ700園以上の幼稚園・保育園を支援し，保育者と共に作成してきた。「**うぉーたんの自然体験型環境教育**プログラム集」，「**森におでかけ1・2・3**」等のプログラム集を発行し，その普及に努めている。

また，幼児期の自然体験への効果測定も研究事業として行っている。保育者や保護者といった子どもを支援する大人の多くは，自然体験の経験が少なく，まずは支援者が自然を楽しみ，ねらいを持って自然体験プログラムを体験してもらい，徐々に能動的に自然とかかわる研修を行った結果，現在多くの大人の意識が向上し，自然体験型保育プログラムが開発，実践されている。

② 地域とかかわるエコロジーキャンプ

過疎地域である高島市椋川地域の協力を得て，昔ながらの地域の豊かさを体験する環境教育キャンプを実施している。廃校となった旧小学校に宿泊し，地域住民の生活，文化，伝統を体験することで，居住地域の生活と比べる。そこで今後の生き方について，自ら考え，実践することをねらいとしている。結果，キャンプ参加者には，自然環境の保全意識が高まり，人やモノを大切にする生活への転換，不便さが良いなど新たな価値観の構築につながり，キャンプ後の生活に良い影響を及ぼしている。また受け入れ地域住民も，子どもたちの笑顔や発見に寄り添い元気をもらうことや，次代を担う子ども

▷環境レイカーズ
(http://www.kankyolakers.org/)

▷うぉーたんの自然体験型環境教育
スウェーデンのムッレ教室をモデルに滋賀ならではの幼児の自然体験型環境教育の普及を目的に2000年より実施された。幼稚園・保育園での研修，プログラム作成，公開保育を行い，これまで約300園が取り組む全国でも珍しい滋賀県の事業である。環境レイカーズの島川は事業発足当初より検討，実践を行っている。

図4-2　幼児期の自然体験
出所：環境レイカーズ

図4-3　椋川ビレッジキャンプ
出所：環境レイカーズ

○委託事業

① エコ・スクール

　子ども，教員，保護者・地域住民の三者が学校を通して積極的にエコにかかわり，地域へ広げていく取り組みとして，滋賀県と共に2001年度より実施した。学校現場では，環境教育というと理科もしくは社会科の学習としてとらえがちであったが，研修等を積み重ねることで，他の教科学習や委員会活動など学校全体での取り組みとして実施するようになった。各学校の取り組みは電気，水，ごみの活動から，給食の残食減らしや生き物の保護，外国への寄付活動，地域祭りへの参加など学校の枠を越えて行い，環境教育の推進や特色ある学校づくりと生徒の意欲向上へとつながった。

② 指導者養成

　「京滋地球環境カレッジ」や「子ども遊びサポーター養成講座」など滋賀県委託事業として環境教育や子どもにかかわる人を養成してきた。楽しさや学び，体験の視点を伝えながら，受講者が自らの活動や体験をふりかえり，今後に活かせる講座として実施している。また，自然体験活動施設や**やまのこ**，学童保育，環境教育団体，子ども会活動等の指導者を育成し，自然体験や環境教育プログラムのノウハウを学ぶ場だけでなく，参加者同士のネットワークを築く場としてもデザインしている。

　その他，JICA日本国際協力機構からの委託事業「水辺を中心とした自然体験型環境教育」コースを運営し，海外からの政府，地方行政，教員，NGOの研修生の約40日間に渡る研修の運営を行っている。

② これまでの実践から

　当初手探りであった活動が，徐々に世代や地域の広がりを見せ総合的な環境教育として充実し始めている。そのことで，今まで環境教育に興味がなかった人を巻き込み，受け手側から実施する側へ人が変革する場面をつくることができた。またこれまでの活動により，行政や団体からの委託を受け実施する運営能力，財政基盤，ネットワーク等の**NPOの体力**を向上させている。

③ これからの環境教育「系統化と他分野への広がり」

　これまで地域特性に合わせた幼児から大人までの環境教育を行ってきた。その系統化を行うことにより，NPOとしての特色が表現されるのと同時に環境教育のモデルとなり波及が考えられる。また，地球環境問題や刻々と変化する社会問題に対して解決の糸口を見出すには，多様な人々と手を取り合い，福祉，国際，医療，子育て，まちづくり，スポーツ，音楽他，様々なテーマで活動を広げていく必要がある。

　　　　　　　　　　　　　　　　　　　　　　（島川武治・池田勝）

▷森におでかけ1・2・3
滋賀県森林政策課「森の資源研究開発事業」による補助事業。2008年から3ヵ年に渡り，森林での幼児向け自然体験プログラムの作成，その効果研究，冊子配布を行った。その結果，生活態度の変化，自然環境意識の高まり，分析評価能力の芽生え，身体能力の向上が見られた。

▷やまのこ
滋賀県実施する小学4年生を対象にした体験的な森林環境教育。森林での自然観察やレクリエーション，間伐体験，木工などを行い，森林の理解を深め，人と豊かにかかわりあうことを目的に実施。県内8箇所の森林体験施設や学校で，やまのこ指導員と共に体験的な教育を行っている。

▷NPOの体力
NPOはミッションで組織され動き始めることが多く，その財政や人的基盤は薄く手弁当での活動が多く，また行政等からの委託事業を担い社会で大きく貢献するためには，これまでの活動実績，財政，事業を行える人的ネットワーク，運営能力が必要である。またNPOの思いだけでなく顧客の考えや社会・参加者のニーズ，事業後の未来設計など，総合的に考え，仕事として実施できるかが大切となる。

II 社会での実践事例

2 行政における実践の成果と課題：京都市の「こどもエコライフチャレンジ事業」

▷**環境家計簿**
毎日の生活の中でどんな環境負荷が発生しているかを家計簿の収支計算のように行うもので，毎月使用する電気，ガス，ガソリンなどの消費量やごみ量及びそれらの消費量に伴うCO_2排出量を記入するものが多い。環境意識を深め，生活行動の点検・見直しを継続的に行うことができる（⇨2-Ⅰ-2）。

▷**パートナーシップ**
個人，NPO，企業，行政など立場の異なる主体が，明確な目的の下に対等な関係を結び，それぞれの得意分野を生かし，連携・協力し合うことである。持ち味や得意分野の異なる主体が協働することで，それぞれの特長を生かし合った合理的で適切な課題解決の枠組みをつくることができ，新しい発見やアイデアが生まれる可能性がある（⇨3-Ⅴ-4）。

▷**京エコロジーセンター（京都市環境保全活動センター）**
「地球温暖化防止京都第3回会議（COP3）」の開催を記念し，身近なごみ問題から地球規模の環境問題まで，幅広い視点に立った環境意識の定着を図り，家庭，地域，職場，学校などあらゆる場所で，環境にやさしい実践活動の輪を広げるための拠点施設として，京都

1 目的

京都市では，子どもの視点からライフスタイルを見直しエコライフの実践継続を図る環境教育事業を展開している。そのうちの1つに「エコライフチャレンジ推進事業」がある。

この事業は，子ども達が，小学校で地球環境問題についての理解を深め，夏休み又は冬休みに家族や友達と一緒に，子ども向けの「**環境家計簿**」を使い，省エネ・省資源の取り組みを進める。

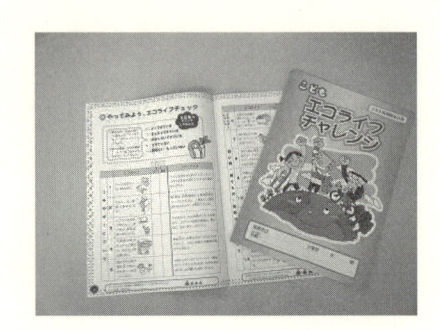

図4-4　こどもエコライフチャレンジのパンフレット
出所：筆者撮影

小学校を核として，様々な主体が参画して実施することにより，環境活動が小学校から家庭へ，さらには地域へと広がっていくことが期待される。

2 経緯

2005年度に1校（常磐野小学校）で開始。全校実施の目標を決め，実施校を徐々に拡大してきた。2010年度には，京都市立の全小学校で実施した。後述の学習会で進行補助・司会進行としてサポートしていただく方には，ボランティア活動の説明会や養成講座を開催し，実施体制の充実を図ってきた。

表4-4　年度別実施校

年度	実施校
2005年度	1校
2006年度	3校
2007年度	11校
2008年度	50校
2009年度	101校
2010年度	177校

出所：筆者作成

3 対象と体制

京都市立小学校の4年生から6年生の中の1学年（学校側で選択）を対象にし，市民，NPO団体，事業者団体など様々な主体がかかわる**パートナーシップ型**の運営をしている。

①主催／京都市環境政策局地球温暖化対策室
②共催／京都市教育委員会，京都市環境政策局循環企画課，（社）京都青年会議所，**京エコロジーセンター**，京のアジェンダ21フォーラム，（有）ひのでやエコライフ研究所

③運営／NPO法人気候ネットワーク

④協力／市民，事業者などのボランティアスタッフ（登録制）

4 内容（三段階の学習プログラム）

①事前学習会の開催（小学校で約80分授業）

- 地球温暖化の現状について，スライド上映などで解説。
- 地球温暖化問題に関するクイズを通じ，エコライフの実践方法を学習。
- 「子ども版環境家計簿」を使った取り組み方法を説明。

図4-5 事前学習会の様子

図4-6 事後学習会の様子

出所：筆者撮影

②エコライフチャレンジ（家庭で夏休み7～8月，冬休み12～1月の取り組み）
- クーラーやテレビなどでの省エネの取り組み，買物バッグや水筒の持参，自転車利用などに取り組み，結果を「子ども版環境家計簿」に記入。

③事後学習会の開催（小学校で約80分の授業）
- 取り組み結果を基に，採点や評価，アドバイスなどを書いた「エコライフ診断書」を各自に配布し説明。
- グループワーク形式で，体験した取り組みを発表しあい，模造紙に添付
- グループごとにエコライフの取り組み目標を宣言。

そうした取り組みの結果，小学校とその学区の地域住民とが地域の実情に応じて共に展開する「エコ学区事業」が，京都市の全学区で進められるようになった。

（沖　由憲）

市により2002年4月に開所した（⇒ 2-Ⅶ-2）。

▷京のアジェンダ21フォーラム

市民，事業者，行政が参画し，持続可能な社会の実現を目指す取り組みを推進することを目的として，京都市により1998年11月に設立された。環境問題への理解と協調によるパートナーシップの下，京都市域でのCO_2削減に基づく評価，情報の収集・発信，CO_2削減取り組みへ活動援助・コンサルティング，さらには独自の取り組みを実践している。実績として，中小事業所向け環境管理システム「KES」や省エネラベル，醍醐コミュニティバスの創出などがある。

第4部　環境教育の実践事例

Ⅱ　社会での実践事例

3　企業における実践の成果と課題：サントリーの次世代環境教育「水育（みずいく）」

1 「水と生きる」サントリーの次世代環境教育「水育（みずいく）」

　サントリーの清涼飲料，ビール，ウイスキー，その製品のほとんど全ては，水，そして水の恵みが生み出す農作物からできている。そこでサントリーではコーポレートメッセージとして，「水と生きる SUNTORY」を掲げ，原料である水の質にこだわるだけでなく，天然水を育む水源涵養エリアにおける森林保全「天然水の森」活動や工場での節水・排水浄化を行っている。加えて，次の世代に水の環境を引き継いでいくための次世代環境教育「水育」活動を2004年から実施している。水を守り，水を育む活動を推進するサントリーが，その志を社会と共有するため力を入れている活動である。

2 「水育」のプログラム

　「水育」は，サントリーがつくった新しい言葉である。水を"育む"水の"教育"，で「水育」と呼んでいる。

　「水育」は，主に天然水のふるさとで開催する自然体験教室「森と水の学校」と，小学校で実施する「出張授業」という2つの活動から成り立っており，次代を担う子どもたちが水の大切さに気付き，水を守るために自ら考え行動することができるようになることを目的としたサントリー独自の体験型学習プログラムである。対象は，小学校中・高学年，これは小学校4年生から社会科で"水"について学ぶことから，特に"水"について関心が高まる年齢を対象としている。

▷水と生きる SUNTORY
「人と自然と響きあう」のグループ企業理念のもと，2005年に掲げたサントリーのコーポレートメッセージ。①「世の中に水の恵みを提供する企業として，貴重な水を守る」という水への思い②「文化・社会貢献活動を通じて社会と共生し，社会にとっての水となる」という社会への思い③「社員ひとりひとりが水のように自在にしなやかに新しいテーマに挑戦できる企業でありたい」という自分たち自身への思い，この3つの思いがこめられている。
(http://www.suntory.co.jp/company/mizu/index.html)

▷天然水の森
サントリーが2003年から工場の水源涵養エリアを中心に進めている，地下水の持続可能性を守るための活動。国や地方自治体，地元の方々，学識経験者の皆様と協働して全国13都府県17カ所でエリア固有の自然環境や，生態系に十分配慮しながら，高い水源涵養機能を長期にわたって発揮できる森づくりを進めている（2013年4月現在）。
(http://www.suntory.co.jp/eco/forest/)

図4-7　「水育」プログラム

出所：サントリーホールディングス（株）

③ 自然体験教室・水育「森と水の学校」

　水育「森と水の学校」には，白州校（山梨県），奥大山校（鳥取県），阿蘇校（熊本県）の3つの学校がある。この3カ所はいずれもサントリー天然水の工場がある場所で，それぞれフィールドに特徴があり，豊かな自然に恵まれた「天然水のふるさと」の地である。地元で活動する，森や自然などの専門のインストラクターと一緒に，「天然水のふるさと」の探険，湧き水や川での生きもの観察など各校のフィールドを生かしたプログラムを行い，自然の中の"水の循環"や水と森の関係について伝えている。2012年までに計約1万3000人の親子に参加いただいている（図4-8）。

図4-8　水育「森と水の学校」
出所：サントリーホールディングス（株）

④ 小学校で行う水育「出張授業」

　小学校の教室で，4～5年生に「水の大切さ」を伝えるのが水育「出張授業」で，首都圏と京阪神，天然水工場のある山梨県，鳥取県，熊本県で展開している。実験や映像を通して「天然水の森」や工場の節水などサントリーの水への取り組みを紹介し，未来に水を引き継ぐために子どもたち自身に何ができるかを考えてもらう。2012年までに630校約4万8000名の児童の参加を得ている（図4-9）。

図4-9　水育「出張授業」
出所：サントリーホールディングス（株）

⑤ 「水育」参加者の反応，今後の課題

　「水育」活動においては，参加者の水への関心を喚起することと，参加者自身が水について新たな気付きを得ることを目的としており，今までの活動における振り返りやアンケートでは，「森と水が繋がっているんだということをはじめて知った」「水の循環についてよくわかった」等教育効果が伺える回答を得ている。今後は，ESDの視点から，参加者やプログラム接触者にとって，知識獲得や意識向上だけでなく，態度変容にまでつながる学習にしていくことと，それを測る手法の開発が課題と考えている。　　　　　　　　　（森　揚子）

▷1　サントリーの環境基本方針
1．水のサステナビリティの実現
2．イノベイティブな3Rの推進による資源の徹底的有効活用
3．全員参加による低炭素企業への挑戦
4．社会との対話と次世代教育
5．Good Companyの追求
(http://www.suntory.co.jp/company/csr/environment/)

さくいん（＊は人名）

あ行

愛着　99
アジェンダ21　3, 8, 82
足尾鉱毒事件　78
生きもの（がいる証拠）さがし　44
生きる力　36, 106
イタイイタイ病　78
一般廃棄物　28, 92
インタープリター　46
ヴァーチャルウォーター　52
ウコッケイ　99
打ち水　86
美しい国づくり政策大綱　87
うなぎの寝床　86
栄養教諭　114
エコ修学旅行　91
エコツアー　46, 91
エコツーリズム　90, 91
エコドライブ　60
エコマーク　56
エコロジカルネットワーク　83
エコロジカルフットプリント　52
遠足・修学旅行　46
＊岡田茂吉　68
オゾン層の破壊　78
おひさま発電所　140
お店探検　53
温室効果ガス　76
温暖化防止　55

か行

開発途上国の公害　78
開発問題　6, 110
外部環境　132
海洋汚染　78
科学的な見方や考え方　102
学習リソース（資源）　30
拡大生産者責任　63
可採年数　60
価値判断　32
学校給食　115
家庭系廃棄物　93
家電エコポイント　57
ガリバーマップ　45
環境家計簿　54, 61, 164

環境可能論　125
環境教育
　——で学ぶべきガイドライン　118
　——におけるカリキュラム開発の目的　20
　——に関するガイドライン　116, 118, 119
　——の制度化　153
環境教育拠点施設　88
環境教育研究会　4
『環境教育懇談会報告』　5
『環境教育指導資料』　5, 20, 22, 42, 106, 152
環境教育スタンダード　119
環境教育政府間会議　2
環境教育プログラム　119
環境決定論　125
環境的正義　20, 21, 130, 131
環境と開発に関する国際連合会議（地球サミット）　3, 5, 8, 82, 85, 118
環境配慮行動　34, 139
環境負荷　46, 54, 64, 92
環境文明社会（Green Civilization Society）　16
環境ホルモン　104, 105
環境容量　16
環境ラベル　53
観光公害　90
観光ボランティア　43
観察会　39
企業型公害　100
気候変動枠組条約　77
規範的判断　32
牛乳パック再利用マーク　56
強制的アプローチ　13
共同体主義的シティズンシップ　117
京都環境コミュニティ活動（KESC）　95, 147
京都議定書　77, 88
京都御苑　137
京都市環境政策局地球温暖化対策室　164

京都市景観・まちづくりセンター　87
京都市廃棄物削減等推進審議会　88
京町屋　59, 87
京町屋まちづくり調査　87
グリーン購入　52, 53
グリーン購入基本原則　53
グリーン購入ネットワーク　53
グリーン購入法　53
グリーンコンシューマー　25, 52, 53, 63
グリーンコンシューマーガイド（買い物ガイド）　53
景観条例　87
景観法　87
景観保全　87
系統地理学　124
減災　75
現象的な因果関係　12
公害　4, 52
公害教育　4, 6, 100
公害問題　52
公共財　100
五感による体験　46
国際オルタナティブ・トレード連盟　148
国際フェアトレード・ラベリング機構（FLO）　148
国連人間環境会議　2
国連防災世界会議　75
古代食　43
COP3（気候変動枠組条約第3回締約国会議）　77
子ども版環境家計簿　165
ごみ処理　62
ごみ分別　52
コモンズの悲劇　127
コレラ　132

さ行

再使用（Reuse）→リユース
再生可能エネルギー　77, 140
再生紙使用マーク　56
再生利用（Recycle）→リサイクル

さくいん

里山　27
砂漠化　78
参加型学習　110
産業革命　16
産業廃棄物　28, 92, 93
酸性雨　78
三世代交流型水害史調査　129
三番瀬　155
自主的アプローチ　13
市場の失敗　126
自然エネルギー　59
自然観察会　38
自然体験・生活体験　36
自然体験活動　36, 37, 43
自然地理学　124
自然保護教育　4, 6, 100
持続可能な開発のための教育
　　→ ESD
持続可能な開発のための教育の10
　年　→ DESD
指定管理者制度　89
市民共同発電所　140
社会的限界費用　126
社会的費用　126
自由主義的シティズンシップ
　　117
循環　10
循環型経済促進法　120
省エネ　52, 55
省エネ診断　15
省エネ性能　53
省エネラベル　57
省エネルギー法　57
消極的平和　113
少子化　81
食育基本法　114
食教育（食育）　114
食物連鎖　69
食糧自給率（カロリーベース）
　　104
＊ジョセフ・コーネル　119
人口動態　80
人口爆発　81
シンプルライフ　65
人文地理学　124
森林作業体験　71
森林バイオマス　71
水害ワークショップ　129
水源のかん養　70
水生生物　39

水文環境　134
ステークホルダー（利害関係者）
　　94
3R　64, 65
生活型公害　100
生活雑排水　104
生存権　25
生態系　10, 12, 20, 21, 25, 27, 70,
　82, 83
生態系サービス　71, 82, 83
生態的地誌　124
『成長の限界』　81
生物多様性　21, 27, 68, 70, 71,
　84, 85, 100, 133
世界フェア・トレード機構
　（WFTO）　148
世代間倫理　131
積極的平和　113
節水　52
全国環境保護会議（中国）　120
全国小・中学校公害対策研究会
　　4
全国小中学校環境教育研究会　4
総合的な学習の時間　106
相当隙間面積　58
素材表示ラベル　57

た行

体験　30
体験学習　22, 30, 34, 35
体験活動　34
大量生産・大量消費・大量廃棄
　62, 76
竹炭　157
多様性　10, 12, 17, 21, 25
探究学習　22
探検活動　98
探検心　98
田んぼ　21
地域環境学習　44
地域における歴史的風致の維持及
　び向上に関する法律　87
地球温暖化　3, 5, 6, 16, 58, 62,
　66, 70, 71, 76, 77, 83, 101,
　123, 132, 133, 138, 140, 141,
　155, 164, 165
地球温暖化防止京都会議
　（COP3）　19, 77, 88, 164
地球サミット　→環境と開発に関
　する国際連合会議
地球システム　102

治山　123
地産地消　83
地誌学（地域地理学）　124
治水　72, 123
虫害　68
地理学　100
『沈黙の春』　2, 14
『徒然草』　86
低炭素型社会　15, 77, 141
テサロニキ宣言　3
＊デレック・ヒーター　117
天敵　69
統一省エネラベル　57
動態的地誌　124
通り庭　86
特定非営利活動法人（NPO法人）
　　146
都市型環境学習施設　19
都市計画　123
都市の構造　123
土壌劣化　68
鳥取方式　135
トビリシ勧告　22
トビリシ宣言　24
鞆の浦景観論争　158

な行

内部環境　132
名古屋議定書　85
菜の花プロジェクト　141
南北問題　110
2011中華環境NGO持続可能な発
　展年会　121
日射エネルギー　67
日本環境協会　56
人間環境　101
人間中心主義　25, 130
人間非中心主義　130
ネイチャーゲーム　46, 47, 98,
　119
熱収支　67
熱帯林の減少　78
農業教育　114

は行

パートナーシップ　63, 88, 142
バイオテクノロジー　82
バイオリージョン　45
廃棄物　28, 29, 64, 92, 93
廃棄物処理法　92
廃棄物の処理及び清掃に関する法
　律違反被告事件　28

169

発生抑制（Reduce）→リデュース
ハンガーフォード　20
阪神・淡路大震災　74
ビオトープ　137
＊東照晃　156
東日本大震災　15, 74
ビジョン　146
ビッグ3　60
評価　30, 31
＊平井俊男　156
フードマイレージ　48, 52, 104
　──買物ゲーム　48
＊福岡正信　68
ふくちやま市民環境会議　143
不耕起　68
ふたつの環境　132
不法投棄　29
ふりかえり　34
閉鎖系システム　10
ベオグラード憲章　2, 10, 24
防災・減災教育　75
捕食　39
保全（conservation）　25
保存（preservation）　25
本質的な因果関係　12

ま行

マイバッグ　14
町家　46
マルチング　69
水はどこから　45
ミッション　146
緑のカーテン　137
水俣学　156
水俣病　6, 78, 132
京エコロジーセンター　19, 88, 164
民族浄化　112
無農薬　68
無肥料　68
モビリティ　139
問題解決学習　22

や行

野生生物の減少　78
野鳥観察会　38
有害廃棄物の越境移動　78
有機JAS規格　149
容器包装リサイクル法　57
＊吉田兼好　86

ら行

ライフスタイル　25, 62, 65
リース，レンタル，シェアリング　63
リーマンショック　60

リサイクル　28, 29, 52, 56, 61, 64
利水　72
リデュース　64, 65
リフォーム　105
リフューズ　65
リユース　28, 29, 64, 65
＊レイチェル・カーソン　2, 14, 39
レクレーション　71

アルファベット

CO_2排出係数　48, 54
DESD　3, 7, 9
ESD　3, 5, 6, 8, 9, 11, 42, 74, 81, 125, 128, 129
ESD-J　125
IPCC　66, 76
ISO14001　94
ISO26000　94
KES　94, 147
NGO　3, 9, 121, 130, 146-148, 163
NPO　5, 9, 16, 48, 88, 89, 91, 94, 95, 121, 130, 142, 143, 146, 147, 153, 155, 159, 162, 163
PPE　110

執筆者紹介（氏名／よみがな／現職／主著／環境教育を学ぶ読者へのメッセージ）　　＊執筆担当は本文に明記

水山光春（みずやま　みつはる）編者
京都教育大学教授
『教育の3C時代』（共著・世界思想社）
『環境教育』（共著・教育出版）
環境教育とはつまるところ，環境を通して社会のあり方と個人の生き方を考える教育だと言えるのではないでしょうか。

朝岡幸彦（あさおか　ゆきひこ）
東京農工大学大学院教授
『東日本大震災後の環境教育』（共著・東洋館出版社）
『持続可能な開発のための教育　ESD入門』（共著：筑波書房，2012）
環境教育を学ぶことは，地域から発想して地球とともに生きることだと思います。Think Locally, Act Globally！

天野雅夫（あまの　まさお）
日本環境教育学会関西支部世話人
環境教育を考える場合，環境経済学はその考察の手がかりを与えてくれるものであると言えよう。

飯沼慶一（いいぬま　けいいち）
学習院大学教授
『学校環境教育論』（共著・筑波書房）
『平成23年度　生活科教科書・指導書（上・下）』（編集委員・教育出版）
私は小学校現場で23年間環境教育の実践に取り組みましたが，最も大切だと思うことは，教員が学校での生活全体を環境教育ととらえて日々を過ごしていくことであると思います。

石川　誠（いしかわ　まこと）
京都教育大学教授
『欧州新時代』（共著・晃洋書房）
『チャンスをつかむ中小企業』（共著・創成社）
環境問題は経済活動のあり方と密接な関係があるので，経済の仕組みや経済学の理論を理解して対応することが重要です。

池田　勝（いけだ　まさる）
環境レイカーズ
環境教育は楽しいことや身近な所から，暮らしや生き方へつながる，つなげる教育です。つながりに気付いたとき，学びが広がります。

板倉　豊（いたくら　ゆたか）
京都精華大学教授
『共感する環境学』（共著・ミネルヴァ書房）
『環境教育への招待』（共著・ミネルヴァ書房）
環境教育というと堅苦しく考えがちですが，板倉は自然が大好きで，アメリカの生態学者のレイチェルカーソンさんが唱える「センスオブワンダー」という言葉を心情に子供たちに自然楽しさを教える事が環境教育の1つだと思っています。1人でも多くの人が「センスオブワンダー」の気持ちを持ち続けさせるか。それが板倉の環境教育です。

市川智史（いちかわ　さとし）
滋賀大学教授
『身近な環境への気づきを高める環境教育手法』（単著・大学教育出版）
『環境教育への招待』（共編著・ミネルヴァ書房）
環境教育の学際性，幅の広さに臆することなく，自分の興味関心に従って，楽しく学習を進めて下さい。

今村光章（いまむら　みつゆき）
岐阜大学教育学部准教授
『環境教育という〈壁〉』（単著・昭和堂）
『森のようちえん』（編著・解放出版社）
子どもと一緒に森に出かけてみましょう。新たな気付きがあります。深く考えることもできます。

岩松　洋（いわまつ　ひろし）
京エコロジーセンター
都市型環境教育の拠点施設として，読者の皆様にお役に立てることがあると思います。是非一度お越し下さい。

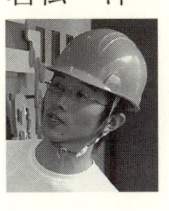

執筆者紹介 （氏名／よみがな／現職／主著／環境教育を学ぶ読者へのメッセージ）　＊執筆担当は本文に明記

植田善太郎（うえだ　ぜんたろう） 
大阪府泉大津市立旭小学校教諭
『環境教育　土と水』（共著・フォーラムA）
『土の絵本』（全5巻，共著・農山漁村文化協会）
総合的な学習の時間は削減される方向にあるので，その中でしっかり環境教育を位置付けるようなカリキュラム作りをしていただきたい。

内田香奈（うちだ　かな） 
（特活）環境市民（執筆時）
『だいすき京都　環境市民の遊びかた暮らしかた』（共著・環境市民）
皆さんの近くのNGO／NPOの活動にぜひ参加を。きっと「環境教育」に実感をもって取り組めますよ。

沖　由憲（おき　よしのり） 
京都市環境政策局環境企画部南部環境共生センター（執筆時）
小学生と様々な主体が関わる環境教育は，お互いが学び合う環境学習の場でもある事例として，参考になれば幸いです。

荻原　彰（おぎわら　あきら） 
三重大学教授
『アメリカの環境教育』（単著・学術出版会）
『高等教育とESD』（編著・大学教育出版）
環境教育の全体像がわかりにくいという声がありますが，この本を通じ，おぼろげでもイメージをつかんでいただければ幸いです。

風岡宗人（かざおか　むねと） 
（特活）環境市民
パートナーシップで，主体的にまちづくりに参画し，新しいものを創りだす意欲やスキルをもつ人を育てよう！

五島政一（ごとう　まさかず） 
国立教育政策研究所総括研究官
『問題解決能力を育成するアースシステム教育とその教師教育プログラムの開発に関する実践的研究』（単著・東洋館出版社）
ESDが日本で普及するように頑張っております。ご一緒にESDを普及して持続可能な社会の構築に貢献しましょう。

榊原典子（さかきばら　のりこ）
京都教育大学教授
『eネコといっしょに，くらべてみよう！昔と今』（共著・環境学習絵本「e絵本」：eカード開発プロジェクト）
『中学校・高等学校　家庭科教育法』（共著・建帛社）
あなたの1つずつの行為が環境保全につながります。環境によいこと，身近な生活の中から始めてみませんか？

塩川哲雄（しおかわ　てつお） 
大阪府立布施高等学校教諭
『環境のための教育』（共訳・東信堂）
『プラットフォーム環境教育』（共著・東信堂）
私たちが自覚して，日常の努力を続け，本来の自然環境を持続的に維持できるように協力して頑張りましょう。

滋野浩毅（しげの　ひろき） 
成美大学准教授
『入門都市政策』（共著・大学コンソーシアム京都）
『京都・観光文化への招待』（共著・ミネルヴァ書房）
地域で受け継がれてきた文化や伝承等に「現代的な意味や意義」を見出し，いかに活かしていくか。一緒に考えていきましょう。

島川武治（しまかわ　たけはる） 
環境レイカーズ代表
「クラスづくりをすすめるゲーム＆あそび」幼児のための自然体験プログラム集「うぉーたんの自然体験プログラム」
「体験」「参加」「実践」を大切にし，地域や職場，学校や家庭において，環境との関わりを自ら考え，行動するきっかけにしてください！

執筆者紹介 (氏名／よみがな／現職／主著／環境教育を学ぶ読者へのメッセージ) ＊執筆担当は本文に明記

下村委津子（しもむら しづこ）
(特活) 環境市民
『日本の環境首都コンテスト 地域から日本を変える7つの提案』（共著・学芸出版社）
好奇心と探究心，当たり前を面白がる発想を，エコツアーで体感して下さい。

鈴木善次（すずき ぜんじ）
大阪教育大学名誉教授
『人間環境論』（単著・明治図書）
『人間環境教育論』（単著・創元社）
環境問題の根源は文明の抱える問題。その視点で環境教育の研究，実践などを進められることを期待しています。

鈴木靖文（すずき やすふみ）
(有) ひのでやエコライフ研究所代表取締役
『温暖化を防ぐ快適生活』（共著・かもがわブックレット）
『マンガで学ぶエコロジー』（共著・昭和堂）
環境の時代を，みなで生き残っていくために，何かが必要です。

諏訪哲郎（すわ てつお）
学習院大学教授
『沸騰する中国の教育改革』（共著・東方書店）
『環境教育』（共著・教育出版）
日本の環境教育活性化の第一歩は，大学の教員養成課程での環境教育科目必修化であると確信しています。

田浦健朗（たうら けんろう）
(特活) 気候ネットワーク
『市民・地域が進める地球温暖化防止』（共編著・学芸出版社）
『地域資源を活かす温暖化対策』（共著・学芸出版社）
自然エネルギーについて学び，実践し，ネットワークの輪を広げて普及させ，安心・安全で持続可能な社会・経済をつくりましょう。

高月紘（たかつき ひろし）
京エコロジーセンター館長
『ごみ問題とライフスタイル』（単著・日本評論社）
『漫画ゴミック「廃貴物」第1～7集』（単著・日報出版）
ごみ問題を通してわれわれのライフスタイルを見直し持続可能な社会をどのように構築すればよいかを考えていただければ幸いです。

竹澤伸一（たけざわ しんいち）
千葉県市川市立第一中学校教諭
『中学校社会科授業研究シリーズ（全2巻）』（共著・東京法令出版）
「子どものライフヒストリーを創造する社会科教育」『社会科教育研究』（単著・日本社会科教育学会）
社会科教育の中でおこなうエコ活動には人生を豊かに変える力があります。楽しみながら学ぶことが大事です。

竹花由紀子（たけはな ゆきこ）
京都府地球温暖化防止活動推進センター
『エコツーリズム都市・京都に向けて』（単著・京のアジェンダ21フォーラム）
『ボランティアコーディネーター白書2005・2006年版』（共著・大阪ボランティア協会）
環境に関心を持たれたら，ごみ拾いでも植物調査でも何でもよいので，自ら手を動かし体験してみることをおすすめします。

田邊龍太（たなべ りょうた）
(公財) 日本生態系協会教育研究センター長
『学校・園庭ビオトープ 考え方・つくり方・使い方』（共著・講談社）
『環境教育がわかる事典』（共著・柏書房）
自然生態系が持続する経済や社会の構築にむけて，本書が具体的な行動のきっかけになれば幸いです。

谷口文章（たにぐち ふみあき）
甲南大学教授
『現代哲学の潮流』（編著・ミネルヴァ書房）
『環境教育』（共著・教育出版）
持続可能な未来を実現する倫理に導かれ，環境教育のさらなる展開が望まれます。

執筆者紹介（氏名／よみがな／現職／主著／環境教育を学ぶ読者へのメッセージ）　　＊執筆担当は本文に明記

田部俊充（たべ　としみつ）
日本女子大学教授
『レッツ！環境授業』（共編著・東洋館出版社）
『大学生のための社会科授業実践ノート　増補版』（共編著・風間書房）
環境教育も ESD も難しくありません。普段の授業のなかに，少し意識して視点を取り入れてみてください。

辻村英之（つじむら　ひでゆき）
京都大学大学院准教授
『農業を買い支える仕組み』（単著・太田出版）
『おいしいコーヒーの経済論』（単著・太田出版）
環境教育も開発教育も，環境問題や貧困問題に直面する現場を訪問し，現場や当事者の視点を身に付けることが重要だと思います。

土屋英男（つちや　ひでお）
京都教育大学教授
『学校園の栽培便利帳』（共編著・農山漁村文化協会）
『新　技術科教育総論』（共著・日本産業技術教育学会）
環境教育の内容は非常に広範囲にわたるので全体像が掴みにくく，その認識は人によって様々です。本書によって環境教育の輪郭を少しでも捉えていただければ幸甚です。

寺本　潔（てらもと　きよし）
玉川大学教授
『自然児を育てる』（単著・農文協）
『言語力が育つ社会科授業』（編著・教育出版）
環境教育を学ぶと物事に積極的に向かう気持ちが育まれます。志を共にする仲間と刺激し合い環境問題を自分に引き寄せましょう。

外川正明（とがわ　まさあき）
鳥取環境大学教授
『部落史に学ぶ』『部落史に学ぶ2』（単著・解放出版社）
『元気のもとはつながる仲間』（単著・解放出版社）
20世紀半ば生まれの私は，21世紀を輝かしき未来とイメージして育ちました。いま，それを実現するには「環境・平和・人権」の学びが大切だと痛感しています。

中野友博（なかの　ともひろ）
びわこ成蹊スポーツ大学教授
『スポーツ学のすすめ』（共著・大修館書店）
『野外活動　その考え方と実際』（共著・杏林書院）
環境教育のベースは自然の中での直接体験（自然体験活動）です。持続可能な自然体験活動を実践していきたいものです。

長屋博久（ながや　ひろひさ）
（有）村田堂取締役
『マンガで見る　京都の教育と学生服のあゆみ』（制作）
『その服，もう捨てちゃうの？』（制作協力）
これからは，企業も地域社会の一員として，地球環境や地域環境を配慮することを求められます。第一歩を！

西城戸誠（にしきど　まこと）
法政大学教授
『フィールドから考える地域環境』（共編著・ミネルヴァ書房）
『環境と社会』（共編著・人文書院）
理想と現実のギャップに悩みながら，自己再帰的なスタンスを掲げ，さまざまな教育の実践を継続する努力を続けていきたいと思います。

西村日出男（にしむら　ひでお）
帝塚山大学元教授
共著『三訂　道徳教育を学ぶ人のために』（共著・世界思想社）
「道徳教育における郷土愛の指導」『道徳教育学論集』（単著・大阪教育大学）
環境教育は，指導者が自然や地球とのかかわり方をさらけ出して，より良い生き方を訴えることが大切だと思う。

執筆者紹介（氏名／よみがな／現職／主著／環境教育を学ぶ読者へのメッセージ）　　＊執筆担当は本文に明記

西村仁志（にしむら　ひとし）
広島修道大学准教授・環境共育事務所カラーズ代表
『日本型環境教育の知恵』（共著・小学館クリエイティブ）
『ソーシャル・イノベーションとしての自然学校』（単著・みくに出版）
環境教育は人類の未来への展望を拓く大切な営みです。みなさんが様々な実践に踏み出されることを願っています。

林　美帆（はやし　みほ）
（公財）公害地域再生センター（あおぞら財団）研究員
『西淀川公害の40年』（共編著・ミネルヴァ書房）
フードマイレージを通じて，環境・公害問題と自分のつながりを実感してもらえるとうれしいです。

原　強（はら　つよし）
（特活）コンシューマーズ京都理事長
『「沈黙の春」の50年』（単著・かもがわ出版）
『レイチェル・カーソン』（編著・ミネルヴァ書房）ほか。
「東日本大震災」以後，私たちがこれまで突進んできた道にかわる「別の道」を選択する勇気が求められています。

原田　泰（はらだ　たい）
参加型環境教育研究会
『環境モニタリングガイドブック』（共著・日本インドネシアNGOネットワーク）
『河川を中心とした環境保全活動のためのマニュアル』（共著・財団法人地球環境センター）
参加型の環境教育は，自分の周りで起きている問題を自分たちで解決できる人を育てることを目標にしています。

原田智代（はらだ　ともよ）
（特活）大阪府民環境会議
『地球を守るくらし方環境事典』（共著・国土社）
『持続可能性に向けての環境教育』（共著・昭和堂）
「自然」が自らのルーツであり，命を委ねているものであることを認識することから環境教育は始まります。

樋口利彦（ひぐち　としひこ）
東京学芸大学教授
『地域に学ぶ，学生が変わる』（編集委員・東京学芸大学出版会）
『環境教育』（編集委員・教育出版）
環境への感性を磨き，環境行動の方策に関する情報を得ることの大切さを感じています。

久山喜久雄（ひさやま　きくお）
フィールドソサイエティー
『身近なときめき自然散歩』（単著・淡交社）
『大文字山を歩こう』（共編・ナカニシヤ出版）
森に関心をよせ，その営みを知り，時には森へ働きかけて，人間を含めた生き物たちの生活の基盤である環境を活かし守って生きましょう。

藤井　聡（ふじい　さとし）
京都大学大学院教授
『社会的ジレンマの処方箋』（単著・ナカニシヤ出版）
『列島強靭化論』（単著・文春新書）
私達の暮らしは，先人達が作った生活環境があって初めて成り立っています。是非それを思い起こしましょう。

藤岡達也（ふじおか　たつや）
上越教育大学大学院教授
『持続可能な社会をつくる防災教育』（編著・協同出版）
『環境教育と地域観光資源』（編著・学文社）
自然は人間にとって都合よくできているのではなく，自然には災害と恩恵の二面性があることをグローカルに学んで下さい。

藤村コノヱ（ふじむら　このえ）
（特活）環境文明21共同代表
『環境教育実践マニュアル』（共著・国土社）
『環境の思想』（共著・プレジデント社）
ますます持続不可能になりつつある現代社会。真の環境教育が行われるか否かが持続可能な社会構築の鍵です。

執筆者紹介（氏名／よみがな／現職／主著／環境教育を学ぶ読者へのメッセージ）　　＊執筆担当は本文に明記

藤原孝章（ふじわら　たかあき） 
同志社女子大学教授
『シミュレーション教材「ひょうたん島問題」』（単著・明石書店）
『時事的問題学習の理論と実践』（編著・福村出版）
グローバル，ナショナル，ローカルの重層的な視点と持続可能な社会の形成という観点から教育を考えてください。

藤原隆範（ふじわら　たかのり） 
広島大学附属高等学校教諭
「持続可能な開発のための教育」（『現代教育科学』所収）
「教師が『つながる』，教科を『つなげる』ESD」（『中等教育資料』所収）
私の専門は世界史ですが，文系・理系が専門分野を超えて，ともに連携して持続可能な社会をつくりましょう。

堀　孝弘（ほり　たかひろ） 
生駒市環境経済部次長（執筆時，（特活）環境市民事務局長）
『やってみようエコチェック』（共著・講談社）
『3R検定公式テキスト』（共著・ミネルヴァ書房）
大量消費社会の「後始末」を求める環境教育ではなく，新たな社会を創造する環境教育となることを祈念します。

本庄　眞（ほんじょう　まこと） 
奈良県明日香小学校教諭
『吉野　大峰山脈（地球の風）』（単著・ゼンリン）
『「自分とのかかわり」を作る教育』（単著・範清社）
行動化や本気を促すためには，「自分とのかかわり」を醸成しなければなりません。そのために，「体験活動」と「人との出会い」が大切です。

松田　聡（まつだ　さとし） 
伊川流域研究会・医師
『ハムロネパール』（共著・風来舎）
『伊川　自然と人のかかわり』（共著・伊川流域研究会）
福島原発事故後，「内部」と「外部」で被曝の違いが問題となりました。医学と環境教育の関係は，さらに深まっています。

三上岳彦（みかみ　たけひこ） 
帝京大学教授
『都市型集中豪雨はなぜ起こる』（単著・技術評論社）
『TIME 地球温暖化』（監修・緑書房）
ヒートアイランドを緩和するには，都市に緑を増やすことが大切です。その理由を考えてみて下さい。

森　孝之（もり　たかゆき） 
（有）アイトワ代表取締役，大垣女子短期大学名誉教授
『次の生き方　エコから始まる仕事と暮らし』（単著・平凡社）
『京都嵐山エコトピアだより　自然循環型生活のすすめ』（単著・小学館）
未来は現在の延長線上にはなく，どのような時代になろうとも創造的に逞しく生きようとする力を子どもに授けておくことが必定。

森　揚子（もり　ようこ）
サントリーホールディングス株式会社コーポレートコミュニケーション本部エコ戦略部次世代環境教育「水育」推進グループ
貴重な水を未来に引き継ぐために，次代を担う子どもたちに「水の大切さ」「水を育む森の大切」を伝えていきたいと思っています。

谷内口友寛（やちぐち　ともひろ） 
京エコロジーセンター
『京都市環境副読本4年生版・5年生版』（著者ではありませんが，編集に携わりました）
30年後あなたは何歳ですか？社会はどのようになっていますか？
未来のためにできること，はじめましょう！

山田卓三（やまだ　たくぞう） 
兵庫県立南但馬自然学校校長
『新しい生物教育の研究』（共編・講談社）
『かがくを感じる　あそび事典』（単著・農山漁村文化協会）
環境の主体である人間とその身の回りの事象について本質を踏まえた体験と知（科学）で子どもとともに体得することが大切と思われます。

やわらかアカデミズム・〈わかる〉シリーズ
よくわかる環境教育

2013年7月20日　初版第1刷発行　〈検印省略〉

定価はカバーに
表示しています

編著者　水　山　光　春
発行者　杉　田　啓　三
印刷者　江　戸　宏　介

発行所　株式会社　ミネルヴァ書房
607-8494 京都市山科区日ノ岡堤谷町1
電話代表 (075) 581-5191
振替口座 01020-0-8076

©水山光春ほか 2013　　共同印刷工業・新生製本

ISBN978-4-623-06380-2
Printed in Japan

やわらかアカデミズム・〈わかる〉シリーズ

教育・保育

よくわかる学びの技法
田中共子編　本体 2200円

よくわかる教育原理
汐見稔幸・伊東　毅・髙田文子・東　宏行・増田修治編著　本体 2800円

よくわかる教育学原論
安彦忠彦・児島邦宏・藤井千春・田中博之編著　本体 2600円

よくわかる教育評価
田中耕治編　本体 2500円

よくわかる授業論
田中耕治編　本体 2600円

よくわかる教育課程
田中耕治編　本体 2600円

よくわかる生徒指導・キャリア教育
小泉令三編著　本体 2400円

よくわかる教育相談
春日井敏之・伊藤美奈子編　本体 2400円

よくわかる障害児教育
石部元雄・上田征三・高橋　実・柳本雄次編　本体 2400円

よくわかる障害児保育
尾崎康子・小林　真・水内豊和・阿部美穂子編　本体 2500円

よくわかる保育原理
子どもと保育総合研究所　森上史朗・大豆生田啓友編　本体 2200円

よくわかる家庭支援論
橋本真紀・山縣文治編　本体 2400円

よくわかる子育て支援・家族援助論
大豆生田啓友・太田光洋・森上史朗編　本体 2400円

よくわかる社会的養護
山縣文治・林　浩康編　本体 2500円

よくわかる社会的養護内容
小木曽宏・宮本秀樹・鈴木崇之編　本体 2400円

よくわかる小児栄養
大谷貴美子編　本体 2400円

よくわかる子どもの保健
竹内義博・大矢紀昭編　本体 2600円

よくわかる子どもの精神保健
本城秀次編　本体 2400円

よくわかる発達障害
小野次朗・上野一彦・藤田継道編　本体 2200円

よくわかる環境教育
水山光春編著　本体 2800円

福祉

よくわかる社会保障
坂口正之・岡田忠克編　本体 2500円

よくわかる社会福祉
山縣文治・岡田忠克編　本体 2500円

よくわかる社会福祉運営管理
小松理佐子編　本体 2500円

よくわかる社会福祉と法
西村健一郎・品田充儀編著　本体 2600円

よくわかる子ども家庭福祉
山縣文治編　本体 2400円

よくわかる地域福祉
上野谷加代子・松端克文・山縣文治編　本体 2200円

よくわかる家族福祉
畠中宗一編　本体 2200円

よくわかる高齢者福祉
直井道子・中野いく子編　本体 2500円

よくわかる障害者福祉
小澤　温編　本体 2200円

よくわかる精神保健福祉
藤本　豊・花澤佳代編　本体 2400円

よくわかる医療福祉
小西加保留・田中千枝子編　本体 2500円

よくわかる司法福祉
村尾泰弘・廣井亮一編　本体 2500円

よくわかるリハビリテーション
江藤文夫編　本体 2500円

よくわかるスクールソーシャルワーク
山野則子・野田正人・半羽利美佳編著　本体 2500円

心理

よくわかる心理学
無藤　隆・森　敏昭・池上知子・福丸由佳編　本体 3000円

よくわかる心理統計
山田剛史・村井潤一郎著　本体 2800円

よくわかる保育心理学
鯨岡　峻・鯨岡和子著　本体 2400円

よくわかる臨床心理学　改訂新版
下山晴彦編　本体 3000円

よくわかる心理臨床
皆藤　章編　本体 2200円

よくわかる臨床発達心理学
麻生　武・浜田寿美男編　本体 2600円

よくわかるコミュニティ心理学
植村勝彦・高畠克子・箕口雅博
原　裕視・久田　満編　本体 2500円

よくわかる発達心理学
無藤　隆・岡本祐子・大坪治彦編　本体 2500円

よくわかる乳幼児心理学
内田伸子編　本体 2400円

よくわかる青年心理学
白井利明編　本体 2500円

よくわかる教育心理学
中澤　潤編　本体 2500円

よくわかる学校教育心理学
森　敏昭・青木多寿子・淵上克義編　本体 2600円

よくわかる社会心理学
山田一成・北村英哉・結城雅樹編著　本体 2500円

よくわかる家族心理学
柏木惠子編著　本体 2600円

よくわかる言語発達
岩立志津夫・小椋たみ子編　本体 2400円

よくわかる認知発達とその支援
子安増生編　本体 2400円

よくわかる産業・組織心理学
山口裕幸・金井篤子編　本体 2600円

よくわかるスポーツ心理学
中込四郎・伊藤豊彦・山本裕二編著　本体 2400円

よくわかる健康心理学
森和代・石川利江・茂木俊彦編　本体 2400円

― ミネルヴァ書房 ―
http://www.minervashobo.co.jp/